淇河鲫鱼资源保护及健康养殖技术

何军功　著

中国农业科学技术出版社

图书在版编目（CIP）数据

淇河鲫鱼资源保护及健康养殖技术 / 何军功著. —北京：中国农业科学技术出版社，2014.9

ISBN 978-7-5116-1780-4

Ⅰ. ①淇…　Ⅱ. ①何…　Ⅲ. ①鲫-水产资源-资源保护 ②鲫-淡水养殖　Ⅳ. ①S965.117

中国版本图书馆 CIP 数据核字（2014）第 183520 号

责任编辑　徐　毅
责任校对　贾晓红

出 版 者　中国农业科学技术出版社
北京市中关村南大街 12 号　邮编：100081
电　　话　(010) 82106631（编辑室）(010) 82109702（发行部）
(010) 82109703（读者服务部）
传　　真　(010) 82106631
网　　址　http://www.castp.cn
经 销 者　各地新华书店
印 刷 者　北京昌联印刷有限公司
开　　本　880 mm×1 230 mm　1/32
印　　张　11.375
字　　数　240 千字
版　　次　2014 年 9 月第 1 版　2014 年 9 月第 1 次印刷
定　　价　28.00 元

《淇河鲫鱼资源保护及健康养殖技术》

编　委　会

主　编　何军功

副主编　李斌顺　魏明伟　杨　起　张文娜

编　委　（按姓氏笔画排序）

何军功　李斌顺　魏明伟　杨　起
张文娜　肖　霞　陈永革　刘晓静
王　芳　赵娟娟　冯小涛　刘晓兵
邢海金　杨　斌　杨道松　万保永
张新华　李爱平　魏志萍　张保平
赵文武　暴元元　李冬梅　赵江伟
刘　辉　朱　芳　高丁石

前　言

淇河距今已有5亿年的历史，是中华民族文化的重要发祥地之一。淇河里特产一种鱼名叫“双背鲫鱼”，因产于淇河，故又称淇河鲫鱼。这种鱼体形椭圆，味道鲜美，营养丰富，乃鲫中上品“国之瑰宝”。淇河鲫鱼是淇河三珍之一，早在我国封建时代就是贡品，享誉南北，深受世人喜爱。如今淇河鲫鱼是河南省重点推广的名特优鱼类“一条半鱼”中的“一条鱼”，因它是河南省独有地方物种，其他省没有；而“半条鱼”则是指黄河鲤鱼，因它是沿黄九省市所共有。可见淇河鲫鱼在河南省地位的特殊与重要。

但近些年来，受人类活动影响，淇河生态环境受到污染与破坏，产于淇河之中的淇河鲫鱼种质资源也受到很大程度的破坏，保护、开发与合理利用淇河鲫鱼资源越来越引起人们的关注。前些日子，在与同事一起聊天时谈起淇河鲫鱼，他说，最近到淇河边吃了一次木炭火铁锅炖淇河鲫鱼，的确是好吃，肉质细腻，汤汁雪白，味道更是鲜美，是不可多得的人间佳肴。你们为水产做了很大贡献呀！虽说者无心，但听者有意。确实，这些年来我们一如既往、持之以恒地在淇河生态、淇河鲫鱼种质资源保护、原良种培育、繁育与养殖方面做了一定工作，取得了些许成绩，每每回想起来，内心也有丝毫的成功感。但淇河鲫鱼在产业化发展方面，还有很多制约因素没有得到克服，也使我们内心深感不安。如何保护好淇河鲫鱼资源、由资源优势向经济优势转变、实现一条鱼形成一个产业重大改变，也越来越多地引起人们的高度重视。

本书从国家级淇河鲫鱼的种质资源保护区的设立与管护、国家级淇河鲫鱼良种场申建、增殖放流、产业化发展规划及健康养殖方面，对淇河鲫鱼的工作进行了总结与探讨，旨在引出淇河鲫鱼发展的路子、提出解决淇河鲫鱼产业化发展瓶颈的方法，让淇河鲫鱼走入万家餐桌，改善人民群众膳食结构与营养水平。无公害健康养殖技术是面向广大养殖技术人员和养殖户朋友们很好的参考与帮手。能解决一些生产实际中的问题，也是我们编写本书的愿望所在。

该书以理论和实践相结合为指导原则，较系统地阐述了淇河资源、淇河鲫鱼的形态特征、淇河鲫鱼保护区的申报与建设、淇河鲫鱼的高产养殖技术、淇河鲫鱼无公害健康养殖的标准及技术，并对无公害水产品生产的要求与做法及一些综合养鱼技术进行了概述。本书突出实用性、针对性和可操作性，语言精练朴实，深入浅出，通俗易懂，适宜广大基层渔业技术人员和渔业生产者阅读。

由于编者水平有限，书中错误在所难免，敬请读者批评指正。

编　者

2014 年 7 月

目　　录

第一篇　淇河鲫鱼资源与保护

第二篇　淇河鲫鱼高产养殖技术

第三篇　淇河鲫鱼健康养殖技术

第一篇

淇河鲫鱼资源与保护

第一章　淇河鲫鱼资源

第一节　淇　河

淇河距今已有5亿年的历史，是中华民族文化的重要发祥地之一，孕育了中国最古老的文字——甲骨文和最早的自然科学《易经》。淇河发源于山西省陵川县方脑岭，经河南省辉县、林州、鹤壁、浚县，至淇县淇门入卫河，全长161千米，其中，林州五龙镇罗圈村以上83千米河段为季节性河流。在淇河及其支流上共建有山谷型大中型水库陈家院、三郊口、要街、石门、弓上、盘石头6座。其中，陈家院水库大部分淹没区位于山西境内，三郊口、要街水库位于新乡市境内，水质清澈无污染，自水库建成后，淇河河道长年干涸，只有汛期河道内才有流水；在林州市境内淇河支流苇涧河、淅河上建有石门、弓上水库，淇河上盘石头水库建于鹤壁市，水库的大面积淹没区在林州市境内。淇河在林州市五龙镇罗圈村以上河段83千米为季节性河流，以下河段长年流水。

淇河在水文地质上多属奥陶系灰岩石溶裂隙水，活泉较多。尤其以林州段为最多，这里密布的温泉，使淇河河水的温度在最寒冷的冬季，仍在10℃以上。独特的地质和优越的水质环境，孕育了闻名于世的“淇河三珍”。

淇河里特产一种鱼——名叫“双背鲫鱼”。因产于淇河，故又称淇河鲫鱼。这种鱼体形奇特，味道鲜美，营养丰富，乃鲫中上品“国之瑰宝”，走俏市场，供不应求。

淇河里特产一种蛋——缠丝蛋。煮熟后蛋层黄红色，切开后可见由外及内缠绕着中心的不同色环，故名缠丝蛋、缠丝鸭蛋，其蛋纹理清晰，口感有肉劲，味道鲜美。

淇河流域特产一种茶——冬凌草茶。含有5种冬凌草茶素，17种氨基酸，24种微量元素和抗癌有效成分——延命素。冬凌草茶对人体有抗菌消炎，清热解毒，舒肝健脾之功效。

淇河在临淇盆地河床较宽，两岸土地肥沃，河床水草丛生，河水清澈，水流缓慢，粗沙，卵石底质，环境适宜，是全国最大的淇河鲫鱼天然索饵、越冬、繁殖场。淇河是目前豫北地区唯一的一条未受到污染的河流。

2007年，农业部将淇河林州段批建为淇河鲫鱼国家级水产种质资源保护区，从此，保护淇河、保护淇河鲫鱼步入正式轨道，进入了保护淇河鲫鱼、发展淇河鲫鱼产业新时期。2013年，农业部又在淇河鹤壁段建立了淇河鲫鱼国家级水产种质资源保护区。在短短的161千米的河段内，农业部就批准建立了两个淇河鲫鱼国家级水产种质资源保护区。由此可见，国家对淇河鲫鱼、淇河生态保护是多么的重视。

第二节　淇河鲫鱼

一、淇河鲫鱼

淇河鲫鱼（Carassius auratus gibelio var Qihe），产于淇河，俗称“双背鲫”，属鱼纲（Pisces），鲤形目（Cypriniformes），鲤科（Cyprinidae），鲫属（Carassius），鲫种、鲫指名亚种（Carassius auratus），属自然三倍体鱼类，行雌核发育（图1－1）。

淇河鲫鱼体高背厚，腹圆，头小，吻钝，无须。尾柄长小于尾柄高。体色随栖息环境的不同而有变化，在淇河温泉段背部两侧呈金黄色；在清水水草河段为灰黑色，腹部灰白色，各鳍均为灰色。

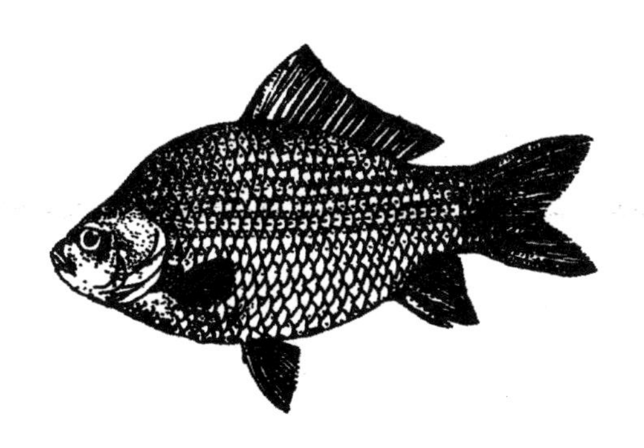

图1－1　淇河鲫鱼

淇河鲫鱼为底层鱼类，喜栖息于河流底层的静水处或有水草密生的浅水区。对环境的适应性较强，耐低氧，在北方均可较好地生活。

淇河鲫鱼是以植物性为主的杂食性鱼类。自然条件下，春、夏、秋以摄食植物性食物为主，冬季则以摄食浮游动物、水生昆虫等动物性食物为主。在人工饲养的条件下，则以摄食人工投喂的配合饲料为主。在淇河中的淇河鲫鱼终年可以摄食，不过冬季摄食强度较弱，春季水温达到10℃以上时，摄食强度明显增强。

在淇河中，1龄淇河鲫鱼平均体重110克，2龄淇河鲫鱼平均体重250克，3龄平均体重达370克。在池塘养殖的条件下，当年夏花可长至50～150克，第二年可达到50～350克以上，第三年即达650克以上。淇河鲫鱼脊背宽厚，而且个大体壮。一般鲫鱼个小体轻，重不过500克左右，而淇河鲫鱼大的高达2 500克左右，是鲫鱼中的一个绝无仅有的品种。

淇河鲫鱼“十鱼九母”，雌性为数众多。雄性地位显赫，为典型的“一夫多妻”家族。这一点，在众多的鱼类家族中极其罕见。

淇河鲫鱼 1 龄可达性成熟。据采集河里的标本观察，1 ~ 12 月均有成熟的个体。产卵期以清明至谷雨为盛，此时水温16℃ ~ 22℃。繁殖季节采到的淇河鲫鱼的雌雄比为 16 : 1。其绝对怀卵量为 32 658 ~ 78 688粒/尾，相对怀卵量变幅为 200 ~ 210 粒/克体重。产黏性卵，卵附着于水草之上，在水温 18℃左右时约一周才能孵出鱼苗。

淇河鲫鱼是一种广温性以植物性食物为主的杂食性鱼类，具有极强的适应能力，耐低温、低氧、抗病力强。在自然环境条件下，食料易得。淇河鲫鱼一冬龄性成熟，产卵条件要求不高，流水、静水均可产卵。卵分批成熟。产卵季节为 3 ~ 6 月，产卵最低水温 16℃。在天然水域，淇河鲫鱼雄性极少，雌雄比例一般为 16 : 1 左右，但仍具有极强的繁殖力。

二、淇河鲫鱼社会地位

自古以来，淇河盛产淇河鲫鱼、冬凌草、缠丝蛋，视为“淇河三珍”。尤其是淇河鲫鱼，早在我国封建时代就为贡品，专差向皇帝进献，深受世人喜爱。

淇河鲫鱼是鱼类中的珍品，其药用、营养、及科研价值极高。据《本草纲目》（四册 P2493）和《中药大辞典》（下册 P624）等祖国医学文献记载，淇河鲫鱼具有强身益智，健胃补脾，催乳利尿、消炎止痢及延年益寿等多种功能，临床上用以治疗身体虚亏、智弱脾虚、水肿腹水、产后无奶和痢疾等多种疾病疗效甚佳。淇河鲫鱼出肉率高，肉嫩肥美，片片呈蒜瓣状，肌肉营养成分可谓理想型——高蛋白、低脂肪，蛋白质中氨基酸成分高而全。因此，不论从药用价值还是营养价值上讲，都是很好的滋补佳品和美味佳肴。淇河鲫鱼属自然三倍体鱼类，有雌核发育的特殊习性，在鱼类科研上也极具研究价值。

1990 年，淇河鲫鱼列入河南省重点保护珍稀野生动物名录。淇河鲫鱼也是河南省重点推广的“一条半鱼”中的一条鱼，之所以将淇河鲫鱼称之为“一条鱼”是因为它是河南省独有的地方物种，而“半条鱼”则是指黄河鲤鱼，因它是沿黄 9 省市所共有。2014 年 5 月 7 日，河南省人民政府办公厅印发《河南省人民政府办公厅关于推进“菜篮子”工程建设和加快现代渔业发展的意见》（豫政办〔2014〕47 号）提出：“结合河南省渔业资源优势，发展特色优势水产”，淇河鲫鱼就是重点打造的三大水产品种之一。可见，淇河鲫鱼在河南省名特优水品种中，所占地位的特殊性和重要性。

三、淇河鲫鱼生物学性状

共测定了 148 尾样品中，其中，5 尾为未成熟个体，体长 93～136 毫米。成熟个体 143 尾，其中，雌鱼 121 尾，体长为 94～275 毫米。雄鱼 22 尾，体长为 92～233 毫米。

1. 比例性状

淇河鲫鱼的比例性状，列于表 1－1。从表 1－1 可以看出，雄鱼相对体高、背鳍基长及眼径等，大于雌鱼；雌鱼的尾柄长、体厚及胸、腹鳍间距长等，大于雄鱼。众数体长为体厚的 4.5～4.8 倍，体长为体高的 2.4～2.7 倍。由于脊背较肥厚，当地称为双脊鲫。

表 1－1　可比性状

比例性状	变幅	平均	一般
体长/体高	1. 80～3. 10	2. 54	2. 40～2. 70
体长/头长	2. 29～4. 82	3. 51	3. 40～3. 80
体长/尾柄长	4. 0～10. 36	4. 61	4. 1～6. 8
体长/背鳍基长	2. 21～3. 23	2. 71	2. 6～2. 8
体长/胸腹鳍间距	2. 2～6. 2	3. 88	3～4. 5
头长/吻长	2. 3～4. 0	3. 88	3. 2～3. 8
头长/眼径	3. 37～7. 1	4. 26	4. 0～4. 0
体长/体厚	4. 03～7. 09	4. 0	4. 5～4. 8
头长/眼间距	1. 88～4. 0	2. 54	2. 4～2. 7

2. 可数性状

可数性状包括背、臀鳍条、侧线鳞、鳃耙、脊椎骨和下咽齿可数部，列于表 1－2 。由表 1－2 可以看出，臀鳍 3，5 和下咽齿 4/4 的性状是很稳定的。背鳍条 4，16～18，一般为 4，17；侧线鳞 26～30 5～7/4～7，一般为 2～29 5～7/4～7，鳃耙数外侧为 44～46，内侧为 50～54。以上各项性状中，未见雌雄个体之间有显著性差异。

表 1－2　淇河鲫鱼的可数性状

可数性状	变幅	平均	一般
背鳍条数	4，16～18	4，17	4，17
臀鳍条数	3，5	3，5	3，5
侧线条数	26～30　5～7/4～7	28　5～7/4～7	28～29 5～7/4～7
鳃耙外侧/内侧	42～50/47～61	45/52	44～46/50～54
脊椎骨数	28～30	29	29
咽齿式	4/4	4/4	4/4

3. 淇河鲫鱼与不同水系鲫鱼形态性状的比较

淇河鲫鱼与不同水系鲫鱼形态性状的比较，列于表 1－3。从表 1－3 可以看出淇河鲫鱼与长江、黄河、辽河鲫鱼的主要性状有一定的分化与变异，但不显著。

表1－3　不同水系鲫鱼形状的比较

水系	长江（湖南、湖北）		黄河（河南）		淇河（河南）		辽河	
尾数	20		6		184		104～210	
体长（毫米）	86～256		198～330		184		104～210	
项目＼性状	幅度	平均值	幅度	平均值	幅度	平均值	幅度	平均值
体长/体高	2.27～2.74	2.49	2.26～2.55	2.33	1.8～3.1	2.54	2.15～2.67	2.43
体长/头长	3.3～3.89	3.61	3.75～4.12	3.89	2.29～4.82	3.51	3.4～3.88	3.7
头长吻长	3.75～4.25	3.94	4.08～4.35	4.21	2.3～5	3.88	3.4～4.12	3.7
头长/眼径	3.3～4.85	4.12	4.32～4.10	4.71	3.37～7.1	40～26	4～4.1	4.47
鳃耙	41～52	44.5	2.45	43.8	42～50	45	42～1	45
背鳍条	15～19	17	17～18	17.3	16～18	17	16～17	16.66
侧线鳞	27～30	28.7	28.29	28.7	26～30	28	28～30	29

从表1－4可以看出，淇河鲫鱼各性状值均符合银鲫（Carassias auraus gibelio）的分类特征。除此之外，我们解剖过程中发现淇河鲫鱼的肝脏肥大而柔软，几乎覆盖整个肠脏，重量占体重6.84%，而一般的鲫鱼的只占体重的2.39%。淇河鲫鱼的肝脏与东北银鲫的肝脏形状类似，进一步说明淇河鲫鱼属银鲫。

表1－4　淇河鲫鱼与银鲫的形态性状比较

鱼名	淇河鲫鱼		银鲫	
项目	范围	平均	范围	平均
全长（毫米）	110～320		90～350	
标准长（毫米）	90～270		71～280	
体重（克）	70～900			
背鳍条	Ⅲ，16～18	Ⅲ，17.4	Ⅲ，16.5～19	Ⅲ，　16.9
臀鳍条	Ⅲ，5	Ⅲ，5	Ⅲ，5	Ⅲ，5
侧线鳞	29～33　6/6	3129～32	6～7/4.5～6.5	30.4
鳃耙	45～56	48.94	43～53	48.2

（续表）

鱼名	淇河鲫鱼		银鲫	
头长/标准长（%）	24.32～29.41	27.77	25～30.76	27.93
体高/标准长（%）	41.36～53.47	46.48	40.81～52.63	46.29
尾柄长/标准长（%）	10.06～14.1	13.64	10.86～14.7	12.56
尾柄高/标准长（%）	14.79～18.86	17.83	12.26～19.6	17.27

4. 淇河鲫鱼与普通鲫鱼体色比较

淇河鲫鱼在淇河由于栖息环境的差异，体色稍有不同。生活在活泉和水草多的地方，背部侧线鳞为金黄褐色稍带绿色，侧线下至腹部为银白稍带黄，头背部为黄褐色带青色，鳃盖铁灰色，口部、胸部、腹鳍为肉红色，背鳍、尾鳍为灰色。生活在水草少的地方，体色发暗。普通鲫鱼一般鳞色灰黑，淇河鲫鱼色则略呈金黄，和鲤鱼相似。

5. 淇河鲫鱼与普通鲫鱼生长比较

一般鲫鱼生长速度慢，而淇河鲫鱼则生长速度快，为一般鲫鱼的2.5倍。

淇河鲫鱼的年增长、生长比速、生长常数和生长指标，列于表1－5，由表1－5可看出年龄增长率是比较快的。

表1－5　淇河鲫鱼的体长及生长指标

年龄	体长（毫米）	生长比速（%）	生长常数	生长指标
1＋	134.66			
2＋	167.3	41.74	524	39.47
3＋	187	13.44	0.1202	11.34

生长速度是评定鱼类生产效率高低的主要标志。1984年5

月测量了淇河、汲县城湖及新乡市北大河的鲫鱼，并进行了比较（表1－6）。这些不同水域的鲫鱼，生长速度有一定的差异，其中，淇河鲫鱼生产速度较快。淇河鲫鱼生长快与它栖息环境（泉水、水草茂密等）和几乎全年摄食有密切关系，也可能与其遗传性（雌鱼染色体数为150±，雄鱼染色体数不详）有关。

表1－6　不同水域鲫的退算体长与增长率

（单位：毫米）

年龄	新乡北大河		汲县城湖		淇河	
	退算体长	年增长	退算体长	年增长	退算体长	年增长
1＋	72.4	72.4	79.1	79.1	94.495	94.495
2＋	93.3	26.9	107.6	28.5	136.97	42.48

各年龄鱼的生长速度，见表1－7。从表1－7可以看出淇河鲫鱼在自然水域中1～2龄鱼的生长速度较快，与东北银鲫相比较，淇河鲫鱼无论是体长或体重的增长都处于领先地位。

表1－7　各年龄鱼的生长速度

种类 年龄	淇河鲫鱼			白鲫			东北银鲫		
	生长区域	体重（克）	体长（厘米）	生长区域	体重（克）	体长（厘米）	生长区域	体重（克）	体长（厘米）
1	淇河	110	13.8	日本霞溪甫湖	24	9.4	中国东北大伙房水库	24.9	9.0
2	淇河	241	18.3					90	13.4
3		361	21.1		358	23.5		153.3	16.6
4		900	27.6		800	28.2		286	19.8

6. 淇河鲫鱼的细胞生物学特征

（1）细胞染色体数目。细胞染色体的确定采用肾细胞体短期培养法，制备染色体标本，在细胞中期分裂象计数50个以上细胞而确定其染色体数目。据 20 尾（16 雄，4 雌）淇河鲫鱼细胞中期分裂象计数，其染色体数目为 162，相对于普通鲫鱼（2n = 100）为自然三倍体鱼类。

（2）红细胞及其核的大小。淇河鲫鱼红细胞及其核的长径分别较鲫的红细胞及其长径平均长 39.2% 和 46.5%。这与中科院水生所方正鲫的材料相吻合（蒋一珪 1980），更进一步说明淇河鲫鱼属银鲫种群。

（3）淇河鲫鱼雌与荷包红鲤雄杂交初试结果（另有试验报告）。一是后代全为雌性；二是具有母本性状；三是比双亲有明显的生长优势，这与水生所蒋一珪等 1980 试验结果（异精雌核发育）现象吻合。综上所述，无论从淇河鲫鱼形态特征，细胞生物学或是淇河鲫鱼与荷包红鲤属间杂交结果来看，淇河鲫鱼都不是一般的鲫鱼，而属银鲫，只不过是在漫长的地史进程中被闭锁在淇河这条山区性河流里。

7. 食性

根据一年四季检查肠管充塞度，发现淇河鲫鱼终年摄食，通过食性分析，可以看出淇河鲫鱼对食物选择性不强，植物性食物有硅藻、丝状藻、高等维管束植物，植物种子、植物碎屑；动物性食物有枝角类，桡足类、水生昆虫及螺、虾等。硅藻、丝状藻、植物碎屑是淇河鲫鱼的主要食物，出现率分别为 100%、71.6%、84.75%，其次是眼子菜、苦草、菹草、虾、螺。

据对 85 尾淇河鲫鱼解剖测量结果，发现肠管长度随体长的增加而增长，肠管长度一般为体长的 3.43 ~ 4.70 倍，而且肠管长度和食性有密切关系。肠长为体长的 4 倍以下几乎全食硅藻和碎屑，肠长为体长的 4 倍以上食各种水草、植物种子、丝状藻、枝角类等。

8. 淇河鲫鱼的营养价值

（1）淇河鲫鱼的含肉量。淇河鲫鱼的含肉量，见表 1－8。从

表1－8可以看出淇河鲫鱼的可食部分的比重比方正鲫、白鲫 、鲫鱼高，但含肉量与鱼的年龄、个体 大小、季节密切相关。我们测定资料较少，不同年龄和季节的含肉量，有待今后去测试。

表1－8　淇河鲫鱼与其他鲫鱼出肉率比较

鱼名	测定日期	鱼体大小		不可食部分重量		可食部分重量	
		体长（厘米）	体重（克）	鳞、骨、鳃、内脏等	占体重（%）	肉、生殖腺	占体重（%）
淇河鲫鱼	84. 11. 28	22. 4	425	114. 9	27. 27	309	72. 72
方正鲫	80. 11. 12	20. 3	313. 3	89. 4	28. 53	223. 9	71. 46
白鲫	80. 11. 10	19. 7	200. 5	83. 2	37. 73	137. 3	62. 26
鲫鱼	80. 11. 12	17. 3	158	61. 35	38. 82	96. 65	61. 12

注：资料引自王世雄等1980

（2）淇河鲫鱼的营养成分。淇河鲫鱼的肌肉营养成分分析，见表1－9，从表1－9可见淇河鲫鱼的蛋白质含量高于黄河鲤鱼、中州鲤鱼。黄河鲤鱼是我国四大淡水名鱼之一，它以味美清香驰名于国内外，而淇河鲫鱼肌肉营养成分略高于黄河鲤鱼，足以说明一些人把淇河鲫鱼与黄河鲤鱼并列的原因。中州鲤、黄河鲤为池养，故脂肪较多。

表1－9　淇河鲫鱼与黄河鲤鱼的肌肉营养成分比较

品种	体重范围（克）	水分（%）	蛋白质（%）	粗脂肪（%）	
淇河鲫鱼	350～550	77. 43～77. 86	18. 43～19. 51	1. 74～1. 85	84. 7
中州鲤	525～645	77. 36～78. 54	17. 79～17. 97	1. 32～6. 84	82. 10
黄河鲤	495～665	77. 79～77. 97	18. 19～18. 45	2. 16～4. 57	82. 10

注：中州鲤、黄河鲤资料引自1982年“中州鲤杂种优势利用研究”

（3）淇河鲫鱼蛋白质氨基酸成分。淇河鲫鱼蛋白质氨基酸成分，见表1－10。从表1－10可见氨基酸含量比草鱼高，尤其谷氨酸含量较高，这可能是淇河鲫鱼味道鲜美的原因所在。

表 1－10　淇河鲫鱼、草鱼蛋白质氨基酸含量比较

名称＼鱼名	淇河鲫鱼	草鱼
ASP 天门冬氨酸	8. 01	7. 15
THR 苏氨酸	3. 38	3. 09
SFR 丝氨酸	2. 65	2. 38
GLU 谷氨酸	9. 01	7. 23
GLY 甘氨酸	4. 17	4. 61
ALA 丙氨酸	6. 26	6. 04
CYS 胱氨酸	0. 68	0. 67
VAT 缬氨酸	4. 29	3. 94
WET 蛋氨酸	4. 66	4. 32
ILE 异亮氨酸	3. 97	3. 64
LEV 亮氨酸	7. 45	6. 79
TYR 酪氨酸	2. 83	2. 68
PHE 苯丙氨酸	4. 32	3. 92
LYS 赖氨酸	7. 03	6. 24
NH_3 氨	0. 39	0. 28
HIS 组氨酸	1. 97	1. 82
ARG 精氨酸	4. 60	4. 61
IRP 色氨酸		
PRQ 脯氨酸	3. 21	3. 65
总和	80. 49	74. 80

从经济性状来看，淇河鲫鱼生长快，出肉率高，肌肉营养成分可谓理想型——高蛋白、低脂肪，蛋白质中氨基酸成分高而全，其肉厚质细，鱼鳃不苦，口味鲜醇。用淇河鲫鱼炖汤，汤汁乳白，而入口黏糊，久置而不变质。因此，可以说淇河鲫鱼经济性状好，这也是淇河鲫鱼久负盛名的原因所在，并且进一步论证了淇河鲫鱼是我省宝贵的资源。

淇河鲫鱼何以背厚、味美。据河南省环境水文地质总站测试发现，其形成与淇河中段大量地下温泉水注入有关，这里地下温泉水储量丰富，泉水甘洌，锶含量0.26毫升/升，水草丰盛。水生昆虫较多，浮游生物丰富，含有多种稀有元素，对54种元素化验发现，淇河鲫鱼Cu、Ba、HO、Li含量较高，而Ti、Ge、La、Sn、Eu、Dy则较低，这显然与淇河鲫鱼背厚、味美关系密切。

综上所述，淇河鲫鱼体型好，色泽金黄，生长速度快，性状稳定，科研、营养价值高，杂食性，是不可多得的“国之瑰宝，鲫中珍品”。

四、淇河鲫鱼文化

淇河发源于山西省陵川县方脑岭，入豫后经辉县市、林州市、鹤壁市、浚县，在淇县淇门入卫河，全长161千米。淇河河谷狭窄，两岸峰峦竞秀，千岩万壑，地形复杂，高低参差。在水文地质上多属奥陶系岩石溶裂隙水，故温泉众多。最寒冷的1—2月，同纬度的其他河流早已冰封，这里水温仍在10℃以上。在此得天独厚的优越环境中，淇河特产一种鱼，名叫“淇河鲫鱼”，又因其体宽是普通鲫鱼的1.1倍，故又称“双背鲫鱼”。

据《中国淡水鱼类养殖学》记载：“中国科学院考古研究所曾在河南北部从事发掘，在琉璃阁区战国时代墓104号、105号、118号、130号、138号和139号中找出鼎、鬲器里面有鱼骨，其中，可以辨认的有鲫、鳊、鲤3种，而尤以鲫为普遍，辉县位于卫河上游，淇水在它的北面以产鲫鱼著名”。由此不难想象，这3种鱼类是当时当地最普遍的鱼类。

我国最早的诗歌总集《诗经》（毛诗）中就有“瞿瞿竹竿，以钓于淇”的记载，古诗中也不乏“以其食鱼，唯淇之鲫”的誉词。1932年，《重修林县志》第十卷记载：“鲫，产淇河，名淇鲫，味鲜嫩。”《汤阴县志》一卷（1938）记载：“淇鲫体皆双脊，形扁圆，其肉嫩肥美，片片呈蒜瓣状，汤暖尤其啜于冬日，昔在封建时代专差向皇帝贡献，故名声大噪，驰誉南北。”

孝经里“王祥卧冰”的故事，就发生于林州市荷花村与岭后村之间的河段内。自古以来，沿淇河的吕庄村、渔村、荷花村、河头村等村的村民就一直以捕鱼为生。可见，淇河鲫鱼久负盛名，淇河鲫鱼文化在林州由来已久。

淇河鲫鱼体色金黄，深受群众喜爱。鳃甜可食，这与其他鱼类不同。清炖淇河鲫鱼，更为上乘，肉嫩色鲜，汤白如乳，食之可口，回味悠长。

据《本草纲目》等祖国医学文献记载，淇河鲫鱼具有强身益智、健胃补脾、催乳利尿、消炎止痢、软化血管、延年益寿等多种功能，既是滋补身体的佳品，又是款待宾朋的珍馐。在中央召开的某一次会议上，有关部门曾送淇河鲫鱼供毛泽东主席和与会领导品尝，颇受嘉奖。

淇河水质清澈，环境秀丽，坐在淇河岸边，举杆而钓，情趣优雅，既修身养性，又可食之美味，尽情享受着垂钓带来的喜悦和快乐。

保护区的建设，淇河生态环境和淇河鲫鱼自然资源量将达到有效恢复。通过选种、保种、繁育、供苗，可有效改善人民群众的膳食结构和饮食文化需求，进而也提升了国民素质，对社会主义新农村和谐发展和生态文明建设起到积极的推动作用。

五、淇河鲫鱼资源量变化

据《河南省水产志》记载：在淇河天然渔获量中，淇河鲫鱼占到总渔获量的80%~90%，所捕到淇河鲫鱼生殖群体以1~2冬龄为主。20世纪60年代，年渔获量25 000~30 000千克，规格多在250克以上；到了90年代，年渔获量为2 500~5 000千克，且规格以50~150克为主。又据林州市水产站调查，目前，淇河林州段淇河鲫鱼资源量仅 5 000千克左右，捕获规格多在 50 克以下。捕捞规格大幅度下降，是淇河鲫鱼资源衰退的明显标志。

淇河鲫鱼主要繁息场所为淇河，林州段是其最优良的生长、繁殖、索饵、越冬场。近几十年来种群数量明显下降，已到了濒临灭绝的边缘。1990 年公布的河南省重点保护水生野生动物名录中，淇河鲫鱼列为第一位。

保护措施如下：

（1）建立水产种质资源保护区，以法律形式来保护淇河鲫鱼的栖繁殖地。

（2）将淇河鲫鱼列入国家重点保护水生野生动物保护名录，使其上升为一种国家意志，促使全社会都来关心和保护这一珍稀鱼类物种。

（3）建立淇河鲫鱼国家级良种场，确保养殖生产需求，进而满足人们物质文化需求。

（4）积极消除人为因素所造成的危害，改善栖息场所，保证其生长、生存环境。

六、淇河鲫鱼科研现状

目前，国内对淇河鲫鱼的科学研究有以下主要成果：

（1）1985 年，中国科学研究院北京动物研究所李思忠研究员，首次在“北京水产”杂志上发表《淇鲫可能是我国又一珍贵的养殖鱼类》。

（2）1985 年，河南师范大学单元勋，瞿微芬在“河南师范大学学报”上发表《河南淇河鲫的生物学》。

（3）1986 年河南省水产科学研究所孙兴旺等《淇河鲫调查及其利用》。

（4）1986 年，孙兴旺在“淡水渔业”上发表《淇河鲫的生物学特征》，指出淇河鲫 3n = 162 ± （武汉大学生物系周暾教授指导测定）。

（5）1989 年，楼允东，张培英，翁忠惠，赵玲在“水产学报”上发表了《淇河鲫细胞遗传学和同工酶的初步研究》，确定淇河鲫 3n = 156，它不同于普通的野生鲫，又不同于东北的方正银鲫，它可能是在漫长的历史进程中，一直被封闭在淇河这条山区性河流里所形成的一个生态类型。

（6）1990 年，张英培，刘红，楼允东在“遗传学报”上发表《异育淇鲫及其双亲同工酶的比较研究》。

（7）1991 年，楼允东，沈竑，陆君，等在“动物学研究”上发表《异育淇鲫及其亲本血清生化组成的比较研究》。

（8）1992 年，李国庆，赵德福等在“河南水产”上发表《池塘保存淇河鲫原种的意义》。

（9）1992 年，上海水产大学张培英等在“遗传学报”上发表了《异育淇鲫及其双亲同工酶的比较研究》。

（10）1995 年，河南师范大学杜启艳，单元勋等在《河南淇河鲫脂酶和乳酸脱氧酶特征的研究》中，推测三倍体淇河鲫可能已经进化为功能二倍体。

（11）1998 年，河南省水利厅水产局唐国卿在“河南水产”上发表《淇河鲫资源开发利用设想》。

（12）1999 年，安阳市水产站曲顺章在“河南水产”上发表《淇鲫》和《淇河鲫的传说》，确认淇河鲫是银鲫中的一个亚种，属鲤形目、鲤派、鲤亚目、鲤科、鲤鲫亚科、鲫属、银鲫种群、银鲫亚种，自然界存在着异源精子雌核发育，可能已进化为功能二倍体。

（13）2000 年，姚纪花，楼允东在“上海水产大学学报”上发表《三种群银鲫的 RAPD 分析初报》。

（14）2002 年，河南郸城县李凯在“河南致富指南”上发表《淇河鲫的池塘养殖技术》。

（15）2003 年，河南省水产科学研究院冯建新，张西瑞，固晓林，陈杰，王立海在“海洋湖沼通报”上发表《淇河鲫的RAPD 标记及遗传多样性》。

（16）2004 年，鹤壁市水利局水产养殖管理所孙剑惠，张国彦在“河南水产”上发表《淇河鲫资源增殖保护途径的初步探讨》。

（17）2004 年，安阳市水产站何军功，杨起在“河南水产”上发表《淇河鲫种质资源保护区调查》。

（18）2005 年，河南师范大学生命科学院、河南淇河鲫苗种繁育基地杨太有，彭仁海，高燕军等在“河南水产”上发表《池塘主养异育淇鲫高产试验》。

（19）2005 年，林州市、安阳市水产站李斌顺，何军功，元霞，刘娟等在“河南水产”上发表《林州市淇河鲫发展的思考》。

（20）2006 年，河南农业大学牧医工程学院、西北农林科技大学动物科技学院、郑州牧业工程高等专科学校畜牧系高春生，齐子鑫，范光丽，李健华，焦志兰，王艳玲等在“水利渔业”上发表了《淇河鲫消化酶活性研究》。

（21）2006 年，河南农业大学牧医工程大学、西北农林科技大学动物科技学院高春生，肖传斌，王玲艳，李健华，刘忠虎在“广东农业科学”上发表了《淇河鲫与普通鲫鱼消化酶活性研究》。

（22）2006 年，河南师范大学杨太有，彭仁海，李旭东，李刚毅在“河南师范大学学报”上发表《异育淇鲫及其双亲的过氧化物酶和 α-淀粉酶同工酶的比较研究》。

（23）安阳市、林州市水产站合作开展了《淇河鲫资源调查及无公害高产养殖技术研究》项目，获得河南省农牧渔业丰收奖一等奖。

（24）2007年，河南师范大学王晓林，导师杜启艳撰写“淇河鲫CYP19基因的克隆表达模式分析及免疫组化定位”。

（25）2007年，河南省水产科学研究院赵宏亮，肖调义在《河南水产》第03期发表“淇河鲫鱼资源现状及保护对策”。

（26）2008年，高春生在《西北农林科技大学》上发表“淇河鲫鱼肌肉营养成分分析及生长激素基因cDNA克隆和表达的研究”。

（27）2008年，延津县水产技术推广站朱日同在《河南水产》上发表“淇河鲫鱼无公害养殖技术”。

（28）2008年，彭仁海，刘玉玲在《河南师范大学报》发表“异育淇鲫含肉率及其肌肉营养成分分析”。

（29）2008年，高春生，范光丽，杨国宇等在《分子科学学报》发表“淇河鲫生长激素全长cDNA的克隆与序列分析”。

（30）2009年，王松涛，陈丽丽，杜启艳等在《贵州农学》上发表“淇河鲫生长激素基因cDNA的克隆和原核高效表达”。

（31）2009年，鹤壁市水利局刘辉，孙剑惠在《河南水产》第2期上发表“无公害淇河鲫鱼生长技术操作规程”。

（32）2009年，河南师范大学张月琴，李爱景，金晓璐，李学军在《安徽农业科学》上发表“硫酸铜和高锰酸钾对淇河鲫仔鱼的急性毒性研究”。

（33）2010年，河南师范大学王阅雯，导师李学军发表了“淇河鲫鱼形态学和RAPD标记遗传学研究”。

（34）2011年，河南师范大学李学军，王阅雯，郭瑄，乔志刚在《上海海洋大学学报》05期发表“淇河鲫与其他3种鲫形态差异的多元统计分析”。

（35）2011年3月，河南师范大学高丽霞，导师李学军发表“淇河鲫ISSR和Cytb分子遗传特征的研究”。

（36）2011 年，河南师范大学高丽霞，李学军，李永东，郭瑄等在《水产科学》上发表“淇河鲫与两野生鲫鱼群体遗传多样性的 ISSR 分析”。

（37）2011 年，河南省水产科学研究院贺海战在《河南水产》第 3 期上发表“淇河鲫鱼苗种培育技术总结”。

（38）2012 年，河南省水产技术推广站张晶晶，杨雪冰在《河南水产》01 期发表“河南省淇河鲫鱼国家级水产种质资源保护区渔业水质评价”。

（39）2012 年，新乡水产技术推广站路志鸣，黄学识，贾利荣在《渔业致富指南》15 期上发表“淇河鲫鱼同源人工繁殖试验”。

（40）2012 年，河南师范大学李学军，刘洋洋在《淡水渔业》04 期发表“淇河鲫研究进展与开发策略”。

（41）2013 年，河南师范大学王俊丽，李学军等在《水产学报》09 期上发表“淇河鲫 IL－8cDNA 克隆及组织表达分析”。

（42）2013 年，黑龙江水产研究所、河南省水产科学研究院、安阳市水产站、林州市水产管理站程磊，刘洋，冯建新，李斌顺，何军功，孙效文等水产学杂志发表“淇河鲫雌核发育克隆系鉴定与性状分析”。

（43）2014 年，林州市水产站、安阳市水产站李斌顺，何军功发表了“淇河鲫鱼产业发展规划研究”。

此外，关于淇河鲫的养殖技术在《中国水产》杂志、《名特优水产品高效养殖技术》（河南科学技术出版社）等书中均有介绍。

七、研究成果概况分析

1. 淇河鲫生物学性状

形态特征：20 世纪 80 年代有报道淇河鲫鱼体型最大的特点

是体厚、尾柄高、体长为体厚的4.8～5.5倍，尾柄长是尾柄高75%。但近几年研究与20年前的报道相比，淇河鲫鱼体厚与体长的比例有所下降，最新研究表明，体高、体宽、背鳍基长等3个性状体质量的影响达到极显著的水平。

年龄与生长：淇河鲫鱼生长速度较野生鲫鱼要快许多，淇河鲫鱼在自然水域中1～2龄生长速度较快，与东北银鲫和日本白鲫比较，淇河鲫鱼生长优势较明显。

食性：淇河鲫鱼是典型的杂食性鱼类。淇河鲫鱼在淇河几乎全年摄食，冬季以动物性食物为主，其他季节以植物性食物为主，淇河鲫鱼在淇河中终年摄食，可能与淇河中温泉较多，水温较高有一定的关系。

繁殖：分批产卵，繁殖力较20年前相比有了明显的下降。全年有性成熟个体出现。

染色体与倍性：染色体数目为162，为三倍体鱼类。

生化遗传特性：异源精子可诱导卵子发育，属雌核发育。

分子遗传特征：淇河鲫鱼与我国一些银鲫地方种群有着较近的遗传关系，也具有自身的特征。淇河鲫鱼由于长期的地理区域隔离形成了具有特色的地方种群。

2. 淇河鲫鱼经济性状和养殖性状

淇河鲫鱼氨基酸含量高而全，尤其是谷氨酸含量较高，这也许是淇河鲫鱼味道鲜美的主要原因。

3. 养殖性状

人工养殖条件下，淇河鲫鱼夏花当年可养到平均规格180克的商品鱼。放养50～100克的鱼种，当年养到平均规格400克的商品鱼，其生长速度是普通鲫鱼的2.5倍。淇河鲫鱼病害少。淇河鲫鱼抗逆性强，一是表现在对温度的广泛适应性，可全年摄食；二是有极强的耐低氧能力，耐低氧阈值为0.1～0.2毫克/升；三是抗病力强，除了出血腐败病和少数种类的寄生虫病外，极少发病。

八、发展展望

淇河鲫鱼自古以来就是贡品，知名度高，深受群众喜爱。从总体来说，捕捞历史悠久，养殖起步较晚，发展势头迅猛，但受苗种瓶颈制约，一直处于供不应求的局面。受苗种的影响，产业发展速度很慢，产量低。

1989年，林州水产站就在淇河罗圈村建立了20亩（1亩≈666.7平方米，下同）的淇河鲫鱼苗种繁殖场，但由于受技术、水源的影响，坚持了5年时间便停止了生产，改弦更张。2005年，林州市水产站在河南省水产研究院、安阳市水产站的帮助下，在五龙镇荷花村建立了林州市淇河鲫鱼良种场，开始了收集提纯淇河鲫鱼工作。经过多年的努力，渔场收集淇河鲫鱼亲本1 000余组，年可繁殖苗种500万尾以上，逐步向市场供应苗种，解决了渔民想养淇河鲫鱼而没有苗种的尴尬局面。2005年12月，淇县淇河鲫鱼原种场建设项目正式投入使用。该项目位于高村镇花庄村，总投资304万元，改造鱼池100亩，建育苗温室1 000平方米，建产卵池和孵化环道各1套，建生产、管理和辅助用房826平方米，配置水泵6台、发电机组1套、变压器2台、增氧机40台、自动投饵机30台。投入使用后，亩水面新增产值可达2 000元，原种生产能力有了很大程度的提高。2005年，安阳市水产站也在淇河边进行了淇河鲫鱼无公害高产养殖试验，取得很大成功。鹤壁市水利局也在淇河鲫鱼养殖方面进行了探讨，总结出了一套无公害淇河鲫鱼养殖技术规程。主要的养殖点还请中央电视台进行了录制，对淇河鲫鱼养殖技术进行了宣传和传播，促进了人们对淇河鲫鱼养殖技术的了解和学习掌握。2007年，农业部批复在淇河林州段建立安阳淇河鲫鱼水产种质资源保护区，在保护区内安阳市也批准建立了安阳市淇河鲫鱼原良种场和淇河鲫鱼保种场，占地200亩，有20亩高标准流水池，2011年河南省在汤阴琵琶寺水库成立“河南省淇河鲫鱼水产种质资源基因库”。2012年12月，农业部批准鹤壁段淇河为鹤壁淇河鲫鱼国家级水产种质资源保护区；林州市水产站与安阳市水产站一道，经过多年的收集与提纯淇河鲫鱼，目前，已储备淇河鲫鱼亲鱼1 000余组，市级淇河鲫鱼良种场年可繁殖淇河鲫鱼500万尾以上。为了淇河鲫鱼下一步更好地发展，2012年河南省水产科学研究院、河南省工业大学、安阳市水产站、延津县水利局等单位联合起草了淇河鲫鱼标准，由河南省质量技术监督局发布，制定了淇河鲫鱼地方标准。为了确保淇河鲫鱼种质的纯正性，2013年中国水产科学研究院黑龙江水产研究所到安阳市淇河鲫鱼国家级水产种质资源保护区内抽样进行了种质鉴定，抽取83尾样品经检测全部为纯正淇河鲫鱼。

在淇河鲫鱼产业不断发展的同时，河南省水产研究院专家也组成了淇河鲫鱼课题组，深入研究淇河鲫鱼养殖关键环节，为推广淇河鲫鱼养殖打下了良好的基础。河南省师范大学水产学院在淇河鲫鱼养殖方面，也做了大量的工作，运用遗传基因等进行了异育淇鲫试验，成功总结出了适宜的养殖高产模式。

目前，在政府和渔业部门的引导下，淇河沿岸林州两家较大型的渔场已经开始由鲟鱼生产向淇河鲫鱼转型，转型后，渔场供苗能力将大增，可缓解市场养殖需求。

随着我国加入世贸组织和市场经济体制的完善，我国与外国交往频繁，市场空间将进一步扩大，我国淇河鲫鱼产业将会得到快速发展。随着人们对淇河鲫鱼关注度的提高，科研人员在淇河鲫鱼研究方面力度在不断增强，新的技术、新的研究成果将不断涌现，良种、苗种、饲料、鱼病诊治能力进一步提高，淇河鲫鱼养殖必将逐步在河南省、全国进行推广，成为主要的名特优养殖品种之一，淇河鲫鱼放下尊贵的贡品身价，步入寻常百姓家餐桌，产值将达到数十亿、数百亿元以上，淇河鲫鱼产业必将走上健康快速的发展道路。

第二章　淇河鲫鱼种质保护

淇河鲫鱼由于多年来受人为因素和自然环境的干扰和破坏，淇河鲫鱼资源量逐年减少，已到了濒危的程度。为了加强淇河鲫鱼资源保护工作，实现自然资源的永续选用，为子孙后代保留下来这一优秀的物种，国家加强了对淇河鲫鱼资源的保护工作。2004 年，林州市政府在淇河设立了淇河鲫鱼自然保护区，2005 年，保护区升级为安阳市级淇河鲫鱼自然保护区和水产种质资源保护区，2006 年河南省人民政府批准设立省级淇河鲫鱼水产种质资源保护区。2007 年农业部批准在淇河林州段为国家级水产种质资源保护区。保护区的设立，对淇河鲫鱼种质资源起到了重要保护作用。2011 年 1 月 5 日，中华人民共和国农业部令 2011 年第 1 号《水产种质资源保护区管理暂行办法》颁布与施行，明确了保护区管理部门与职责，呈现出保护区管理有法可依、有章可循、有序开发、有效保护的良好局面。林州市渔政监督管理站就是合法的淇河鲫鱼水产种质资源保护区管理机构，在保护区内设立了宣传标志牌，下发了《通告》，对保护区周围乡镇村庄进行了宣传教育，严格保护区巡护制度，严厉打击保护区内严重违法行为，设立了禁渔期和禁渔区，开展增殖放流活动，收集淇河鲫鱼原种进行提纯、选育，为淇河鲫鱼产业发展奠定基础。努力申建淇河鲫鱼国家级良种场，并对淇河鲫鱼产业发展制定了规划。所有这些，从淇河鲫鱼资源保护到合理开发利用，逐步走上了正轨。

第一节　淇河鲫鱼保护区科考报告

一、自然地理概况

1. 地理位置

淇河鲫鱼国家级水产种质资源保护区位于太行山东麓，林州市南部的临淇、五龙两镇的23个行政村，总面积58平方千米，地理坐标为东经114°0′~114°17′，北纬35°45′~36°0′，自临淇镇吕庄村沿河往北至河口蜿蜒东去，至林州市与鹤壁市交界处，为一弧状不规则狭长地带，海拔高度300~700米，相对海拔高度300米。

2. 地质地貌

保护区处于新华夏系第三隆起带部位，构造形迹以断裂为主。新华夏系的林州断裂、汤西断裂、汤东断裂、长垣断裂构成了北北东西雁列展布的太行山麓隆起、汤阴、内黄隆起和东明断陷4个次级构造单元。燕山运动塑造了林州区域的基本构造格局，而第三纪以来区内新构造运动较为活跃并具有继承性。其活动方式主要表现为差异运动和断裂活动等。由于地壳区域性的西升东降差异运动形成了由西向东依次展布的山区、丘陵、冲洪积扇、冲积平原的地貌景观。淇河在水文地质上属奥陶系灰岩石溶裂隙水，活泉多，砂质或卵石底质，保护区内河床较平缓。

3. 气候特征

林州属暖温带半湿润大陆性季风气候，但因受当地特殊的地形地貌影响，构成了独特的山区气候特征。四季分明，光照充足。总的特点是：春暖、夏热、秋凉、冬寒。在各气象要素中，表现最突出的是寒暑变化差距大，春季十年九旱，夏季暴雨成灾，秋季天高气爽，冬季雨少雪稀。

在1986—2002年的17年中：

（1）降水量。年平均降水量为644.6毫米（《林县志》记载林县年平均降雨量为697.7毫米），降水量最多为900.5毫米（1996年），最少为364.2毫米（1997年）。降雨量多集中在7~9月的3个月。

（2）气温。年平均气温为13.1℃（《林县志》记载林县平均气温12.7℃），最暖年为14.2℃（1998年），最冷年为12.4℃（1986年）；极端最高气温为40.8℃，极端最低气温为-21.5℃；春季平均气温为13.6℃，夏季平均气温为24.3℃，秋季平均气温为13.4℃，冬季平均气温为-0.2℃。

（3）霜。年平均有霜期为166天，最长为195天（2001—2002年），最短为124天（2002—2003年）。

（4）日照时数。年平均日照时数为2 113.6小时。5月份最多，为237.2小时；12月份最小，为124.2小时。年日照率为45%。全年春夏季日照时数最多，秋季日照时数最少。

4. 水文地质特征

保护区内淇河在林州市流域面积为805平方千米。淇河在林州市境内共有四条支流，即淅河、苇涧河、野猪泉河、湘河，年平均径流量为4.8亿立方米，地表径流量变幅在1.4亿~13.3亿立方米。淇河在水文地质上多属奥陶系灰岩石溶裂隙水，因而温泉较多，致使淇河常年不结冰，就在最冷的1~2月水温仍在10℃以上。

5. 土壤特征

保护区内土壤类型以立黄土、白黄土、红土为主，土壤中有机质含量为1.3%，全氮平均为0.07%，速效氮平均为43.8毫克/千克，速效磷平均为10.3毫克/千克，速效钾平均为157毫克/千克，pH值平均为8.1。

二、植物资源

1. 植物资源

保护区处在温带与暖温带的交汇点上，森林植被有温带草原区与暖温带落叶阔叶林区互相过渡的特征。保护区由于受人为因素的影响，仅在部分地区残存有较为成片的天然次生侧柏林，其余多为人工栽培的椿、榆、楸、槐、杨、刺槐、核桃、苹果、柿子、花椒等。农作物以冬小麦、玉米、豆类为主，一年一熟或两年三熟。

2. 植物种类

保护区现有植物 86 科 551 种。其中，农作物类 43 种，花草类 84 种，药材类 162 种，低等植物 3 种。

（1）水生植物。淇河内水生维管束植物有 46 种。

挺水植物：有芦苇、荻、蒲草、菖蒲、慈姑、矮慈姑、稗草、短叶水蜈蚣、飘拂草、水虱草、水毛花、萤蔺、藨草、水葱、黑三棱、荆三棱、糙叶苔、鸭舌草、两久花、旱苗蓼、丛枝蓼、软蓼、水芹、水苦荬、华水韭、泽潟等。

浮叶植物：有两栖蓼、佛朗眼子菜、突果眼子菜等。

沉水植物：有菹草、马来眼子菜、微齿眼子菜（黄丝藻）、钩草、水车前、大茨藻、小茨藻、角茨藻、轮叶黑藻、苦草、杂（聚草）、金鱼藻等。

漂浮植物：有芜萍、浮萍、稀脉浮萍、紫背浮萍、满江红等。

（2）浮游植物。主要有蓝藻门、金藻门、黄藻门、硅藻门、甲藻门、裸藻门、绿藻门和轮藻门，八大藻门种类繁多，数不胜数。其中蓝藻、绿藻、甲藻、裸藻门为优势种群，金藻、黄藻、硅藻门次之，轮藻种类较少。

（3）农作物类。粮食作物：包括小麦、玉米、水稻、谷子、黄豆、小豆、黑豆、绿豆、高粱、荞麦、红薯、黍稷等。

经济作物：包括棉花、烟叶、麻、油菜、芝麻、向日葵、蓖麻、西瓜、甜瓜等。

蔬菜：包括白菜、菠菜、韭菜、葱、萝卜、蒜、蔓菁、马铃薯、芹菜、芥菜、茼蒿、辣椒、扁豆、茄子、南瓜、黄瓜、金针、豆角、五月强、葫芦、泽姜、冬瓜等。

(4) 林木类。保护区林木共有 19 科 45 种。常见的林木是温带阔叶落叶树种，少数为针叶常绿树种。

用材林：包括柏树、松树、槲栎树、大官杨、柳树、槐树、刺槐、皂角树、椿树、桑树、泡桐、楸树、榆树、五角枫、合欢阔杂、土姜、苦楝、毛白杨等。

经济林：木本粮油有核桃、黄楝等；干鲜果类有苹果、山楂、柿子、梨、大枣、板栗、桃、杏、李子、石榴、葡萄等；特有经济树有漆树、山萸肉；稀有树木有银杏；芳香调料有花椒。

灌木林：包括白蜡条、葛条、荆条、酸枣等。

(5) 花草类。花卉：梅、迎春、长春、合欢花、丁香、秋海棠、蔷薇、玫瑰、菊花、莲花、鸡冠花、指甲草、紫荆、石竹、仙人掌、绣球、玉兰、鸡冠、剪春罗、黄葵、春海棠、虞美人、芍药、门松、凤仙、兰草、萱草、刺梅、玫瑰、腊梅、牵牛、芙蓉、百合、银杏、月季、五香梅、迎春花、九月菊、六月菊、杜鹃、落叶兰、美人蕉、山丹丹、十字花、大红花石榴、水仙、绒线花、午时花、喇叭花、大朋菊、莲等。

草：据草场资源调查，林州市适宜牧用的野生饲草 12 科，67 种。主要有乔木科、豆科、莎草科。如白草、黄背草、蓝苇、马耳草、牛筋草、狗尾草、马唐、马兰、鬼针、虎尾、切不齐、野豌豆、未口代、山毛草、臭草、隐子草、车前草、马斗苓、灰灰草、苋菜等。

(6) 药材类。保护区山坡林间草地中分布有药材 160 多种。

主要有荆芥、连翘、远志、党参、柴胡、酸枣、柏子仁、茜草、葛根、沙参、元参、血参、苦参、当归、川芎、川芎芹、黄芩、白术、白芍、川贝母、白头翁、赤芍、白芷、车前、白薇、元胡、牛滕、天冬、山大黄、半夏、川大黄、桔梗、前胡、香附、银柴胡、玉竹、大活、防风、花粉、苍术、知母、鲜知母、黄精、何首乌、郜本、南星、常山、板蓝根、黄草、威铁灵仙、白茅根、山豆根、目头回、土贝母、漏芦等。

（7）低等植物。主要有蘑菇、平菇、木耳等。

三、动物资源

保护区地处太行山东麓，淇河两岸，具有典型的水陆界面生态系统特征。由于特殊的地形、气候、地质、地貌、植被、土壤等自然环境条件，使本区动物种类繁多，生物多样性凸显。据初步统计，野生动物中，有鸟类 12 目 19 科 30 种，两栖类 1 目 2 科 4 种，爬行类 3 目 4 科 8 种，兽类 5 目 8 科 15 种，昆虫类（包括水生昆虫）11 目 9 科 290 种，水生动物中无脊椎动物 26 目 31 科 186 种，其中，鱼类 6 目 9 科 31 属。野生动物中有国家二级保护野生动物 19 种，省级保护野生动物有 7 种。在这些保护物种中，淇河鲫鱼是独一无二的物种，离开了淇河，将不会有淇河鲫鱼物种的出现，濒危等级为极危。目前，保护淇河鲫鱼就显得尤为重要和迫切！

1. 鱼类

保护区淇河内有鱼类 6 目 9 科 31 种。除淇河鲫鱼在淇河是优势种群外，其他产量均很小。这十分有利于淇河鲫鱼种质资源的纯正，便于保存原种。

下面将淇河主要鱼类加以简单介绍。

（1）淇河鲫鱼（见第一篇第一章第二节）。

（2）黄鳝。淇河中原来没有，为引入种。1990 年，捕捞人员擅自从新乡市场购苗放入淇河，现已是淇河的主要捕捞品种之一。

（3）鲶。当地群众常将其称之为“棉鱼”。其体色随栖息环境不同而变化，一般为灰黄色。鲶鱼为肉食性底层鱼类。白天隐居而夜间觅食。其肉质细嫩，数量较多，是淇河的主要经济鱼类之一。

（4）乌鳢。为引入种。现已有一定数量和产量，其对环境要求不苛，生长速度快，肉肥味美，营养价值高，是淇河的主要经济价值鱼类之一。

（5）鳘条。一般体长 80 ~ 140 毫米，个体小，但分布广，繁殖快，生命力强，产量比较丰富。

（6）泥鳅。喜居水体底层，常钻入泥中，对环境的适应能力强。成鱼除用鳃呼吸外，还可进行肠呼吸，故离水后不易死亡。在淇河水潭处常能捕到该鱼。泥鳅肉质细嫩，营养价值高。

（7）黄颡鱼。又名革牙，体长，裸露无鳞，后半部左右侧扁。有须 4 对。背鳍短，脂鳍与臀鳍相对，后端游离。侧线完全。背部呈黄灰色，体侧黄色，并有 3 块断续的黑色斑，被体侧两条黄色纵纹分成上、中、下 3 段。腹部淡黄色，各鳍灰黄色。

黄颡鱼为底栖生活的鱼类，多在静水或河内缓流中活动。淇河中在花营、花地河段可捕到，数量少。南方马口鱼体背部淡蓝灰色，向下渐为银白色。生殖季节，雄鱼有婚装现象，头部、臀鳍和尾鳍下叶均有白色珠星，体侧桃红色，非常美丽。

（8）甲鱼。淇河在 20 世纪 60 ~ 80 年代，淇河中甲鱼数量还很多。随着社会经济的发展，人们对甲鱼的营养价值认识不断提高，捕捞强度加剧，造成资源量急剧衰退，目前，在淇河已很难捕到甲鱼。甲鱼现象说明，如果不加大淇河鲫鱼的保护力度，用不了多长时间，这类名优水产品种也会消失，成为人们回忆中谈论的物种。

（9）南方马口鱼。为小型凶猛性鱼类，通常集群活动，摄食其他小鱼和水生昆虫。南方马口鱼1周龄即达性成熟，产卵期约在5～8月。

（10）赤眼鳟。一般生活于水的中层，杂食性，以藻类、水生高等植物、菜叶等植物为食，兼食昆虫及其他小鱼等。2龄达性成熟，繁殖季节较晚，一般在6～8月，产卵于沿岸有水草的区域，卵浅绿色，沉性。生长速度慢。其肉肥厚，味鲜美。

（11）银鲴。为底栖性鱼类，主食硅藻和高等植物碎屑，同时，也食小型甲壳动物、枝角类和桡足类的卵。5～6月产卵，性成熟较早，一般2龄就开始产卵。

（12）中华鳑鲏。淇河小杂鱼，约4月中旬开始产卵。无直接经济价值。

（13）麦穗鱼。体侧鳞片的后缘有新月形黑斑，形似麦穗，故名麦穗鱼。其喜栖于静水或缓流的浅水。幼鱼以轮虫为食，至25毫米左右改食枝角类、桡足类、摇蚊幼虫和其他鱼卵，并混有硅藻、绿藻。4月初至5月底产卵，沉性黏着卵。产后由雄鱼护卵。

（14）多纹颌须鮈。以底栖无脊椎动物为食，也吃丝状藻及硅藻，4月中旬至5月中旬产卵。个体小，产量小。

（15）似铜鮈。为底栖小杂鱼，喜栖息于砂石底的清水处。以底栖无脊椎动物为食。生长慢，5～6月分批产卵，数量少，经济价值不高。

（16）棒花鱼。体呈棒槌形，后部稍侧扁。背部棕褐色，腹部白色。在淇河中经常见到，为底栖小杂鱼，以底栖无脊椎动物为食。个体小，食用价值低。

（17）黄鲴。常见种，为小型鱼类，无食用价值。

（18）鰕虎鱼。淇河常见小杂鱼，个体小，经济价值不大。

2. 浮游动物

保护区内淇河泉水丰富，水质清澈，水流平稳，水温常年在10℃以上，致使浮游动物种类和数量，在分布上随河水比降有逐步增加的趋势。

(1) 原生动物。有眼虫；草履虫；变形虫；吸管虫、砂壳虫；鳞壳虫、弯颈虫；太阳虫；斜管虫、毛管虫；半眉虫；聚缩虫、累枝虫；袋形虫；侠盗虫；淡水筒壳虫；殖口虫等。

(2) 轮虫。有晶囊车轮虫型、旋轮虫型、胶鞘轮虫型、巨腕轮虫型、聚花轮虫型、猪吻轮虫型，种类繁多。

(3) 环节动物。有多毛纲、寡毛纲、蛭纲。常见的有水蚯蚓中的颤蚓、尾鳃蚓、仙女虫等。蛭纲中的颈蛭常寄生在鲤、鲫鳃盖下和蚌的体内，为养殖业大害。

(4) 软体动物（贝类）。有腹足纲的螺类，常见的有圆田螺科的中华圆田螺、中国圆田螺。黑螺科的短沟卷、瘤似黑螺。盘螺科的平盘螺、鱼盘螺。椎实螺科的耳萝卜螺、静水椎实螺。扁卷螺科的旋螺、扁螺等。瓣鳃纲（双壳类）常见的有珍珠蚌科的背角无齿蚌（河蚌）、矛蚌、瘤丽蚌、脊蚌、球蚬等。

(5) 甲壳纲。有鳃足类的丰年虫、鲎虫、蚌虾虫等。枝角类的溞状溞、盘肠溞、象鼻溞、大眼溞、尖额溞。桡足类的哲水溞、剑水溞、猛水溞。种类极繁多，不胜其数。虾、蟹类的日本沼虾、中华齿米虾、溪蟹、石蟹等。

3. 昆虫（水生昆虫）

保护区内水流平稳，水潭多，底质为沙质或卵石，河床上水草丛生，是昆虫繁衍生息的优良场所。

水生昆虫有：蜉蝣、蜻蜓目的稚虫（水虿）、豆娘、小划蝽、松藻虫、豉虫、中华水斧、红娘华、龙虱和幼虫水蜈蚣、蚊子幼虫孑孓等。

陆生昆虫有：蚊、蛾、蝇、蝉、蜂、蝗、螳螂、蜻蜓、蜘蛛、蟋蟀、蝼蛄、蜡蝉、蚜虫、蚧、蝽、蓟马、蛉、步甲、金甲子、天牛、瓢虫、蝙蝠、螟、尺蠖、蝶等。

4. 水生微生物

有病毒、细菌、放线菌、真菌、支原体等。它们是原生动物，甲壳类的饵料，又能引起鱼病。如病毒性鲤痘疮病、草鱼出血病等；细菌性草鱼肠炎病、烂鳃病、鲢鱼，鳙鱼打印病等；真菌性鱼卵水霉病，鲢鱼、鳙鱼水霉病等。

5. 两栖类、爬行类

两栖类有青蛙、泽蛙、蟾蜍等。

爬行类有中华鳖、水蛇、壁虎、游蛇、锦蛇、蜥蜴等。

青蛙（黑斑蛙）。又名田鸡，河南省重点保护的水生野生动物，属两栖纲，无尾目。成年体长7~8厘米，雄性略小于雌性。体长较大的雌蛙行动缓慢，声囊较小；雄性口角边长有一对鸣囊，声音洪亮。青蛙每年4月下旬以后开始抱对繁殖，卵产于水中，孵化成蝌蚪时用鳃呼吸，经过变态，成体用肺呼吸，但多数皮肤也有部分呼吸功能。青蛙常栖于低山平原的小河、水沟及水田，行动敏捷，多于夜间活动。以蛾、蚊、稻飞虱等农业害虫为主要食物。青蛙是对人类有益的动物，害虫的天敌，丰收的卫士，而且是环境卫生准确的晴雨表或指示器。青蛙在发育时，胚胎直接浸泡在水中，更加容易受到致畸物的影响。多年来，由于全球气候变暖、人为因素、生态环境恶化的影响，青蛙的种群数量也在逐年减少。但淇河林州段水流缓慢、水潭多、河床水草多，目前，青蛙数量在保护区内还维持在较高的水平上。适宜其生长、繁殖的生态系统破坏不太明显，保护价值极高。

6. 鸟类

鸟类水禽中的野鸭（水鸭子）、鸬鹚（鱼鹰）、苍鹭（老等）、红嘴鸥（钓鱼郎）、翠鸟等，陆生种类的鸿雁、苍鹰、山斑鸠、灰斑鸠、小杜鹃、雨燕、啄木鸟、云雀、家燕、喜鹊、乌鸦、麻雀等。

7. 兽类

有狼、獾、猫、水獭等。由于人为活动的影响，大型兽类数量减少，珍稀兽类水獭在本区内已濒临灭绝。

水獭（Lutra lutra chinensis）国家一级保护动物，属哺乳动物纲，真兽亚纲，鼬科（Mustelidae）。体长约 70 厘米，有曲扰性，尾长约 40 厘米，四肢短各具五趾，其间并有蹼连接，善游泳及潜水，体表棕褐色粗毛，腹部灰褐色，皮毛随季节改变，夏季暗褐色，冬季稍浅。喜居于水流较急，透明度较大，水生植物较少的河流湖泊中，以鱼类，蛙类、水鸟及小的哺乳动物为食；捕鱼时，多半从岸边或河中岩石上潜入水中追寻鱼群，将鱼拖出水面而食；水獭有固定地点大便的习惯，常在水边营巢；在我国北方多于春天和夏天分娩，每胎 1 ~4 仔，怀孕期 55 ~57 天。水獭是珍贵的皮毛兽，据调查，早在 20 世纪 70 年代，保护区范围内常有水獭活动。近年来，由于人为因素其数量急剧下降，本次调查未见到该物种，因此，加强保护刻不容缓。

四、主要保护对象

淇河鲫鱼（详见第一篇第一章第二节）。

五、水生生态系统

淇河发源于山西省陵川县方脑岭，流经新乡辉县市、安阳林州市、东入鹤壁市，至淇县淇门入卫河，全长 161 千米，为山谷型河流，河道蜿蜒曲折，落差大，进入临淇盆地后，水流平缓，水草丛生。淇河在林州共有 4 条支流，除淅河长年流水外，其余湘河、野猪泉河、苇涧河 3 条为季节性河流。淇河在林州五龙镇罗圈村出露，以下常年流水。淇河在林州总流域面积 806 平方千米，占全市总面积的 39.4%。其水质清澈，属于典型的山谷溪流型生态系统，水生生态系统多样性丰富。

1. 水生生态系统的组成

淇河水生生态系统由生物环境和非生物环境组成，生物环境主要由水生植物和水生动物组成，非水生环境由水体理化因子及光、空气等组成。

（1）生物环境。

①藻类植物：淇河及支流淅河常年流水，水质清澈，藻类的种类和数量较少。经调查，共有7门，种类繁多。以硅藻门的舟形藻（Navicula）丝状藻为优势种群。

②水生高等植物：水生高等植物主要分布在淇河河道水潭地段，以荆三棱 Scirpus gagara、水葱 Scirpus validus 为主。

③水生微生物：该保护区内水生微生物有病毒、细菌、放线菌、真菌、支原体等。

④浮游动物：浮游动物包括原生动物、轮虫动物主要有臂尾轮虫 Brachionus、多肢轮虫 Polyathra。甲壳动物有枝角类的秀体溞 iaphanosoma、体达溞 Sida 和桡足类的温剑水溞 Thermocyclops、剑水溞 Cyclops。

⑤底栖生物和昆虫：淇河的底栖生物种类较少。

水生昆虫有：蜉蝣、蜻蜓目的稚虫（水虿）、豆娘、小划蝽、松藻虫、豉虫、中华水斧、红娘华、龙虱和幼虫水蜈蚣、蚊子幼虫孑孓等水生昆虫。

陆生昆虫有：蚊、蛾、蝇、蝉、蜂、蝗、螳螂、蜻蜓、蜘蛛、蟋蟀、蝼蛄、蜡蝉、蚜虫、蚧、蝽、蓟马、蛉、步甲、金甲子、天牛、瓢虫、蝙蝠、螟、尺蠖、蝶、蚂蚁等。

⑥鱼类及两栖类：鱼类，保护区中主要保护品种为淇河鲫鱼，此外，还有鲤鱼、乌鳢、黄鳝、黄颡鱼、南方马口鱼、赤眼鳟、鳘条、中华鳑鲏、高体鳑鲏、麦穗鱼、多纹颌须鮈、中间颌须鮈、银色颌须鮈、点纹颌须鮈、似铜鮈、棒花鱼、鲶鱼、克氏

鰕虎、吻鰕虎等共6目9科31种；

两栖类1目2科4种，其中，青蛙是省重点保护的野生动物。

（2）非生物环境。水生非生物环境主要由水体理化因子及光、空气等所组成。淇河为山间溪流型水域，底质为砾石，河床比降大，河水无色透明、无味、无臭、无污染；pH值7.0～7.5，透明度100厘米以上，年平均水温12℃，溶解氧7.19～8.10毫克/升，总硬度1.04～4.39度，总碱度0.45～1.45度。

2. 水生生态系统的结构

淇河及其支流水生生态系统的结构，可分为形态结构与功能结构两部分。

（1）形态结构。包括：界上子系统〔阳光、大气、土壤、林缘带；界面子系统（水体）；界下子系统（底质）〕。

（2）功能结构。包括：生物类群的生产、消费和分解3个过程。

生产过程：包括初级生产和次级生产两部分。初级生产以藻类和水生高等植物为主，次级生产从水生动物为主。

消费过程：包括对无机物的消费和对有机物的消费。无机物的消费以植物为主，有机物的消费以动物为主。

分解过程：包括微生物对腐屑的分解和原生动物对有机碎屑的分解。

3. 水生生态系统的食物网与营养能级

在水生生态系统中，以营养关系将各生物类群结为一个密切相关的统一体。由捕食饵生物组成食物链，再由各条食物链组成食物网（图1－2）。

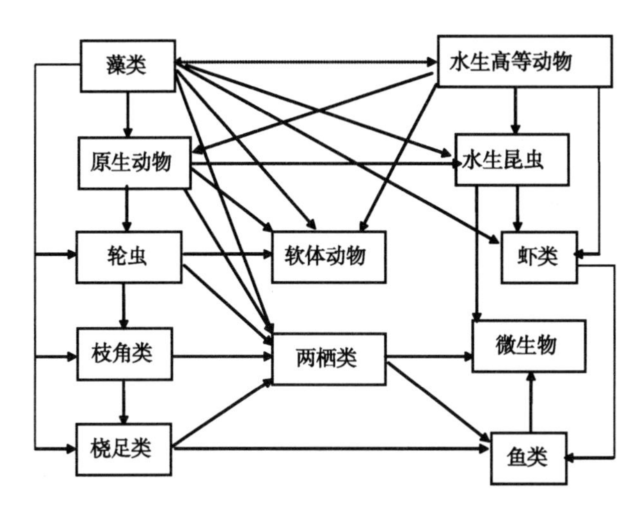

图1－2 淇河水生生态系统食物

六、保护区管理现状评估

1. 社会经济概况

保护区位于林州市东南部，行政范围涉及临淇、五龙两镇共23个行政村。总分布面积58平方千米 。保护区现有总人口2.1万人，人口密度362人/平方千米。汉族。人口密度分布不均，临淇盆地人口密度较大，其他地方人口密度较小，特别是核心区的人口密度为30人/平方千米。森林覆盖率为42%。区内以农业、林业、牧业为主业，粮食作物以大麦、玉米、薯类为主。农闲时候，大部分农民外出打工，即是区内农民的主要收入来源，年人均纯收入4 065元。

2. 管理现状评估

2007年12月，经农业部批准淇河林州段设立“安阳淇河鲫鱼国家级水产种质资源保护区”。保护区自建立以来，安阳市、林州市分别成立了保护区建设领导小组，林州市发布了“关于划定安阳淇河鲫鱼省级种质资源保护区管理有关问题的通告”，安阳市组织专家、委托有资质的单位根据保护区科研考察报告编制了总体规划。根据总体规划要求，保护区设立良种场、保护科、公安分局、管理站、观察站、哨卡等，形成局、站（场）、点，形成完善的管理体系，为保护区的有效管理打下良好的基础。2011 年 1 月 5 日，中华人民共和国农业部令 2011 第 1 号《水产种质资源保护区管理暂行办法》规定，保护区的管理机构为林州市渔政监督管理站。林州市渔政管理站在各级渔业行政主管部门的大力支持下，目前，已经建立了淇河鲫鱼市级良种场、淇河鲫鱼保种基地、保护区管理站、观察站等，还开展了形式多样的宣传活动，在社会上引起了强烈反响，每年开展定期与不定期的保护区执法巡逻，严厉打击了涉保护区的违法行为，通过依法查处涉保护区违法案件，保护区生态秩序得到很大程度的改善，通过卓有成效的工作，保护区内的水生野生动植物资源正在逐步恢复和发展。

七、自然资源评价

保护区地处林州市东南部，淇河流域，地势西高东低。保护区内淇河从临淇镇吕庄往北至河口向东蜿蜒而去，至与鹤壁市交界处，为一弧状不规则狭长地带。淇河在水文地质上多属奥陶系灰岩石溶裂隙水，活泉较多。淇河水常年不结冰，就在 1 ~ 2 月水温仍在 10℃以上。鹤壁市盘石头水库建成后，在林州形成在大面积的淹没区，为淇河鲫鱼的生长和生存提供了广阔的生境。优越的水质条件，孕育出优质的鱼类。淇河鲫鱼就是长期封闭在这条山区性河流里形成的独有地方物种。保护区的建立，一是可填补豫北地区水生野生动物保护区的空白，使空间布局更加合理；二是起到一区多保的作用（保护自然资源、保护生物多样性），使水产种质资源保护区的内容更加丰富；三是通过对淇河鲫鱼资源的保护，研究鱼类遗传育种、进化等方面具有十分重要的学术意义和科学价值；四是在保护的前提下，合理地开发利用自然资源，对促进地方经济发展具有重大的经济效益和社会效益。

1. 生态效益

保护区正式运行以来，淇河鲫鱼及其水生野生动物的生态环境得到有效保护，从而保护了生物的多样性，丰富了基因库，维持了生态平衡。而且还有效地保护了区内的植被资源及其生态系统，逐步恢复和完善人为破坏的自然植被及其生态系统。进而也净化了空气、涵养了水源、保持了水土、调节了气候、防止了污染，从而又保护了珍稀动植物资源，再度维护了生态平衡，保持了人与大自然的和谐统一。

（1）具有生态环境的封闭性。保护区内淇河在林州五龙镇罗圈村以上河段为季节性河流（83 千米），以下河段（林州境内 28 千米）长年流水，而且淇河流经的村庄几乎都有 200～300 亩大小不等的水潭。鹤壁市盘石头水库建成后，在林州形成在大面积的淹没区，为淇河鲫鱼的生长和生存提供了广阔的生境，然而也使淇河这条山区性河流更加封闭。因此，生态环境具有封闭特征。

（2）具有淇河鲫鱼种质资源的纯正性。根据淇河多年的捕获物分析，淇河鲫鱼占总捕获量的 80%～90%，这说明在淇河中淇河鲫鱼具有明显的物种优势，十分适宜淇河鲫鱼种质资源的保护。

（3）具有地理位置的特殊性。本保护区位于华北板块的南部，晋豫陕三联裂谷系北支东沿，太行山余脉——淇山山脉，属暖温带大陆性季风气候地带。由于受暖温带大陆性季风气候的影响，这里四季分明，冷热季和干湿季区别明显。春季多风和少雨，夏季炎热，降水集中，秋季旱涝不均，冬季既干又冷。但由于保护区内淇河水文地质上多为奥陶系灰岩石溶裂隙水，因此，温泉较多，致使淇河水最热月份水温不超过28℃，而冬季河水不结冰，最冷月份水温保持在10℃以上。因此，保护区具有地理位置的特殊性。

（4）具有生态环境的脆弱性。保护淇河鲫鱼种质资源不能简单地仅保护其生存的水域，而应将淇河周围的生态系统一块加以保护，这样才能达到标本兼治的目的。本保护区地形千岩万壑，植被较好，水源充足，湿地面积大，沿河水生植物丛生，从而为淇河鲫鱼的生存、繁殖、栖息提供了良好的自然环境，有利于其种质纯正。但由于环境污染，非法捕捞过度、挖沙现象严重，管理不到位、保护不力、贩卖活动猖獗等原因，其种质资源量日益下降，适宜其生长、繁殖等活动的自然生态区域逐渐缩小，这一优质的物种种质资源将会永久消失。失去往往不再拥有，损失往往难以挽回，恶果往往难以下咽。因此，水产种质资源保护区的建立是弥补保护区内自然生态环境脆弱性的重要手段。

（5）物种多样性。保护区地处太行山东麓，淇河两岸，具有典型的水陆界面生态系统特征。由于特殊的地形、气候、地质、地貌、植被、土壤等自然环境条件，使本区动物种类繁多，生物多样性凸显。据初步统计，植物有85科551种。野生动物中，有鸟类12目19科30种，两栖类1目2科4种，爬行类3目4科8种，兽类5目8科15种，昆虫类（包括水生昆虫）11目9科290种，水生动物中无脊椎动物26目31科186种，其中，鱼类6目9科31属。其中，有国家二级保护野生动物19种，省级保护野生动物有7种。在这些保护物种中，淇河鲫鱼是独一无二的物种，离开了淇河，将不会有淇河鲫鱼物种的出现，保护淇河鲫鱼就显得尤为重要和迫切！

（6）物种珍稀性和濒危性。淇河鲫鱼在1989年被确定为河南省具有较高经济价值的鱼类，1990 年被河南省人民政府确定为省级重点保护的野生动物。淇河鲫鱼是仅产于长度为 161 千米的淇河里的特产物种，早在我国封建时代就一直作为贡品向皇帝进贡。目前，数量已极为稀少，物种珍稀性和稀有性凸显。

2. 社会效益

大自然创造了五彩缤纷的世界，在长期繁衍、进化和生存竞争中，物种之间组成了一条有机的生命链。其中，每一个环节的破坏和物种的灭绝，都将影响到整个自然界的和谐与平衡。而人类又是自然界生命链中的一环，保护物种也是在保护我们人类自己。物种的灭绝不仅意味着一种物种的消失，更重要的是这些物种所携带的遗传基因也随之消失。一个野生物种的保护和延续下来，可能给一个地方，一个国家或者整个世界带来经济的大发展。中国“野生水稻”和“野生大豆”的利用和开发，已经证实过。淇河鲫鱼及其野生动植物自然资源具有重要的科学、生态、经济、文化、医学等价值，在我们还没有真正了解之前就要灭绝，将有可能造成难以弥补的损失。只有对其进行保护，才不至于造成永久遗憾，才能实现自然资源的永续选用，才能发展经济，改善和丰富人民的物质文化生活，造福人类。同时，保护区的建立，提升了人们的思想境界，增强了政府和公众保护自然的意识，繁荣了科学、文化、教育事业，促进了社会文明进步，捍卫了自然固有价值，为树立科学发展观、构建社会主义和谐社会奠定了基础，功在当代，利在千秋。保护淇河鲫鱼及水生野生动物是建设现代文明国家的需要，为我国树立保护生物多样性、保护生态环境的良好国际形象，促进我国改革开放和经济建设的发展，加快生态文明建设进程，都具有十分深远的意义。

3. 经济效益

淇河鲫鱼是鱼类中的珍品，具有极高的经济价值。目前，淇河鲫鱼价格已达到 18 元/千克，而且随着鲫鱼规格的增大，淇河鲫鱼价格也逐渐升高。规格超过0.25千克的淇河鲫鱼，价格在25元/千克。保护区建好后，通过保护、繁育、救护等手段，10年后淇河鲫鱼自然资源量将达到140吨以上，直接价值达3 200万元以上。淇河鲫鱼种质得到有效保护，为调整水产品养殖结构、丰富人民群众的物质文化生活将产生深远影响。与此同时，保护区内的植被得到保护和恢复，其间接经济效益可达数亿元以上。

第二节　淇河鲫鱼保护区建设

保护区总体规划颁布后，各级渔业行政主管部门严格按照规划方案，对安阳淇河鲫鱼国家级水产种质资源保护区进行建设。林州市人民政府、林州市农业局、林州市渔政监督管理站更是把保护区建设当成头等大事，列入重要的议事日程，不断提升保护区建设与管理水平。在建设过程中，认真贯彻执行国家有关保护区管理的各项方针政策和法律法规，全面贯彻落实“加强保护，积极发展，合理利用”、“维护生态平衡，保护种质资源，保护生物多样性，丰富基因库”和“有效保护和合理利用水产种质资源，促进渔业可持续发展”的保护管理方针，积极开展救护、驯养、繁殖、科研、科普等多种经营等活动，扩大其种群数量，保护其生存和生长；搞好生态监测和科普教育，减缓和控制淇河鲫鱼的生态环境恶化；正确处理保护区与周边社区生产、生活关系，充分发挥综合效益，实现保护区和社区的可持续和谐发展。合理确定规划目标和划定保护区域，实现保护区的有效管理和保护；加强水域生态保护，逐步修复水域生态；努力把保护区建设成为生态系统完整、淇河鲫鱼种质资源可持续利用、综合经济效益显著的国家级水产种质资源保护区，为国家生态文明建设作出积极的贡献。

一、保护区管理机构

（1）2008年，安阳市机构编制委员会办公室以（安编办〔2008〕7号）文批准，成立安阳淇河鲫鱼水产种质资源保护区办公室，负责安阳淇河鲫鱼国家级水产种质资源保护区的管理工作。保护区机构的成立，是落实中国水生生物资源养护行动纲要的具体表现，必将使安阳淇河鲫鱼国家级水产种质资源保护区的建设、管理等工作纳入正常轨道，使安阳淇河鲫鱼我省这一重点保护水生野生动物得到很好的保护，为做大做强安阳市的水产业，为建设社会主义新农村作出新的贡献。

（2）2011年1月5日中华人民共和国农业部令2011年第1号《水产种质资源保护区管理暂行办法》明确规定："县级以上地方人民政府渔业行政主管部门负责辖区内水产种质资源保护区工作"，林州市渔政监督管理站承担起了法律赋予的管护职责。

（3）2005年，林州市在淇河荷花村建立了淇河鲫鱼保种场，负责收集保护淇河鲫鱼原种，并建立了淇河鲫鱼市级良种场。2007年，设立淇河鲫鱼国家级水产种质资源保护区管理站。主要任务是宣传保护区自然保护的方针、政策，搞好区界维护、打击偷捕等不法分子，保护好本区的自然资源和自然环境。培训提高保护人员素质，保护发展珍稀濒危的淇河鲫鱼种质资源，维护生态平衡；负责水生动物、特别是淇河鲫鱼的鉴别、接受、救护、饲养、安置和放生工作；调查淇河鲫鱼自然资源并建立档案，组织环境监测，保护区内的自然环境和自然资源；为有关部门提供技术报告和出具鉴定意见。承担与淇河鲫鱼相关的科学研究工作，为淇河鲫鱼种质资源的保护提供科学依据。

二、基础设施建设

1. 保护区管理站基础设施建设

2011 年国家投资 100 万元，在淇河鲫鱼保种场内建设 200 平方米管理站办公楼房。有效解决了保护区管理人员办公、生活、住宿问题，实现了办公有场地、生活有着落，极大地鼓舞了管护人员的工作积极性。

2. 保种场基础设施建设

自国家级保护区设立以来，各级政府对保护区建设工作非常重视，逐步增加保护区基础设施投入。淇河鲫鱼保种场在连续 3 年投入鱼池建设 30 万元，新建和改造了 20 亩流水池塘。

3. 保护区界标、界桩和标牌设置

保护区标牌、标桩设置的目的：一是为了确定保护区的范围以及各功能分区的区域，避免发生纠纷和破坏；二是宣传有关的法律、法规、提醒人们注意，控制人们的活动和行为，增强人们的保护意识；三是宣传普及有关科学知识；四是为人们提供路线指南、其他服务等。

（1）设置原则。

①要规范化、规格化和永久性。

②与自然环境相协调，为便于识别和提醒人们注意，标牌、标桩采用鲜明底色，一般以白、黄、蓝、红为宜。

③目的性明确，通俗易懂，文图准确简练。

④区界性标牌、限制性标牌、标桩设置在人为活动频繁，交通方便之处或地势开阔、醒目之处。字面面向进入保护区的行人或车辆方向，使人一目了然。

⑤区界性标桩设置在交通不便，人为活动较少，地质稳固的地方，便于永久性保存。

⑥设置的距离：根据自然地势、保护对象和实际需要进行合

理确定，一般界标为1千米设置一个，人为活动较频繁地区或转向点，适当加密。

（2）规格与布设。

①区界标桩：区界性标桩以坚固耐用的材料制作，一般以水泥预制件为主，长方形柱体，柱体平面长0.24米、宽0.12米，露出地面0.5米，埋入地下深度根据具体情况确定，界桩上部写“淇河鲫鱼国家级水产种质资源保护区界桩”字样，并注明编号，全区共设置了100块，其中，在核心区界桩上加写“核心区”字样。

②区界标牌；标牌以木材或金属材料制作。境界标牌1块，牌面为2.4米×3.5米规格，贴近地面设置，或牌面底部距地1米设置；功能分区标牌牌面为0.68米×1米、1.36米×2米不同规格，牌面底部距地1米设置。全区共设置了标牌5块。

③限制性标牌：主要设置在重点保护地段（核心区）周围、人为活动频繁的主要交通路口以及保护区范围及其周围地区主要居民点。目的是为了宣传教育、增强人们的法制意识和保护意识，提醒人们注意事项，控制人们的活动和行为等。全区共设置了限制性标牌2块。

④解说性标牌：解说性标牌主要用于向人们解说保护区的情况，主要保护淇河鲫鱼的有关知识，分别设置在县城、保护区所在地、各保护站点、主要保护动植物分布区域入口等，全区共设置4块。

三、淇河鲫鱼科研

1. 科研队伍建设

稳定现有科研队伍，通过培训和后期教育提高专业水平。鼓励在职深造，树立优良学风，倡导上进和钻研精神，增强事业心和责任感。

通过提高人才待遇，接收大专院校毕业生等途径，引进有经验的中、高级科研人才，并对现有职工不断进行专业技术培训，逐步壮大科研队伍。同时，邀请国内外高等院校、研究机构专家与科研人员来保护区开展科学研究。注重提高科研人员的政治和业务素质。制定符合实际的人才培养规划，尽快培养出一批结构合理的科研骨干力量和学科带头人。积极开展面向保护区内外群众、中小学生的科学普及工作，激发人们热爱自然、探索自然的兴趣，增强保护环境的自觉性与积极性。

2. 与科研院所的合作

基础研究薄弱，专业人才缺乏，技术水平落后　淇河鲫鱼在国内外研究起步晚，相应的研究课题较少，关于淇河鲫鱼的生理、生态、栖息、生长、繁殖等基础研究不系统，不深入。特别是对保护区动植物生态系统的结构、功能、演替规律，价值和作用等方面缺乏系统、深入的研究，将制约保护区的管理和保护工作。保护区水产主管部门专业技术人员不足，特别是野生动物方面的专业技术人员少，同时，生态系统保护、管理、研究的技术手段缺乏。必须借助专业科研院所来开展保护区科研工作。

与河南省水产科学研究院长期合作，科研内容有：保护区科学考察、淇河鲫鱼资源量变化、淇河鲫鱼标准和淇河鲫鱼高产养殖技术研究。

与河南师范学院合作，科研内容有：淇河鲫鱼生长情况比较、淇河鲫鱼基因研究。

与黑龙江水产科学研究所合作，内容主要是淇河鲫鱼家系选育。

与河南省水产技术推广站合作，监控监测淇河水质，及时准确掌握淇河鲫鱼赖以生存环境质量状况。

经过多年的合作，科研成果部分已经获得专家通过，部分还在实施过程中，如水质监测；有的科研工作才刚刚开始，如家系选育。

四、管护制度

1. 保护目标

通过实施科学有效的保护、救护与管理，加强淇河鲫鱼原种的保种、选育、生态修复等工作，实现淇河鲫鱼自然种群数量的增加和永续选用，淇河生态系统平衡，人与自然和谐统一。

（1）通过保护、救护、保种、生态修复，使淇河鲫鱼种群数量得以恢复和扩大。

（2）通过保护管理，要求在保护区范围实现无渔业污染事故，无乱捕滥猎、无电毒炸鱼事件发生。

（3）在核心区的特别保护期内，杜绝未经批准的任何可能损害或影响保护对象及其生存环境的活动。

（4）保护好区域生态。一个物种只有在一个相对稳定的生态环境中，其生物个体和种群结构才能得到比较稳定的发展，因此，对淇河鲫鱼物种的保护，不能只强调对其本身的保护，而必须在对其本身加以保护的同时，保护好其赖以生存的生态环境如水源、水质、大气、土壤、动植物等。

（5）杜绝外来物种的入侵，保证淇河鲫鱼种质纯正。

2. 保护措施

分区管理，将整个保护区划分为核心区和试验区两个功能区，分别采取相应的保护措施加以管理。

（1）核心区的保护管理。在核心区内，又设定有特别保护期（4 月 1 日至 5 月 31 日）和一般保护期。特别保护期内，未经农业部或省渔业行政主管部门批准，区内禁止从事任何可能损害或影响淇河鲫鱼及其生存环境的活动。在一般保护期内，在不造成淇河鲫鱼及其生存环境遭受破坏的前提下，经农业部或省渔业行政主管部门批准，可以在限定的时间和范围内适当进行渔业生产、科学研究以及其他活动。

（2）试验区的保护管理。在试验区内，在农业部或省渔业行政主管部门的统一规划和指导下，可有计划地开展以恢复资源和修复水域生态环境为主要目的水生生物资源增殖、科学研究和适度开发活动。

3. 制定保护制度

依据《中华人民共和国渔业法》《中华人民共和国水生野生动物保护实施条例》《水产种质资源保护区划定工作规范（试行)》和《水产种质资源保护区管理暂行办法》有关法律法规，制定了《淇河鲫鱼国家级种质资源保护区管理办法》，内容包括特许证管理，进出保护区人员的管理许可、巡逻检查、经常性的宣传教育、乡规民约等，依法进行保护管理。

保护区的保护制度主要包括以下几方面的内容。

（1）保护区的自然环境和自然资源，由保护区管理机构统一管理。

（2）各功能区要采取相应的保护措施。

（3）严禁在保护区内开矿、砍伐、挖药、垦殖、狩猎、捕捞、放牧、挖沙、爆破和在野外使用明火等活动，严禁在淇河乱捕、乱放流其他水生物。

（4）进入保护区从事科研、教育实习、参观考察、拍摄等活动的单位和个人必须经国家农业部或省渔业行政主管部门或其授权单位批准，并自觉遵守保护区的有关规定，服从监督和管理。与外国签署涉及国家保护区的有关科研、考察等协议，严格按法律有关规定执行。经批准进入保护区从事上述活动的，必须遵守保护区的有关法律、法规和规定，并交纳保护管理费。

（5）保护区的居民，也必须遵守保护区的有关规定，在划定的范围内进行生产、生活活动。

（6）严禁进入保护区的人员携带捕捞工具、刀具、枪弹、毒品、易燃易爆物品；严禁在保护区内建设排放有害废水、废渣、废液、噪声、恶臭、放射性元素等对环境造成污染的项目。对社区生活废水、垃圾和厕所粪便要进行处理，防止污染环境。

（7）增强公众的保护意识，改善与当地社区的关系，广泛开展形式多样的宣传活动，使社区群众、旅客和保护区职工都对保护区管理规定、功能分区管理规定、禁渔公约、防火公约、巡护瞭望制度等有全面了解。

五、宣传教育

保护区是开展宣传教育的基地，是体现生态建设、野生动植物保护及展示生态文明成就的窗口，保护区通过开展科普宣传及公众教育，职业培训等，激发人们增强认识自然，保护自然的自觉意识。开展宣传教育也是保护区自身建设的一个重要举措，要做好保护区工作，不是少数管理人员和科学工作者所能够完成的，它与整个社会、经济以及各级领导和社区群众对自然保护的认识和重视有密切关系。因此，必须在保护区内和周边社区加强宣传教育工作，利用多种形式宣传保护区的重大意义，使保护工作家喻户晓。

1. 建立宣传教育基础设施

（1）建立科教中心。为让外界更好地了解自然保护区，宣传自然保护的各方面知识，拟在保护区管理站建立科教中心，建筑面积 100 平方米，内设标本室、宣教室，购置必要的宣传教育、培训设备、包括摄像和音响设备、电化设备、编辑制作系统。制作一批幻灯片、录像带、VCD 光盘，收集制作淇河鲫鱼及其生态系统标本等，为社会提供生态系统功能及生物多样性的宣传资料。

（2）设置限制性及解说性标牌。为宣传有关的法律、法规、规定、规则，控制和规范人们的活动和行为，增强人们的保护意识，宣传普及有关科学知识，在县城、石门寺、临淇、石阵及保护区范围内及其邻近地区主要居民点，设置限制性标牌 2 块（制作规格参照区界性标牌），解说性标牌 4 块。

2. 对参观者的宣传教育

（1）向参观者发放纪念册，印制保护对象及与保护区有关的介绍材料、保护生态环境的警语和要求，使游客对保护区重要性有进一步的了解和认识。

（2）建设标本室，添置标本一批，购置标本保存和处理设备一套。从不同角度充分展示保护区的自然资源，使其成为集科普、宣教、观赏、展示为一体的综合性标本馆。

（3）建设宣教馆，配备电教设备 1 套、桌椅 70 套，制作光碟材料一套，采用现代科技手段从不同角度展示保护区的动植物资源风光，增强人们对区内重点保护动物——淇河鲫鱼重要性的认识。

（4）在保护区入口处及沿路醒目处，设置永久性宣传标语牌 15 个，修建形象雕塑 2 个，提高人们保护环境、保护珍稀动植物资源的意识。

3. 对周边社区的宣传教育

（1）成立文艺宣传队伍。利用快板、戏曲、小品等群众喜闻乐见的形式，到社区进行与自然保护有关的政策、法律、法规的宣传，增强环保法律意识。

（2）开展保护区人员定期到社区作报告、开座谈会等活动，促进双方对保护知识的沟通与交流。

（3）通过广播、电视、报刊、杂志、手机短信等形式对社区群众进行宣传教育。促进人们认识到滥捕、电鱼、毒鱼、炸鱼、采沙的严重危害，自觉参与区内生物多样性保护。

（4）举办保护野生动植物的巡回展览，在社区采取展示板、墙报、标语等形式开展宣传教育活动。

（5）为社区学校提供参观、实习的条件，使更多的人熟知自然保护的重要意义。

4. 对外宣传

目前，正在积极筹建宣传网站，积极开展对外宣传，不断扩大保护区在国际国内的影响。

六、环境保护

（1）保护区内禁止无许可捕捞淇河鲫鱼，坚决杜绝电、毒、炸等破坏淇河鲫鱼资源的行为。

（2）保护区内禁止采沙、采石等破坏生态资源的行为。

（3）应尽量采用太阳能、沼气、风能等清洁能源。

（4）保护区内禁止使用残毒性农药进行杀虫灭菌；在区内不得安排污染环境的经营性项目。

（5）其他人员实行限入、准入制度。

（6）对保护区容易产生环境污染的垃圾，要及时运出保护区。

（7）保护区及其周边的宾馆、饭店、企业排放的污染物必须达到与功能区相适应的标准，未达标污染物不得排入自然环境。

（8）垃圾应填埋处理，在保护区外设置填埋场，达到国家规定的处理要求。

环境保护是我国的一项基本国策。强化全民族自然保护意识，提高广大干部群众对自然保护区建设在环境保护中重要性的认识，是保证保护区事业稳定发展的重要条件。面向社会，通过广播、电视、报刊、杂志等各种新闻媒介以及通过书写标语、张贴保护区宣传画等形式，积极、广泛地宣传保护区有关的政策、法令及保护的科学知识，使广大干部群众认识到建立淇河鲫鱼水产种质资源保护区、保护自然环境、保护生物多样性、维持生态平衡的重要意义和作用。动员社会各界关心、支持和参与保护区的建设与管理事业，把保护自然资源和生态环境，变成广大群众的自觉行为。

第三章　淇河鲫鱼资源增殖

自20世纪60～70年代开始，我国淇河受人为干扰破坏和经济社会发展影响，淇河鲫鱼生态环境日益恶化，电、毒、炸鱼事件时有发生，导致淇河鲫鱼资源量下降，渔获物规格日益小型化、低龄化，幼鱼捕获比例大幅上升。淇河鲫鱼资源已处于严重衰退的状态，种质资源衰退，尤其是淇河鲫鱼资源衰退已达到濒临灭绝的程度。渔业资源，是人类福利的最重要资源之一。它的衰退，已越来越多地引起了人们的注意。为了阻止淇河鲫鱼资源的衰退，保护种质不被灭绝，各级政府、关心渔业人士和渔政管理工作者做了大量的工作，主要有完善渔业法律法规、春季禁渔、增殖放流、水产种质资源保护区监督与管理等，这些工作对缓解资源衰退起到了一定的作用，但由于执行的力度不够和其他因素的干扰，成效不大。恢复淇河渔业资源，尤其是淇河鲫鱼资源还需要很长的一段路要走。我们需要总结过去工作中的成败因素，借鉴国内外先进经验，结合淇河实际情况，制定切实可行的淇河资源方案，并精心组织落实。在目前情况下，淇河水域生态环境保护、增殖放流、淇河有害生物防治，是增殖保护淇河鲫鱼资源的有效手段。我们在科学发展观思想的指引下，坚持可持续发展战略，具有重要的现实意义。

第一节　增殖放流

我国水生生物资源丰富，以水生生物为主体的水域生态系统，在维系自然界物质循环、净化环境、缓解温室效应等方面发挥着积极作用。渔业作为一种资源依赖型产业，水生生物资源是维系其发展的物质基础。养护和合理利用水生生物资源对维护国家生态安全、促进渔业可持续发展具有重要意义。

自2006年国务院印发《中国水生生物资源养护行动纲要》以来，在各级党委和政府的领导下，渔业主管部门精心组织，各地开展了形式多样的增殖放流活动，社会各界和广大群众积极参与，形成了全国性增殖放流新局面。2009年起，农业部渔业局组织开展一系列增殖放流重大活动，掀起了全国水生生物资源养护的新高潮，2014年，全国各地已举办了各种形式的增殖放流活动，有力地促进了现代渔业发展和生态文明建设。

沿海和江河流域地区在开展大规模经济建设和资源开发的同时，对自然水域的生态环境造成了较大的影响。污染物的大量排放、近海及江河、湖泊密集频繁的水上工程施工、大面积围海围湖造田及过度渔业捕捞等，使我国近海和内陆水域（江河、湖泊等）的渔业资源严重衰退，许多天然水域经济鱼类种群数量大幅度减少，捕捞产量、个体重量下降，各类水生野生动物栖息环境遭到破坏，濒危程度不断加重。渔业资源增殖放流是在对野生鱼、虾、蟹、贝类等进行人工繁殖、养殖或捕捞天然苗种在人工条件下培育后，释放到渔业资源出现衰退的天然水域中，使其自然种群得以恢复。

淇河林州段是国家级水产种质资源保护区，对淇河鲫鱼种质的要求比较高，不能因放流而污染了淇河鲫鱼种质。因此，增殖放流的前提是种质纯正。保护区管理单位为此也做了大量的工作，首先，从淇河中捕捞出的淇河鲫鱼中选育、提纯淇河鲫鱼，进而培育作为原种进行繁殖，然而，多年来，受资金制约，淇河鲫鱼原种的收集、提纯进展缓慢，致使苗种生产量较小，成了制约放流的瓶颈，苗种数量很难满足放流和养殖的需要。其次，放流资金少，放流规格小，放流后渔政管理跟不上，违法捕捞现象时有发生，也对增殖放流效果产生了负面的影响。

目前，淇河鲫鱼渔业资源的增殖放流数量与资源恢复的需要还有很大差距。放流工作尚未引起有关领导的充分重视，一些渔业部门没有制定长期增殖放流的规划；放流的重要意义和作用宣传不够，资金支持不足，影响了放流效果。

为逐步解决上述增殖放流工作中存在的问题，提高对增殖放流工作重要性和可行性的认识，充分发挥渔业资源增殖放流促进渔业持续发展的作用，农业部渔业局组织有关专家经过调研和广泛征求意见，对于加强渔业资源增殖放流工作达成了共识。2013年，农业部为贯彻落实党的十八大关于大力推进生态文明建设的战略部署，贯彻落实中央关于改进工作作风的要求，下发了农业部关于进一步规范水生生物增殖放流活动的通知（农渔发〔2013〕6号），务求增殖放流活动避免形式主义，力求取得实效，进一步推进生态文明建设和水生生物资源养护事业发展，鼓励相关科研单位加强资源增殖科学研究，为恢复资源提供先进的技术，有效增殖资源，不断取得更好的生态和经济效益。

保护淇河、维护淇河生态环境，是保护我们人类赖以生存的生态环境，功在当今，利在后代。实施淇河鱼类资源增殖放流行动，加快淇河渔业野生资源量的恢复，有效保护淇河生物多样性，维护淇河生态平衡，实现蓝天碧水、环境优美、人与自然和谐共处的良好局面是我们的重要责任。在目前我国不断扩大增殖放流资金和进一步规范增殖放流的形势下，淇河鱼类放流工作也应该跟上时代的形势，为淇河生物多样性做出更大的贡献。为此，一是要加强宣传，让社会各界都来关心和支持淇河鱼类放流事业；二是要积极争取国家淇河鱼类增殖放流项目，通过连续不间断放流加快淇河野生资源恢复；三是进一步做好淇河鲫鱼良种繁殖等基础性工作，培育大规格淇河鲫鱼鱼种和原种，提升放流质量；四是加强渔政管理，多方联动，打击破坏淇河生态的行为，维护淇河生态秩序。

为了恢复淇河天然水域渔业资源种群数量，保证渔业生产的持续发展，维护生物多样性，保持生态平衡，安阳市、林州市政府和各级渔业主管部门开展了多次渔业资源增殖放流活动。从2006年开始，首次在淇河进行了淇河鲫鱼增殖放流行动，以后2008年、2009年和2010年连续在淇河进行了鱼类放流活动，放流品种包括淇河鲫鱼、鲢鳙鱼等，数量总计500万尾左右。鹤壁市政府也于2009年、2012年在淇河鹤壁段进行了增殖放流活动，共计投放淇河鲫鱼苗种达600万尾以上，并在放流区域设置了明显的禁渔标志。淇河鲫鱼增殖放流取得了显著的增殖效果，不仅维护了淇河生物多样性，淇河鲫鱼资源量得到恢复，而且淇河水质得到良好的改善，产生了可观的经济、生态和社会效益。

多年的实践证明，淇河鱼类渔业资源增殖放流是目前恢复淇河水生生物资源量的重要和有效手段，应充分发挥其应有的作用。国家将在现有的科研技术研究和实践的基础上，不断完善增殖放流工作，为恢复渔业资源而不懈努力。同时，也希望社会各界更加关注保护和改善水域生态环境及水生动物资源的事业，大家共同努力建设一个生态环境良好、资源适度开发、文明发展的社会。

第二节　人工鱼巢

淇河是淇河鲫鱼赖以生存的场所，在每年的清明至谷雨时节，正好是淇河鲫鱼产卵的盛季，为了给淇河鲫鱼创造舒适的产卵环境，确保淇河鲫鱼自然增殖水平。这一时段要特别加强禁渔工作，经常到保护区内进行巡逻执法，同时，要在淇河河潭地段，设置人工鱼巢，提高受精卵黏附水平，确保受精卵正常发育孵化。

淇河鲫鱼是产黏性卵的鱼类。受精卵在孵化发育的过程中，必须黏附于一定的物体上，如水草、柳条、鱼巢上才能正常发育。如果受精卵没能黏附在物体上，则沉到水底，或因挤压透水条件不好，影响孵化，或被水底污物埋住而腐败死亡。在淇河鲫鱼繁殖时，在淇河中放置人工鱼巢，可有效地提高受精卵黏附率，提高受精卵发育水平。

人工鱼巢的种类很多。选择的原则是：制作鱼巢的材料要无毒、耐用、附着面积大，来源广，价格低；最好能漂浮在水中，散开后面积要大，便于鱼卵粘附；制作鱼巢材料质地要柔软，亲鱼追逐碰触时不会伤及鱼体。此外，要求人工鱼巢不易腐烂，不影响水质变化，有利于受精卵孵化成鱼苗。

人工鱼巢具体制作方法：

一是用水草来制作鱼巢的方法。用孤尾藻和金鱼藻等来制作鱼巢，这些水生植物在拿来用之前，必须要仔细检查、处理。除去这些水草上的细菌和病毒以免对亲鱼和鱼卵造成伤害。所以，我们要用盐水浸泡半小时，进行消毒、杀菌处理。以后，在将水草取出来用清水洗净。在将水草加以整理，在水草的根部扎好，散成圆形或是其他近似的形状都可以，下面再系上一个小石头或是其他的重物，以免鱼巢上浮浮出水面来。

二是用柳树根来做鱼巢。事先还需要把柳树根用清水洗净，然后用食盐水浸泡消毒，将其捆在一起，放在产卵场所。

三是用棕毛，将棕毛用开水反复烫几次，然后用食盐水或高锰酸钾溶液进行浸泡消毒，然后将棕毛扎成一小束，然后将小束捆于竹竿上，排列要密，竹竿之间的间隔为 30 厘米，束与束间隔为 20 厘米。

四是用聚乙烯网片，但要求网目要小，才能收集到更多的鱼卵。后两种鱼巢在放于产卵场时，都要进行固定，防止被水流冲走。

人工鱼巢放置后，要进行巡察，观看着卵情况，总结经验，利于调整。一般人工鱼巢放置后，鱼巢上附着的受精卵较多，能很好地为淇河鲫鱼产卵孵化提供良好的环境，鱼苗孵化率较高，在一定程度上是增殖了淇河鲫鱼，同时，又是一种投入少见效快的增殖方法。

第三节　有害生物防治

2007 年，国家农业部正式批准淇河林州段为国家级淇河鲫鱼水产种质资源保护区，将淇河鲫鱼种质的保护提到了重要的议事日程。20 世纪 90 年代，部分群众由于知识少，不知道有害生物对生态环境的影响和危害，片面地引进水花生、水葫芦等水生植物，为淇河水生生物提供饵料。随着该物种的迅速生长，其作为有害生物的特性日渐突出。其死亡后，消耗大量溶解氧，水质急剧变坏，已逐步发展成危害淇河鲫鱼生长繁殖的有害生物。近年来，有些群众信仰佛教放生，在没有征得渔业行政主管部门同意的前提下，私自向淇河放流水生物，尤其是鲤科鲫属的品种，使淇河鲫鱼种质的纯正性受到很大的威胁。

林州市水产站（渔政监督管理站）作为林州市渔业技术推广和渔业行政管理机构，确保淇河鲫鱼种质纯正，避免品种的杂交，为淇河鲫鱼提供一个优良的生态环境，防治有害生物，确保淇河鲫鱼等农（水产品）产品的生产安全、质量安全以及生态环境安全，有效促进农业（渔业）生产和农民生活条件的日益改善，意义重大。为此，2009 年投资 100 万元，主要针对保护区内蓝藻、水花生、水葫芦以及其他品种的鲫鱼等有害生物进行了全面防治。

一、有害生物防治基本情况

坚持科学发展观，认真贯彻执行“预防为主，科学防控，依法治理，促进健康”的防治方针，全面加强渔业有害生物监测预警、检疫御灾和防治减灾三大体系建设，大力推行无公害防治，有效遏制渔业有害生物扩散蔓延势头，为推进生态文明建设和现代渔业又好又快发展，提供强有力的保障。

国家级淇河鲫鱼水产种质资源保护区近年来非常重视水生生态保护，省、市各级渔业行政主管部门、乡镇、村委都给予了高度关注，为此投入了大量人力和物力，水生生态事业得到长足发展，渔业水质有了明显的改善。为保护既得成果，省农业厅水产局、安阳市农业局和林州市政府就保护区管理和保护多次提出建设性意见。加强国家级淇河鲫鱼水产种质资源保护区有害生物防治势在必行。

根据林州市水产站的调查，2009 年国家级淇河鲫鱼水产种质资源保护区内有害生物发生面积 2. 3 万亩，需要防治面积 1. 2 万亩，其中，蓝藻的防治面积为 500 亩，水花生、水葫芦、其他品种的鲫鱼防治面积为 1. 15 万亩。

池塘蓝藻采用药物防治和生态综合防治相结合的办法防治；水花生和水葫芦采用物理的方法和生态方法防治；其他品种的鲫鱼采用人工捕捞方法防治。根据几年来对这几种有害生物的防治，采用以上办法效果显著。

2009 年通过对这四种有害生物的防治，大大降低这几种有害生物密度，使其危害程度逐步减轻，有效控制有害生物的扩展蔓延。淇河鲫鱼生态环境得到进一步改善，淇河鲫鱼自然种群得到进一步扩大。

二、有害生物防治必要性

淇河鲫鱼，又名双背鲫，属鱼纲（Pisces）、鲤形目（Cypriniformes）、鲤科（Cyprinidae），产于淇河，为河南省独有地方物种，已被河南省确定为经济价值较高的品种和列入重点保护珍稀、濒危野生动物。受人为因素和生态环境破坏的影响，淇河鲫鱼已处于极度濒危状况。一个野生物种的保护和延续下来，可能给一个地方，一个国家或者整个世界带来经济的大发展。中国的“野生大豆”和“野生水稻”就是明显的例证。为此，2007 年 12 月，农业部批准林州淇河段为国家级淇河鲫鱼水产种质资源保护区。

该保护区在林州境内涉及 3 个乡镇，总面积 58 平方千米，由于面积较大，管理人员少，部分群众对有害生物的认识不足，一些有害水生物被私自放流到保护区内，给淇河鲫鱼生态环境造成很大威胁。如何管护好国家级淇河鲫鱼水产种质资源保护区，保护淇河鲫鱼赖以生存的环境，扑杀有害生物，确保水产品等农产品的生产安全、质量安全以及生态环境安全，有效促进农业生产和农民生活条件日益改善，有着广泛深入的现实意义和极其深远的历史意义。

三、有害生物防治可行性

林州市水产站是农业局的二级单位，历年来承担着水产技术推广、渔业病虫害预测预报和渔业行政管理工作。单位长年聘请省水产技术推广站、省水产科学研究院专家作为技术顾问，并定期对我站人员进行技术培训，多次承担并完成了科研项目的研究和攻关工作，具有坚强的技术后盾和丰富的科研攻关经验。林州市水产站技术人员对保护区有害生物的生活史掌握全面，在病虫害防治方面积累了大量经验，并有一支常年深入生产第一线的渔政队伍，有较强的业务水准，也是顺利完成这个项目的前提条件。

在项目实施中，林州市水产站从保护区有害生物的发生发展规律出发，抓住有利于防治的适期，有效地组织防治。采用无公害防治（人工捕杀防治及生物防治），既起到防治有害生物的目的，也不会破坏环境、对人畜造成危害。

对雇佣的劳务人员，集中进行培训，使他们尽快掌握有害生物防治的操作技能，科技人员要深入防治现场，做到勤指导、勤检查，才能保证防治质量。在工作中，要统筹安排，做到有的放矢，才能确保项目的顺利完成。

1. 建立监测点

保护区内沿淇河村庄，选 1 ~ 2 名责任心强的人做作保护区有害生物监测员，发现有害生物及时报告。

2. 水花生、水葫芦防治技术流程

打捞—太阳晒干（物理方法）。

打捞—沤肥（物理方法）。

打捞—填充沼气池（物理方法）。

打捞—青贮饲料—养猪（物理、生态方法相结合）。

打捞—移入养鳝箱、塘（物理、生态方法相结合）。

3. 蓝藻防治技术流程

化学方法与生态方法相结合。

采用：药物扑杀—水质调节—改良水体藻相（化学、生态方法相结合）。

4. 其他品种鲫鱼防治技术流程

积极宣传鲤科鱼类对淇河鲫鱼物种的影响，发放放生科普知识，要求捕捞人员在淇河进行物理捕捉。

四、有害生物防治效果

通过对1.2万亩受灾水域滩涂的有害生物防治，维护了淇河生态质量，为淇河鲫鱼的生长、生存、繁殖提供优越的生态环境。项目实施后，沿河群众可以每年从淇河捕获近10吨淇河鲫鱼，除去保护区良种场选育淇河鲫鱼1万尾亲鱼后，用于休闲渔业，可直接为农民产生经济效益500多万元；良种场通过淇河鲫鱼亲本实施苗种繁育，年可生产淇河鲫鱼鱼苗500万尾，年生产名优夏花鱼种100万尾，大规格鱼种30万尾，可提供1.2万亩鱼塘用种，按每亩比一般品种增收1 000元计，增加农民收入0.12亿元，社会效益显著。

保护区4种主要的有害生物得到有效控制，防止扩展蔓延，保护区内水花生和水葫芦基本绝迹，鲤科鲫属其他品种占到捕捞总量的2%以下，起到技术推广示范作用。

鹤壁段淇河鲫鱼国家级水产种质资源保护区内有害生物防治方面，政府和渔业行政主管部门也做了大量的工作，通过淇河立法等形式，禁止不符合淇河生态的物种不能向淇河放生，如巴西龟等。

总之，通过卓有成效的有害生物防治，净化了淇河生物物种资源，保护了淇河鲫鱼种质的纯正性。淇河鲫鱼自然种群数量进一步扩大，在增殖放流、设置人工鱼巢等主动与被动的增殖手段运用下，淇河鲫鱼种质资源贮备增加，淇河鲫鱼资源得到养护，野生资源量得到有效恢复。

第二篇

淇河鲫鱼高产养殖技术

第一章　淇河鲫鱼人工繁殖技术

一、亲鱼培育

亲鱼的培育是人工繁殖苗种的基础。亲鱼培育的好坏，将直接影响繁殖的结果。人工繁殖成功的关键，取决于亲鱼的发育程度。只有在亲鱼性腺充分成熟的基础上，结合催产剂进行催产，人工繁殖才会有好的效果。因此，要尽可能采取有效的措施、选用优质饲料进行强化培育，尤其是在春天水温刚达到 10℃时，就要特别重视亲鱼的培育工作，以期获得性腺发育良好、催产率高、怀卵量大、卵子质量好的亲鱼，为生产优质鱼苗提供物质保障。

1. 亲鱼培育池条件

亲鱼塘的环境应该是进排水分开，排灌方便，四周无高大建筑物和大树等遮阴，向阳通风，环境安静，靠近产卵池，便于亲鱼搬运等。

亲鱼培育池面积以 1.5 ~2 亩为宜，水深 1.5 ~2 米。要求底质平坦，池底淤泥少，厚度不超过 20 厘米，水质清新，水源无污染，东西走向，塘埂无漏洞。池塘面积过大，会增加管理和捕捞的强度，增加了拉网的次数，在操作过程中给亲鱼造成伤害。

亲鱼池放鱼量也不宜过多，如果生产过程中无法一次进行全部催产，都会增加捕捞次数，人为增加了亲鱼伤害的概率。而且在多次拉网的过程中，导致部分性腺发育不好的亲鱼性腺退化，影响催产效果。

在多年的生产实践中，我们放养的淇河鲫鱼亲鱼量一般每个池子最多拉网两次就基本上不再从中选择亲鱼。当外界条件适宜时，一般第一次拉网捕捞淇河鲫鱼亲鱼，催产后的产卵率可达95%以上，而且产卵时间也比较集中；间隔5~6天，再次从这个池中进行拉网捕捞亲鱼，产卵率也可保持在80%以上，但应采取两次注射的方式进行催产。

2. 亲鱼选择

繁殖用亲鱼个体重至少应在150克以上，体格健壮，无疾病，无伤残，无畸形。选择淇河鲫鱼体型特征明显，体高背厚、尾柄高大于尾柄长、背鳍基较长的个体作为亲鱼进行专池培育。

3. 亲鱼培育

（1）放养密度。亲鱼放养密度以每亩水面放养100~150千克为宜。亲鱼可以单养或混养（搭配鲢、鳙鱼种），但不宜同草鱼、鲤等吃食性鱼类混养成。

（2）雌、雄亲鱼分塘培育。淇河鲫鱼可在池塘中自行产卵，因而有必要将雌、雄亲鱼分开培育。一般在越冬过后，水温回升至10℃左右开始分塘。如分塘太迟，不利于亲鱼恢复体质。分塘时应将野杂鱼清除干净，以免引起诱产。

亲鱼在培育的过程中，可少量搭配鲢鳙鱼，以起到调节水质的作用。

（3）产后亲鱼强化培育。产后亲鱼体质十分虚弱，因此，保持安静的环境和投喂营养丰富的饲料，对于恢复亲鱼体质尤为重要。每天投喂1~2次，总投喂量应为亲鱼体重的3%~5%左右为宜。具体投喂量应视亲鱼吃食情况和天气状况而定。考虑到亲鱼产后体质较差，应将亲鱼放在水质清新、环境安静的池塘内，注意做好池塘水质的消毒工作，投喂的饲料营养要全面的配合饲料，也可以豆粕或颗粒饲料定点投喂在食台上。待体质稍恢复，半月后可采用驯化投喂方法。

（4）秋、冬季培育。秋季是亲鱼育肥和性腺开始发育的季节，秋季培育是为亲鱼翌年产卵做好充分的物质储备，是常年培育中的关键，必须予以重视。投喂量可视亲鱼的食欲而定，日投喂量以鱼体总重的3%为宜。采用颗粒饲料驯化投喂，每天2~3次。水质需肥度适中，透明度35厘米左右，水质过瘦或过肥对淇河鲫鱼亲鱼的生长和性腺发育，都会产生不利的影响。

冬季水温逐渐下降，亲鱼摄食强度随之减弱，但亲鱼仍能摄食育肥，在体内积累脂肪。但到后期，亲鱼摄食能力显著降低，应逐渐减少投喂量，根据水温的变化，日投喂量一般掌握在0.2%~0.8%。如果天气好，无风，光照充足，日投喂量可适当增加。水面初见冰时，一般每周投喂1次，以豆粕或颗粒饲料为好。水面冰封时，应注意破冰增加水体中的溶解氧。亲鱼塘的水质在整个越冬期间，要保护一定的肥度，确保浮游生物量维持在一定的水平。

（5）春季和产前培育。随着大地温度回升，亲鱼的摄食强度也逐渐增强。雌性亲鱼性腺的卵母细胞转入积累营养物质的大生长期。这一阶段的管理是亲鱼产卵前的强化培育，以促使亲鱼体内的营养成分大量转移到卵巢和精巢发育上，促进性腺发育成熟。投饵量可随着水温的升高而逐步增加。投饵率可控制在2%~3%，投饵方法采用定点投饵法，如果条件允许，可以加投喂谷芽和麦芽等，增加维生素E的摄入量，可以促进性腺更好地发育。进入3月中、下旬，每星期加水1次，每次加水10~15厘米，以刺激亲鱼性腺发育。

亲鱼培育过程是苗种生产的关键环节，因此，管理工作非常重要，必须有专职管理人员负责。切实做好防止浮头、防病、防盗等项工作，并做好详细记录。

二、人工繁殖

在池塘中，淇河鲫鱼可自然繁殖，但由于产卵不集中，给苗种生产带来不应有的麻烦。因此，生产上多进行人工繁殖。

1. 催产亲鱼的选择

成熟淇河鲫鱼雄鱼，个体以体重大于300克为好。雄性亲鱼腹部较为狭小，头部和胸部多有“珠星”，体表皮肤较为粗糙，挤压其下腹部常会有乳白色的精液流出；雌性淇河鲫鱼亲鱼，腹部膨大而柔软，卵巢轮廓明显，生殖孔微红。繁殖用亲鱼雌、雄性比以1∶1最佳，如雄鱼缺少时，雌、雄亲鱼性比以3∶1亦可。

更为准确的鉴别其成熟度，可用挖卵器挖卵检查。其方法是将特制的取卵器徐徐插入生殖孔内，然后向左或向右偏少许，向一侧的卵巢内深入2～3厘米，旋转几下抽出，即可取出卵粒。将少量卵粒放在玻璃器皿中的透明液中观察。透明液有两种：一是95%乙醇5份，加洋醋酸1份混合，用此透明液应尽速观察，时间一长核也会透明。二是95%乙醇4份，加冰醋酸1份，松节油透醇4份混合，浸泡3分钟后，当卵质呈半透明而核尚不透明时，用肉眼观察。若卵粒大小一致、饱满、分散，全部或大部分卵粒的核位偏心或极化，则表明亲鱼性成熟好，其催产效果佳；若卵粒结块不分散，大小不一，白色的细胞核居于中央位置，则亲鱼成熟差，催产效果差；若大部分卵粒无白色的核出现，则多为退化卵，催产后不产卵，或产卵，但受精率和孵化率很低。

2. 催产剂及其有效剂量

常用的催产剂有鲤鱼脑垂体（PG）、绒毛膜促性腺激素（HCG）、促黄体素释放激素类似物（LRH－A）和混合激素等。选用何种催产剂及剂量大小，必须根据具体情况来定。如在催产早期或水温低或亲鱼成熟度差的情况下，可采用脑垂体与促黄体素释放激素类似物配合使用，剂量适当增加；反之，适当减少。用于催产淇河鲫鱼的几种催产剂，其母本的有效剂量见表2－1

所示。父本剂量一般为母本剂量的1/2。

表2－1　淇河鲫鱼人工催产的激素剂量

催产方法	PG（毫克/千克）	HCG（国际单位）	LRH－A（微克/千克）
方法一	1～2		1.5～3.0
方法二		500～1 000	1.5～3.0
方法三	1	300～500	1.0～2.0
方法四			4～6

3. *催产方法*

（1）注射方法。采用胸鳍基部注射。根据亲鱼成熟情况和生产需要，通常采取一次注射或分两次注射。成熟好的亲鱼可一次注射，成熟较差的可分两次注射，即先注射全剂量的1/10～1/5，余下的全部由第二次注射进入鱼体内。在催产早期水温较低或亲鱼成熟度稍差时，分两次注射的效果较好。父本一般采用一次注射，即在雌本进行第二次注射时注射。为了减少工作量和避免两次注射给亲鱼造成较大的伤害，现在一般采用一次注射的方法，效果也比较好。

（2）注射时间。注射时间的安排，尽可能方便工作又要与亲鱼的产卵特性相适应，淇河鲫鱼的注射时间一般选在17:00左右，第二次注射选在当日22:00左右进行。这样，亲鱼多在次日早晨或上午进行产卵，有利于全天工作的安排。两次注射的时间距离一般为6～10小时。这主要取决于亲鱼的成熟状况、水温、及气候等因素。亲鱼成熟度差，间隔时间适当长些，采用一次注射时，一般在18:00～19:00进行。

（3）效应时间。亲鱼经过催产后，经过一定的时间，就会出现发情现象，这段时间称为效应时间。效应时间有长有短，这主要取决于水温。水温高，效应时间就短，水温低，效应时间就长。此外，影响效应时间还与注射次数、催产剂量种类和亲鱼成熟度有关。分两次注射的效应时间较一次注射效应时间要短。垂体和绒毛膜激素主要直接作用于亲鱼性腺，而促黄体释放激素类似物主要作用于亲鱼的脑下垂体，促使垂体分泌促性腺激素，进而作用于性腺。因此，注射垂体和绒毛膜激素的效应时间就短，而注射促黄体释放激素类似物的效应时间则较长。垂体中所含激素比单一的绒毛膜激素要全面，故注射垂体的效应时间也较绒毛膜激素要短（表 2－2）。

表 2－2　淇河鲫鱼催产注射后效应时间

水温（℃）	注射方法	发情效应时间（小时）	产卵效应时间（小时）
18～20	两次注射	（从第二次注射起） 10～12	（从第二次注射起） 10～12
13～17	一次注射		22～30
18～22	一次注射		10～14
23～27	一次注射		8～12

淇河鲫鱼亲鱼通常在二次注射 5 小时后，就应检查亲鱼是否发情、排卵。检查的方法是：将亲鱼腹部朝上（不拿出水面），轻压腹部两侧，如见卵子从生殖孔流出并散于水中，说明已排卵，可立即捞出亲鱼进行采卵，进行人工授精。对于尚没有排卵的亲鱼，则留于池中继续观察。如果采用的是人工催产，自然产卵的方式，则不用对亲鱼进行检查。在生产中，由于亲鱼的体质和成熟度不同，加上受天气、水温等的影响，亲鱼的发情表现与排卵时间往往不同步。有的亲鱼看不到发情或效应时间未到而排卵，有的亲鱼到了效应时间却不能排卵，所以，及时检查亲鱼是否排卵是至关重要的。

在水温 18℃左右时，一般效应时间为 10 小时，淇河鲫鱼便出现发情现象。产卵高峰多在凌晨 4:00～5:00，在岸边可听到雌、雄鱼追逐、摩擦交配时的击水声音，产卵可延续至上午 8:00～9:00。

水温对效应时间影响较大，而且对鱼卵孵化也有较大的影响。水温在13～17℃时，尽管催产药物加大剂量，效应时间仍长达22～30小时，产卵过程持续8～15小时以上，催产率为75%。水温较低，难产和半产的亲鱼也较多，产出的卵子授精率也较低，仅有70%左右。水温在22～27℃时，效应时间为12～14小时，产卵过程持续2～4小时，催产率达90%左右受精率为95%，孵化率为87%，均接近正常温度水平。

4. 人工授精

人工授精的方法有干法、半干法和湿法3种。

（1）干法人工授精是首先分别用鱼担架装好雌、雄鱼，沥去带水，并用毛巾擦去鱼体表和担架上的余水。先挤卵入擦净水的面盆中或大碗内，紧接着挤入数摘精液，并用手搅拌2～3分钟使卵受精，最后用黄泥浆脱黏孵化，或撒入鱼巢孵化。

（2）半干法人工授精与干法的不同点在于，将雄鱼精液挤入或用吸管由肛门处吸取加入盛有适量0.85%生理盐水的烧杯或小瓶中稀释，然后倒入盛有鱼卵的盆中搅拌均匀，最后加清水再搅拌2～3分钟使卵受精。

（3）湿法人工授精是先将精液同时挤入盛有0.7%～0.9%的生理盐水的盆内，再将雌亲鱼的卵子挤入，用羽毛轻轻地搅拌混合精卵，使鱼卵受精。在操作过程中尽量不让雌鱼体上的水分进入盆内，以免稀释盆中的生理盐水而造成受精卵结块。在挤卵的过程中，应不断地挤入精液，以保证有足够的活力强的精子，以提高授精率。2～3分钟后，进行脱黏、洗卵、计数，最后将受精卵放入孵化设施中进行流水孵化或不脱黏进行流水孵化。

生产中，淇河鲫鱼多采用干法和半干法人工授精。

5. 自然产卵鱼巢放置

将经水煮、浸泡消毒的鱼巢晒干后扎成束，在池塘背风处采用平列式放置，放置鱼巢的数量视产卵亲鱼的数量而定。

6. 孵化

人工孵化是根据胚胎发育的所需要的条件，将受精卵放入适宜的孵化工具内，使胚胎正常发育，以达到孵化的目的。

（1）孵化设施。流水孵化的孵化设施有孵化环道、孵化槽、孵化桶和孵化缸等。

（2）孵化方法。

流水孵化：孵化环道通常每立方米放 80 万 ~ 120 万粒卵，孵化桶一般每立方米放 100 万 ~ 150 万粒卵，孵化槽一般每立方米放卵 120 万 ~ 180 万粒卵。水流速度控制在以浮起鱼卵不沉入水底为止，刚放入时，水流量可大些，随后可行当减缓，以能使卵粒冲起，使之均匀分布于水中。放卵密度大，水流可适当加大，保证水体中氧气充足供应。鱼苗出膜后，由于鱼的鳔和胸鳍未形成，不能自己游泳，此时，适当增大水的流速，以免鱼苗沉入水底而窒息死亡。当鱼苗胸鳍出现，能活泼游动时，此时，应减小水产流速，以防止鱼苗过度顶水消耗体力，影响鱼苗的质量。

刚孵出的鱼苗，全长 5 ~ 6 毫米，鳔尚未充气，消化道未通，鳍条分化不全，其他器官功能尚不完善，不能自行摄食，完全靠自身的卵黄来提供营养物质，供其发育生长。鱼苗常悬附于水草、鱼巢、孵化器壁信卵膜上，随水翻动，有时做螺旋状上下游动。随着鱼体的发育，卵黄逐渐消失，鱼苗开始水平游动，并能主动摄食，进入混合营养阶段。此时，可将鱼苗移出孵化器，进入 育苗池，投喂蛋黄。至鳍条和鳞片形成，即可发塘或运输，胚后发育即告结束。

池塘静水孵化：生产中多采用池塘静水孵化。孵化池池底应平坦，较少淤泥，提前 10 天经生石灰清塘消毒，杀灭敌害生物及野杂鱼类。清塘后 7 天注入新水 50 厘米，经 2 ~ 3 天日晒，以提高水温。目前，多采用饲料培育法，因此，孵化池不施基肥，以保持池水清新。

亲鱼产卵后，在上午 9:00 之前将黏满鱼卵的鱼巢经 5 ~ 10 毫克/升高锰酸钾浸泡 10 ~ 15 分钟左右移入孵化池。鱼巢应悬挂在池塘的背风向阳处，离池底 20 厘米左右。每排鱼巢的间距以 1 米左右为宜。

7. 孵化管理

鱼卵入池后第二天，向孵化池全池泼洒乳化的芝麻油渣，每亩水面 20 千克，培肥水质，以保证出苗后轮虫形成高峰。为保证鱼卵孵化不受干扰，泼洒芝麻油渣要避开鱼巢设置区。水温 20℃左右，一般 4 天即可出苗。刚孵出的鱼苗喜附着在鱼巢上，等鱼苗完全能平游时，方可取出鱼巢。从出苗到鱼苗离开鱼巢约需 3 ~5 天。孵化期间，应坚持早晚巡塘捕捉池内青蛙，并及时捞出蛙卵及杂物。

第二章　淇河鲫鱼苗种培育技术

一、鱼苗培育

鱼苗培育，是指从出苗到培育成夏花鱼种的过程 。刚孵出的鱼苗身体幼小，主动摄食能力差，要求有足够的适口饵料，对周围环境变化的适应能力较低，容易受到敌害的侵袭，因此，往往成活率较低。所以，鱼苗培育阶段一定要精心饲养管理。

1. 鱼苗培育池条件

在鱼苗的饲养过程中，先后要经过数次扦网捕鱼，因此，选择的鱼苗池最好是和长方形，且塘形整齐，以便于拉网。放水前应平整池底，清除周围杂物，以便日常管理和拉网操作。水源以井水为好，无污染的河水、湖水、库水均可，进水口用窗纱过滤，防止敌害生物进入池塘。鱼苗培育池面积以 1 ~3 亩为宜。太小的鱼苗池，水温和水质受环境影响较大，人为难以控制。鱼苗池太大，水质肥度不易调节，饲养、管理、拉网操作不够方便。且塘面过于宽广，风流较大，游动能力小的鱼苗易受冲击损伤。池塘静水孵化时，孵化池即鱼苗培育池。

鱼苗培育池在培育过程中，要根据鱼苗的生长发育和水质变化情况，需要经常注水，以保持一定的水位，前期以 0. 5 米左右为好。随着鱼苗个体长大，逐渐增加池水深度，后期应保持在 1 ~1. 5 米，以增加鱼苗活动空间，有利生长。

调节水的肥度，改善水的化学状况，这对保证鱼苗良好的生长发育是一项很重要的措施。因此，鱼苗池应有充足的水源，且注水、排水方便。

鱼苗培育池地堤牢固不渗水：若鱼苗池池堤不牢，易渗漏水，则水位不易保持，水质很难肥起来，不利于鱼苗生长；同时，渗漏形成的微弱水流会造成鱼苗成群结对顶水游泳，消耗鱼苗体力，影响鱼苗摄食，甚至会造成鱼苗死亡。

鱼苗培育池底应平坦，淤泥厚度适中。由于鱼苗池在培育过程中要不断地拉网扦捕，池底的平坦则有利于操作。池底保持10～15 厘米淤泥，有利于对施入池塘中的肥料起吸附和转化作用，对池水肥度有所调节。但淤泥不宜过厚，否则，池水容易老化，池底微生物多，消耗大量氧气，对鱼苗的生长不利。而且很容易诱发微生物病。同时，造成拉网操作困难，极易搅浑池水，使鱼苗黏附淤泥而窒息死亡。

阳光照射强度大，鱼苗在生长发育过程中，只能摄食水中的浮游生物，而池中浮游生物的众寡，直接影响鱼苗的生长发育。浮游生物的生长，离不开阳光的照射，池塘中只有浮游植物多了，浮游动物数量也才能提高，否则，水质将变成老水，对鱼苗生长产生不利于影响。

2. 鱼苗培育池的清塘处理

鱼池经过一段时间的养殖，由于鱼类等水生动物的粪便、尸体以及残饵沉积于池底，经发酵分解后形成了淤泥，日积月累，越积越厚，淤泥过厚除了使养殖鱼类的生存空间变小外，还积累了大量有机物，分解时消耗大量氧气，导致水体下层长期缺氧，氨氮、甲烷、硫化氢等有毒物质浓度过高，水质恶化，酸性增加，病原体大量滋生，因而这里成了藏污纳垢的场所，病原体生存繁衍的“大本营”。每到发病季节，这些淤泥深处就会源源不断地向水体中输送大量病原体，鱼体受到病原体的侵害便会发病。清塘消毒正是利用药物来杀灭水体中的野杂鱼、敌害生物、鱼类寄生虫和病原菌、改良水质和底质的有效措施。对提高鱼苗在生长过程中少发生疾病，水质保护肥活嫩爽等具有很好的作用。在我国清塘主要采用的是药物清塘法。药物清塘法主要有以下几种，且清塘效果比较好。

（1）生石灰清塘原理。生石灰遇水后发生化学反应产生氢氧化钙，并放出大量热能。氢氧化钙为强碱，其氢氧离子在短时间内能使池水的 pH 值提高到 11 以上，从而能迅速杀死野杂鱼、各种虫卵、水生昆虫、螺类、青苔、寄生虫和病原体及其孢子等。同时，石灰水与二氧化碳反应变成碳酸钙，碳酸钙能使淤泥变成疏松的结构，改善底泥通气条件，加速底泥有机质分解，加上钙的置换作用，释放出被淤泥吸附的氮、磷、钾等营养素，使池水变肥，起到了间接施肥的作用。其常用清塘方法有两种：分为干法清塘和带水清塘。下面分别介绍两种清塘方法操作：

干法清塘：先将池塘水放干或留水深 5～10 厘米，在塘底挖掘几个小坑，每亩用生石灰 70～75 千克，并视塘底污泥的多少而增减 10% 左右。把生石灰放入小坑用水乳化，不待冷却立即均匀遍洒全池，次日清晨最好用长柄泥耙翻动塘泥，充分发挥石灰的消毒作用，提高清塘效果。一般经过 7～8 天待药力消失后即可以放鱼。

带水清塘：对于清塘之前不能排水的池塘，可以进行带水清塘，每亩水深 1 米用生石灰 125～150 千克，通常将生石灰放入木桶或水缸中溶化后立即趁热全池均匀遍洒。7～10 天后药力消失即可放鱼。

实践证明，带水清塘比干法清塘防病效果好。带水清塘不必加注新水，避免了清塘后加水时又将病原体及敌害生物随水带入，缺点是成本高，生石灰用量比较大。不论是带水清塘还是干法清塘，经这样的生石灰清塘后，数小时即可达到清塘效果，防病效果好。

生石灰清塘的优点：生石灰即氧化钙，与水反应，产生大量的热量，并短时间内使水的 pH 值升高到 11 左右，因此，对水中的动物、植物和细菌有很强的杀伤力。同时，生石灰与水反应，变成碳酸钙，对池塘起到施肥的作用。生石灰清塘主要有以下优点。

①能杀死残留在鱼池中的敌害生物，如野杂鱼、蛙卵、蝌蚪、水生昆虫、螺类、青苔及一些水生植物等。

②可杀灭微生物、寄生虫病原体及其孢子。

③能澄清池水，使悬浮的胶状有机物等凝聚沉淀。

④钙的置换作用，可释放出被淤泥吸附的 N、P、K 等，使池水变肥；同时，钙本身为动、植物不可或缺的营养物质，起到直接施肥的作用。

⑤碳酸钙能使淤泥结构疏松，改善底泥通气性，加速底泥中有机物的分解。

⑥碳酸钙与水中溶解的二氧化碳、碳酸根等形成缓冲作用，保持池水 pH 值稳定，始终处于弱碱性，有利于鱼类生长。

生石灰清塘注意事项：一是使用的生石灰必须是块灰，遇水时能释放出大量的热量。若生石灰受潮与空气中的二氧化碳结合形成碳酸钙粉末，则不能用来清塘。二是池水硬度大，池塘淤泥多，会影响生石灰清塘效果，应增加使用量。三是池底为盐碱土质，池水 pH 值高，不主张使用此法。四是生石灰清塘的药物消失时间为 5 ~7 天，应待 pH 值降至 7.5 左右时放养。五是放养前必须进行试水。

（2）漂白粉清塘。漂白粉是次氯酸钠、氯化钙和氢氧化钙的混合物，为白色至灰白色的粉末或颗粒。其具有显著的氯臭，性质很不稳定，吸湿性强，易受水分、光热的作用而分解，亦能与空气中的 CO_2 反应，水溶液呈碱性，水溶液释放出有效氯成分，有氧化、杀菌、漂白作用。下面就为大家介绍如何巧用漂白粉：

漂白粉清塘的特点：漂白粉能杀灭水生昆虫、蝌蚪、螺蛳、野杂鱼类和部分河蚌，防病效果接近生石灰清塘。漂白粉清塘具有药力消失快、用药量少、有利于池塘的周转等优点，缺点是没有使池塘增加肥效的作用。

漂白粉清塘法：漂白粉遇水释放次氯酸，有很强的杀菌作用。鱼塘使用漂白粉清塘时，每立方米水体用量为20克漂白粉（有效成分30%），也就是每亩平均水深1米的池塘，漂白粉用量为13.5千克。施用漂白粉时先将其加水溶化后，然后立即全池均匀泼洒，尽量使药物在水体中均匀分布，以增强施药效果。

施用漂白粉应注意以下事项。

①漂白粉应装在木制或者塑料容器中，加水充分溶解后全池均匀泼洒，残渣不能倒入池塘中。漂白粉不宜使用金属容器盛装，否则，会腐蚀容器和降低药效。

②施用漂白粉时应做好安全防护措施，操作人员应戴好口罩、橡皮手套，同时，施药人员施药时应处于上风处施药，以避免药物随风扑面而来，引起中毒和衣服沾染而被腐蚀。

③若使用的漂白粉有效成分达不到30%时，应适当增加漂白粉施用量，如果漂白粉已经变质失效，则应禁止施用。

（3）氨水清塘。氨水（NH_4OH）呈强碱性，高浓度的氨能毒杀鱼类和水生昆虫等。清塘时，水深10厘米，每亩池塘用氨水50千克以上，使用时可加几倍的塘泥与氨水搅拌均匀，然后全池泼洒。加塘泥是为了吸附氨，减少其挥发损失。清塘一天后向池塘注水，再过5~6天毒性消失，即可放鱼。氨水清塘后因水中铵离子增加，浮游植物可能会大量繁殖，消耗水中游离二氧化碳，使pH值升高，从而又增加水中分子态氨的浓度，以致引起放养鱼类死亡。因此，清塘后最好再施一些有机肥料，促使浮游动物的繁殖，借以抑制浮游植物的过渡繁殖，避免发生死鱼事故。

（4）茶饼清塘。茶饼含有7%~9%的皂角甙。皂角甙是一种溶血性毒素，可使动物的红细胞溶解，造成动物死亡。茶饼清塘能杀死鱼类、蝌蚪、螺、蚌、蚂蟥和部分水生昆虫。茶饼使用后，即为有机肥，能起到肥水的作用，尤其能助长绿藻的繁殖。茶饼清塘的剂量，通常为水深 1 米时，每亩每米用量为 40 ~ 50 千克，水深 20 厘米时，每亩用量为 25 千克。具体用量应视杀灭对象而定。对钻泥的鱼类用量应大些。茶饼使用前先将茶饼打碎成粉末后加水浸泡一昼夜，使用时再加水全池均匀遍洒。

注意事项：茶饼清塘时对微生物病原如细菌等没有杀灭作用；虾蟹体内的血液是无色透明的，运输氧气的血细胞是蓝细胞，以杀灭鱼类的浓度无法杀灭虾蟹类；茶饼毒性消失时间为 7 ~ 10 天，放养前须先试水，确定水体无毒后再放苗入塘。

（5）高效消毒剂清塘。以溴氯海因、三氯异氰脲酸、漂白精等药物代替漂白粉清塘是发展的趋势。相比漂白精，溴氯海因、三氯异氰脲酸等清塘药物具有药效稳定、用量低、杀灭力强、使用方便、杀灭对象广等优点。

溴氯海因（清塘专用）：1 ~ 2 千克/亩/米。

三氯异氰脲酸：4 ~ 5 千克/亩/米。

注意事项：带水清塘时用药后最好能开动增氧机搅动池水，使药物在池中均匀分布，提高清塘效果。干法清塘（水深 10 ~ 20 厘米）时，药量减半使用。药性消失时间为 5 ~ 7 天，放养前应先试水。

（6）各种清塘药剂清塘效果比较。清除敌害及防病的效果：清除野鱼的效力，以生石灰最为迅速而彻底，茶饼、漂白粉等次之。但杀灭寄生虫和致病菌的效力以漂白粉最强，生石灰次之。茶饼对细菌有助长繁殖的作用。因此，用生石灰、漂白粉清塘，可以减少鱼病的发生。

对鱼类增产的效果：应用生石灰清塘，不仅可以改变鱼池底泥结构，加速有机物分解，变瘦塘为肥塘，而且生石灰本身还是很好的钙肥。生产实践证明，用生石灰清塘后，浮游生物生长快，相当于每亩施有机肥 25～50 千克的肥效，对饲养鱼类有很好的增产效果。

对大型水生生物的作用：生石灰和漂白粉除能杀死多数水生生物外，对藻类和一些柔软的水生维管束植物也有杀灭作用。

对浮游生物的作用：生石灰和漂白粉最初会杀死池中原有的浮游生物。生石灰清塘后 4 天或漂白粉清塘后 2 天，池中的浮游生物量就显著回升，漂白粉清塘后 6 天或生石灰清塘后 8 天达到高峰。茶饼清塘亦上升，但增长速度不大。生石灰清塘能始终保持浮游生物量在较高的水平，持久性亦长，漂白粉、茶饼次之。

与池水 pH 值的关系：初加生石灰时池水的 pH 值高达 12 以上，24 小时内剧烈下降，以后缓慢下降，至 9.4 以下时浮游动物生长特别繁盛。漂白粉清塘后 pH 值略有增高，但与浮游生物消长的关系，则还未找到规律。茶饼清塘后 pH 值没有什么变化。

3. 培肥水质

池塘消毒后，在鱼苗下塘前 5～7 天注水。注水时，一定要在进水口用尼龙纱网过滤，严防野杂鱼等混入池水。池水深度以 50～60 厘米为宜。水浅易提高水温，节约肥料，有利于浮游生物的繁殖和鱼苗摄食生长。注水后，立即在池塘施有机肥培育鱼苗适口的饵料生物，使鱼苗一下塘就能吃到充足、适口的天然饵料。施基肥的方法是：若施粪肥，每亩 150～250 千克；若用大草绿肥，每亩施 150～200 千克。也可施一半粪肥，一半绿肥。但应根据天气、水温、水色、浮游生物数量确定施肥量。一般来说，鱼池经清塘、注水、施肥后，各种浮游生物的繁殖速度、出现高峰的时间不同，大致顺序是：浮游植物和原生动物→轮虫→大型枝角类→桡足类等。淇河鲫鱼入池时，全长 6 毫米左右，口吻较小，适口饵料为原生动物、轮虫和无节幼体等，因此施肥后应及时观察池水中浮游动物出现的种类。用容器取一定量的池水用肉眼直接观察，轮虫在水中呈小白点，枝角类一般称为红虫，极易观察，桡足类在池水中游泳跳动较快。鱼苗下塘时不宜有大型浮游动物，如有发现，可在鱼苗下塘前2天，每立方米水体使用0.5克敌百虫予以杀灭，2天后池水里的轮虫即可繁育起来，此时，放养淇河鲫鱼鱼苗最为适宜。由于轮虫数量多，藻类及大型浮游动物较少，所以，对鱼苗生长最为有利。

4. 适时下塘

淇河鲫鱼鱼苗放养时间极为重要，必须在池塘水体中轮虫量达到高峰时及时下塘。池中轮虫达到高峰时，每升水中轮虫应达到5 000 ~ 10 000个，生物量为每升水20毫克以上。在鱼苗放养前1天，用麻布网在塘内扦网一次，将清塘后短期内繁殖的大型枝角类有害水生昆虫、蛙卵、蝌蚪等扦出。

5. 放养密度

鱼巢入池时，经抽样估算，一般每亩放卵50万粒。考虑到受精率、孵化率、出苗率等项因素，估计每亩水面有鱼苗20万~30万尾。如池塘条件好，水源、饵料充足，有较好的饲养技术，每亩可放养25万~30万尾。过密，会因饵料不足，造成生长缓慢，成活率低、规格不匀等现象；过稀，虽然鱼苗生长快，成活率高，规格均匀，但经济效益低，不能充分利用水体的生产能力。所以，掌握适宜的放送密度，是鱼苗培育工作的关键之一。

6. 日常管理

鱼苗孵出后3~5天，采取芝麻油渣和黄豆浆混合培育，每天每亩水面泼洒乳化芝麻油渣20千克、黄豆3千克，经浸泡后磨成豆浆全池均匀泼洒3次。随着池水转肥，轮虫、枝角类形成高峰，停用芝麻油渣，每天每亩水面用黄豆5千克，磨成浆后全池泼洒。泼洒黄豆浆时应做到全池均匀泼洒，8:00 ~9:00和

14:00～15:00满塘泼洒，四边也洒，中午再沿边泼洒1次，以保证分布在池塘各处的鱼苗均可获取充足的饵料。10天后，鱼苗长至1～1.5厘米，改用黄豆粕浆，每亩每次用量6千克。

视水质情况追施肥料。采用乳化芝麻油渣，每亩每次20千克，全池泼洒。

随着鱼苗逐渐长大，为给鱼苗提供更大的活动空间，同时，要改善水质，应定期加注新水。一般每3天加水1次，每次加水10～20厘米。加水应在晴天上午进行，如遇到阴雨天，则应停止加水。

巡塘是鱼苗饲养管理的一项重要工作，应坚持每天早、晚各巡塘一次。巡塘时要注意水质和水色的变化，清除蛙卵、蝌蚪及杂物，检查进水口情况和鱼苗生长情况。

做好池塘日志。记录当天的气温、水温、天气变化、加水、投饵、施肥、鱼苗生长情况等。

7. 鱼体锻炼

经过15～20天的培育，鱼苗长至2.5～3厘米，称为夏花鱼种。如果继续在原塘中饲养，池鱼的密度已经很大，不仅饵料不足，且水质也会恶化，将会影响鱼苗生长，此时，要进行拉网灌箱锻炼。鱼苗体质弱时，第一次拉网要慢，网拉到池头经短时间的密集后即放开。隔天再拉第二网，密集锻炼后即可出塘。对外出售和分池稀养，进入鱼种培育阶段。

（1）鱼体锻炼的作用。在夏花鱼种出塘前，必须进行两次拉网锻炼，它的作用是：一是拉网使鱼受惊，从而增加鱼的运动量，能促使鱼体鳞片紧密，肌肉结实，增强体质和耐缺氧能力，提高运输成活率。二是鱼类在受到惊扰刺激时，常大量分泌黏液，以保护皮肤，但黏液分泌多了，能使水质恶化，降低水中含氧量。当长途运输时，惊扰刺激更大，如不锻炼，则黏液分泌更多，极易造成因水质恶化而死亡。进行1～2次扦网锻炼后，鱼已经习惯于密集，就不再分泌很多黏液了。三是密集锻炼能使鱼体内水分含量大大降低，肌肉结实，体质老练，经得起分塘、运输。体质嫩的夏花在鱼池内锻炼 5 ~6 小时后，可明显看出鱼体变瘦，体色较深。四是密集锻炼能使鱼肠道内的粪便排泄尽，这对搬运也有很大的好处。如果肠道内存有大量食物，在搬运时不仅鱼体容易受伤，而且肠道内不断排出粪便，污染水质。五是拉网锻炼的同时，还可以去除野杂鱼、蝌蚪、水生昆虫等有害生物。

（2）拉网锻炼的方法。拉网锻炼选择晴天，当鱼类不浮头或浮头下沉后进行，并停喂饲料。在上午 9:00 ~10:00 扦网。第一次拉网采用包围方式，即用网从塘的一端插向另一端，将鱼围入网中，然后慢慢提起，使鱼群在半离水状态下稍微密集，时间约 10 秒钟，再立即放回池水中，第二天投喂 1 次豆浆。第三天再进行第二次锻炼。开始时与第一次相同，但等到网插到池中间时，将网的一端叠连在夏花捆箱上，另一端慢慢围过来，让鱼自动地游入捆箱。鱼群进入网箱后，稍息，即洗涤网箱，将污物和鱼群排泄的粪便洗掉，并用浸过食油的纸片 1 ~2 张在水面轻轻拂拭，将水面的浮沫去掉。如水生昆虫多时，可围集一处，用煤油洒于水面杀灭。如发现大量蝌蚪或野杂鱼，应用鱼筛把它们筛出。然后沿捆箱泼洒杀菌药物，造成局部短时的高浓度，防止鱼体受伤感染。鱼苗在网箱内密集约 2 小时，然后放回池中。拉网锻炼一定要细致，防止擦伤鱼体。如遇天气不好和鱼浮头时均不能进行拉网锻炼，否则，造成不必要的损失。经过两次拉网锻炼后的鱼种即可出塘、计数分养或运输出售。如果出塘 的鱼种要运往远处，则在两次密集锻炼之外，还要进行吊水。“吊水”的方法是将鱼放入架设于专做“吊水”用的池塘内的网箱中，（“吊水”池内不养鱼，水质很瘦，专门作为锻炼长途运输的夏花和鱼种之用）经一夜（约 10 余小时），至次日清晨即可起运。

不论在原池或吊水塘中锻炼夏花，都要有专人看管，防止发生事故。

8. 鱼苗、鱼种的运输

淇河鲫鱼鱼苗、鱼种的运输方法与四大家鱼鱼苗、鱼种的运输方法几乎一样，有陆运、水运、空运。陆运有火车、汽车、自行车和肩挑等。水运有活水船和轮船运等。空运采用尼龙袋充气密闭运输，尼龙袋置于泡沫箱内。

尼龙袋的原料为聚乙烯薄膜，规格为30厘米×70厘米，装水量为袋容量的1/4~1/3。装鱼苗以每袋10万尾为宜。如路途较远，应酌情少装。如装运乌仔或夏花鱼种，一般每袋装5 000~10 000尾。若装春花（冬片）鱼种（10~12厘米），每袋装300~500尾。一般来说，在装运前先做试验，得出初步结果，再根据当时的气温、水温、运输距离、鱼体体质等因素合理装运，定会收到较好的效果。

用尼龙袋装运鱼苗、鱼种时的注意事项：一是飞机运输充氧不宜过足，运输过程要避免阳光直射。二是每升水中加入青霉素4 000~10 000国际单位，既可防止水质恶化，又可消毒。三是装袋时先将少量水灌入尼龙袋内，然后将鱼苗连水通过大口漏斗倒入袋内，排出空气，插入氧气管慢慢充氧。一般充氧至袋内体积90%即可。四是用橡皮筋、细绳带等将袋口扎紧，勿使漏气。尼龙袋放入包装纸箱内观察20~30分钟，确认无漏气、漏水，方能包装运输。五是运输至目的地放苗时，要注意使袋内的水温与放养水体的水温一致。如有差异，鱼袋放入池水中的时间要稍长些，然后将袋口解开，使鱼慢慢地随着水流进入池中。一般袋内水温与池水水温差不要超过3℃。六是鱼种运输前，需经2~3次锻炼。七是遇到鱼种浮头，应推迟1天运输。八是装鱼的尼龙袋不能受阳光直接照射，也不能放在经太阳晒热的地面或木板上，以免使袋内温度升高，造成鱼苗、鱼种死亡。九是运输距离特别长的，要在运输前做好途中换水的准备，而且要准备充氧设施。

二、鱼种培育

鱼种培育是指从夏花养成鱼种的过程。正常情况下，夏花适当稀养，当年可达120～150克，作为商品鱼上市，市场价格低，经济效益不高。随着集约化养鱼高产技术的推广和市场对鲫鱼上市规格的要求不断增大，淇河鲫鱼多采取两年养成的养殖方法，提高了上市规格，增加了经济效益，受到养殖者和消费者普遍欢迎。

1. 鱼种池条件

鱼种池面积一般3～5亩为宜，水深1.5～2.0米。鱼种池需提前10天左右用生石灰100～150千克/亩进行清塘，并对池塘进行修整。同时，每亩施基肥200千克，然后注入新水50～60厘米。池塘以东西走向长方形为好，塘埂无渗漏，池底淤泥不超过20厘米。有独立的进、排水系统，水源丰富，水质良好，无污染。池塘四周无遮挡阳光与风的高大树木和建筑物。池塘应配备有增氧机，一般每亩水面配置0.75千瓦功率增氧机（以叶轮式增氧机为最好）。

2. 鱼种放养前的准备工作

鱼种塘需进行清塘。清塘方法与鱼苗池清塘方法相同。清塘后一周左右即可注水。注水时应用50～60目筛绢包扎水口，严防野杂鱼、虾鱼等进入池塘。每亩施基肥500～700千克，新开挖的池塘应适当增加施肥量，以培育大量的大型浮游生物。池塘注水后，必须每天巡塘2次，仔细观察池中生物活动情况，并捞取蛙卵、蝌蚪等。在放养前，应用密眼网反复拖曳，去除池塘中的敌害生物后可放养。

3. 夏花鱼种放养

夏花鱼种的质量：体格健壮的夏花鱼种，一般在水中游动活泼，逆水能力强，鱼体背部宽厚而头部较小，体表洁净光亮，鳞片完整，全身无伤。体质弱小的夏花，往往体色发乌，头大尾小，游动无力，逆水能力差。

放养前鱼种要经过鱼筛筛选，以使鱼种规格一致；同时，要剔除畸形鱼和野杂鱼。如外购的夏花鱼种，要注意鱼病的预防，避免把病带入塘中。放养前一般可对鱼种用2% ~3%浓度的食盐溶液浸洗鱼体3 ~5分钟。浓度的大小，可根据鱼的体质强弱和水温高低适当增减。

4. 肥水下塘

在施基肥7 ~10天后，饵料生物大量繁殖，此时，正是夏花鱼种放养的好时机。如水质过瘦，鱼种势必生长缓慢，影响生长和成活率。放养时间一般在5月上旬。

5. 放养规格和密度

夏花鱼种放养规格，要求个体大小均匀，避免刚入池即带来强弱竞食而影响成活率。一般放养2.5 ~3厘米的夏花鱼种15 000尾/亩，搭配混养鲢、鳙鱼夏花鱼种3 500尾/亩。

6. 饲养管理

（1）驯化投饵。刚入池的夏花鱼种，以黄豆粕为饲料即将黄豆粕经粉碎机粉碎至粉状，投喂时用池水拌至手捏成团，撒开即散。刚投喂时，采取池塘长边定3个点，短边定一个点，逐渐向驯化投饵的位置引鱼，经半个月左右驯化，逐渐集中到一点。然后改用全价配合颗粒饲料由于鱼种口裂尚小，选用粒径1毫米以下颗粒饲料采用驯化投饵的方法，诱集鱼种到投饵场摄食。1.5 ~2个月后，鱼种个体已长至15 ~20克，此时，鱼种口裂已能吞食粒径为1.5毫米的饵料。因此，应改用粒径为1.5毫米鱼种料，仍采用驯化投饵的方法。经过1个月左右的驯化，鱼种已能集中到投饵场摄食，可见大量鱼种在食场抢食，但不如鲤鱼抢食凶猛，投饵量视鱼种吃食和天气情况而定，一般为体重的3%～5%，生长旺季可达体重的7%。

（2）施肥。放养前期，夏花鱼种除摄食颗粒饲料外，仍摄食浮游生物、底栖生物。特别是摄食大型浮游动物，如枝角类、桡足类；底栖生物，如摇蚊幼虫、水蚯蚓、昆虫等。因此，水质应保持一定肥度。在施足基肥前提下，施追肥的用量和次数视水质和天气情况而定。一般每亩水面每次施人畜粪肥40～50千克，但需经发酵或腐熟。追肥通常撒施，以便使其尽快发挥肥效。鱼体长大后，投饵量增加，鱼所排出的粪便也随之增加，因而不必再施追肥。

7. 饲料和投饲技术

为了满足淇河鲫鱼鱼种生长的需要，在放养夏花鱼种前要先培育天然饵料生物，同时，还应该投喂人工饲料。投喂的人工饲料以配合饲料为主，饲料中粗蛋白含量应在30%左右，饲料系数要1.5～1.8。在投喂的时候，要做好投饲驯化工作，让鱼尽可能到投饲区进行摄食。鱼种一般日投喂2～3次，9:00、13:00、17:00为投饲时间。每次每万尾鱼种投喂饲料2～3千克。投喂时间和投喂次数要根据当天天气情况和鱼种的摄食情况灵活掌握。如遇恶劣天气应适当减少投饵量和投饵次数，天气闷热和雷雨前后，应停止投喂。投喂饵料应坚持“四定”的原则，即定位、定时、定质、定量。投喂量也要适时进行调整，一般以7天或10天调节一次为原则，保证养殖鱼满足生长代谢需要。

调整投饵量的方法是：7～10天鱼吃的饲料量，按饲料系数应该增重多少鱼，计算出存塘量是多少，然后按水温、鱼体规格找到合适的投饵率，投饵率与存塘量相乘的结果，就是调整后应该投喂的饲料量。日投饵多少要以保证鱼八成饱为原则，投饵量太多，不仅往往容易造成饲料浪费，而且鱼吃得太饱不易消化，排泄增加，对鱼体健康也有害，同时，排出的粪便也污染了水体，诱发鱼病；投饵量太少，鱼吃不饱，鱼体生长代谢不能达到满足，鱼体规格也会差距很大，对鱼池的产能造成浪费。一般来说，在春秋季节，投喂的饵料量鱼在一小时内吃完为宜，在高温季节，投喂的饵料量鱼在 30 ~ 45 分钟内吃完为宜。如果在上述时间内鱼吃不完饵料，说明投饵量大；鱼在极短的时间内吃完，说明投饵量太小。养殖管理人员在投饲的过程中，一定要仔细观察鱼的摄食情况，根据具体情况及时调整。

8. 日常管理

（1）坚持巡塘。夏花鱼种放养以后，加强日常管理尤为重要。因夏花鱼种放养后，早期水温适宜，池水中天然饵料较丰富，池水溶解氧含量高等，条件极为优越，所以，对鱼种早期生长极为有利，加之幼鱼阶段相对生长较快，故习惯上称这一阶段为“暴长”阶段。这一阶段鱼种生长的快慢，对出塘规格和产量关系极为密切。在管理上，一是要及时施用追肥，使水质保持“肥活嫩爽”，为鱼种生长创造良好的生存环境。二是要掌握好饵料投喂关，保证鱼种吃饱吃好。三是要及时开动增氧机，保证水体溶解氧充足。增氧机是精养池塘常见必备的生产设备之一，已在渔业生产中得到普遍使用，其类型较多，而以叶轮式增氧机增氧效果较好，使用最为普遍。

增氧机的作用：一是增氧。据测定，一般叶轮式增氧机每千瓦小时能向水中增氧约 1 千克左右，具体增氧效果与增氧机功率及负荷水面有关。二是搅水。叶轮增氧机有向上提水的作用，因此，有良好的搅水性能。开机时能造成池水垂直循环流转，使上下层水中溶氧趋于均匀分布，因此，晴天中午开机，而傍晚不宜开机。三是曝气。增氧机的曝气作用能使池水中溶解的气体向空气中逸出，其逸出的速度与该气体在水中的浓度成正比，因此，夜间和清晨开机能加速水中有毒气体如 H_2S，CH_4，NH_3 等的逸散。

增氧机的有效使用：增氧机的使用应根据不同情况来掌握，目前，生产上以使用3千瓦叶轮增氧机为主，对面积较大的池塘（超过8亩），功率负荷较大，实际增氧效果在短时间内不甚显著。因此，最好夜间在池鱼浮头前开机，即在含氧量为2毫克/升左右，池中野杂鱼开始浮头时开机，这样可预防鱼浮头。阴天或阴雨天，浮游植物光合作用不强，造氧不多，耗氧因子相对增多，溶氧供不应求，这时须充分发挥增氧机的作用，及早增氧，改善溶氧低峰值，预防和解救池 鱼浮头。

总之，增氧机最适开机时间的选择和运行时间，应根据天气、鱼类动态以及增氧机负荷面积大小等具体情况灵活掌握。采取晴天中午开，阴天清晨开，连绵阴雨半夜开，傍晚不开，阴天白天不开，浮头早开；天气炎热开机时间长，天气凉爽开机时间短，半夜开机时间长，中午开机时间短，负荷面积大开机时间长，负荷面积小开机时间短等办法，确保及时增氧。要坚持坚持每天早晚巡塘，观察水色和鱼的活动情况，特别要注意浮头。早期如发现浮头，要适时加注新水。后期除加水外，要开增氧机增氧。

（2）适时注水，改善水质。鱼种培育进入8～9月时，由于正值高温时节，水体中溶解氧较低，水质容易恶化。所以，要减少施肥，以免水质恶化。要提高池塘水位，使水深保持在2米以上，且每10天注排水1次，排出部分老水，注入新水，水体透明度保持在35厘米左右。

（3）加强防病管理工作。及时清除池边杂草和残渣余饵，保持池塘卫生。在鱼病易发的7～9月，要坚持按时防病原则。一般每15天时间全池泼洒一次杀虫、杀菌药，再辅以内服防止细菌病和保护肝脏的中药。如果防病做得好，在整个养殖期间，鱼病基本不会发生。

（4）做好池塘日志。记录内容同鱼苗池。

9. 并塘越冬

秋末冬初，当水温下降至10℃左右，鱼吃食强度减弱这时便须将各种鱼种捕捞出塘。进行成鱼养殖的池塘，此时，可放养鱼种，如需要外销，也可出售。

淇河鲫鱼如鱼种密度大、水浅时，有较高的起捕率，因此，应尽可能拉网捕鱼。将池水排出，在池塘水深1～1.2米开始拉网。拉网一般在上午10:00左右进行，第一天拉4～5网，可将鲢、鳙鱼种及50%～60%的淇河鲫鱼鱼种捕出。第二天凌晨继续排水至水深60～70厘米，上午10:00再拉2～3网，可将80%的淇河鲫鱼鱼种捕出。然后排干池水，彻底清塘。干塘捕出的鱼种需放入网箱中，待其鳃内泥浆清洗干净后，方可出售或放养。

鱼种饲养期间，由于抢食程度不同，淇河鲫鱼出池规格有所差异，其中，100～150克占10%，50～100克占60%，30～50克占30%。需按规格分开，以便出售或养殖成鱼放养。剩余鱼种并塘越冬。越冬池面积3～5亩，水深2米以上，背风向阳，淤泥少。越冬池每亩放养鱼种500千克。冬季适当施肥，天气较暖时，少量投饵，定点堆放即可。水面结冰需破冰，以防止缺氧。

（1）并塘的目的。一是将留下做次年使用的鱼种集中放养在水较深的池塘内越冬，免受寒冷和鸟兽的侵害，并便于照管。二是夏花鱼种经过几个月的饲养，已长成8～20厘米的鱼种，体型增大不小，不适合原池中继续养殖。为便于饲养管理，必须对原塘中的鱼进行捕出，按照规格大小进行分类囤养。三是通过并塘腾出空塘，便于清塘，为来年生产做好准备。四是正确全面掌握一年来生产计划完成情况，为下一年生产提供参考。

（2）并塘时间。在水温降至10℃左右，可以适时并塘。水温高并塘过早，鱼类游动活泼，耗氧量高，在密集囤养下容易缺氧，操作过程中鱼体也往往容易受伤。过迟，水温低，天寒地冻，鱼体容易发生冻伤，而且下塘操作也不方便。适宜并塘的日子以天气晴好，无风天气最好，而且鱼已经停食一周以上。

（3）并塘的方法。扦捕鱼种或放水捕捞，对捕捞出的鱼种进行过筛筛选分类，按不同品种进行计数。筛选不仅针对同种鱼不同规格，而且也要分出不同的品种。计数的方法是，取同一种鱼 25 尾左右，测量体长和重量，再取 5 千克鱼计算其尾数，然后将各类鱼种全部过磅，即可算出不同种类和不同规格鱼种的尾数。

（4）囤养越冬。囤养越冬的鱼池，要选择背风向阳，水深超过 2 米的池塘。池底淤泥不能太厚，以免有机物消耗氧气，并产生大量的有毒有害物质危害鱼类。放养密度一般控制在每亩 3 万 ~5 万尾。池面结冰后，要注意破冰增氧。在天气晴暖时，水温在 6℃以上时，还要向池中少量投喂饲料，保证鱼少量摄食，避免鱼体在越冬的过程中体质变差。

第三章 淇河鲫鱼成鱼养殖技术

淇河鲫鱼的成鱼饲养，是由 1 冬龄鱼种养成商品鱼的过程。目前，除池塘养殖外，还作为湖泊、水库等大水体的增殖鱼类。淇河鲫鱼对环境适应性强，也可在网箱、稻田进行养殖。

无论采取哪种养殖模式，都必须对养殖品种的生物学特性和生长特点有所了解。

饲养的鱼类，从其活动习性上来说，主要分为上层鱼，中层鱼和底层鱼。从食性来说，主要分为植食性、肉食性和杂食性。为了充分发挥养殖水体，我国目前池塘多采用混养的方式，即池塘中除确定主养鱼品种外，还要放养一些其他鱼类，既使得水体能够充分利用，又能使水质可以出现自我调节的能力，最大限度地提高池塘的渔产力。

鲢鳙鱼是上层鱼，又是以吃食水中的浮游生物为主的滤食性鱼类；团头鲂、草鱼主要食草，属中层鱼类；而鲤、鲫、青鱼等属底层鱼类，以杂食性和底栖生物为食。而鲴鱼则主要吃食水中的有机碎屑和附着于底泥表面的藻类。池塘中混养了这些鱼类，就能对饵料资源加以充分利用。但不同种鱼也时有存在食物竞争的现象，这主要是与食性相同、相近或交叉引起的。所以，在设计放养模式时，要充分考虑这些因素，尽可能发挥鱼类之间的互利关系，避免互相排斥和竞争关系。如草鱼食量大，肠道短，对草消化吸收不完全，一部分未经消化的植物纤维等随粪便大量排出体外，进入水体中。这些排出的大草粪便，间接起到了对水体施肥的作用，水体中浮游生物大量繁殖，使水体变肥。而鲢鱼、鳙鱼是以吃浮游生物为主的鱼类，能吃食水中的浮游生物，使水体保持清新，水质保持稳定。而鲤鲫鱼吃食池塘底泥中的生物，起到了打扫食场的作用。由于鲤鲫鱼在水体底部的活动，促进了池塘底部有机质向水体中扩散，减少了底部有机质的积累，加速底部有机质的分解，同时，也可为上层鱼类提供更多的饵料生物。所以，混养不但能充分利用饵料，在一定范围内还能起到生物自身净化池水的作用。了解鱼类的这些特性，也是做好池塘生态养殖的关键所在。

在生长特性方面，当使用草、配合饲料配合养殖时，放养密度适当，一般规格为300克的草鱼当年可养至3 000克以上；规格为50克的淇河鲫鱼当年可养至350克以上。这些数据，都是我们设计放养模式的重要依据。

放养模式的确定还要考虑与市场需求相适应。根据不同的品种、规格，市场需求、市场价格也往往不同。同时，还要考虑群众的饮食习惯。确保养出来的鱼既能销售出去，又能取得满意的经济效益。例如，在湖北的大部分地区，鲤鱼价格低，养殖成本又高，应少养可不养，而鲫鱼价格较高，人们也喜欢食用，应多养。同时，还要考虑市场规律的影响，做好养殖量的调查工作，根据市场价格起伏情况，确定养殖品种、规格和上市时间，尽可能获得最大的经济效益。

一、池塘养殖

池塘主养淇河鲫鱼，一般只套养部分链、鳙鱼，不可套养鲤、草鱼、罗非鱼等吃食性鱼类，以免争食。

1. 池塘条件

要求每口池塘5亩左右，水深1.5～2.5米，池底平坦，淤泥10厘米左右，进、排水方便，水质无污染。

2. 鱼种放养

放养鱼种的时间最好在秋末、冬初，鱼类经过冬、春季节对新池塘环境的适应，有利于早开食、早生长；也可在水温5~10℃左右进行春放，主要以鱼种购回时间来决定，尽量早投放。一般冬放优于春放，早放优于晚放。

鱼种放养的规格应整齐，体质要健壮。

一般亩放养个体重50克左右的1龄鱼种为2 000~3 000尾；亩放养个体重100克左右的1龄鱼种为1 500~2 000尾。同时，每亩可搭配100克左右鲢鱼种800~1 200尾，150克左右鳙鱼种200~300尾。

3. 施足基肥

鱼种放养前每亩施人畜粪肥500~1 000千克，对冬放鱼种可提高水温，保持水的肥度，减缓结冰时间。

4. 日常管理

（1）1投饵。冬放鱼种，在冬、春季节天气晴暖时，可采用堆放的办法投饵，一般每星期投1次。春季水温上升到15℃以上时，仍采用驯化投饵的方法。春季水温低，鱼类活动量小投饵速度应慢，投喂时间一般需要1小时，待大部分鱼离开食场后，再停止投喂。随着水温上升，鱼的活动量、摄食强度增大，投饵次数及投饵量也应随着增加。秋末、冬初水温下降应减少投饵次数及投饵量。一般3月、4月、10月每天投喂2次，投饵量占存塘鲫鱼体重的3%~5%。5~9月，每天投喂3~4次，投饵量占鲫鱼体重的5%~7%，具体视鱼吃食情况和天气情况而定。

（2）水质管理。水质好坏直接关系到鱼的摄食和生长，必须给予足够重视。池塘水深开始保持在1~1.5米，随着鱼体的长大，逐步加深至最高水位。7~9月水温高，鱼类吃食量大，产生的粪便极易使水质恶化，要保持水质清新，应半个月换水1次，每次换掉池水的1/5~1/3。平时每半月每亩水面用生石灰40千克化乳全池泼洒1次，可调节水质，预防鱼病。

（3）适时开机增氧。晴天中午每天开增氧机1~2小时，加快池水对流和池塘物质循环。早晨视鱼类浮头情况开启增氧机，在阴雨天或雷阵雨过后，应提早开机，以增加水中溶氧量，避免鱼类浮头。

（4）加强巡塘。每天坚持早晚各巡塘一次，观察鱼的活动情况，清除池中杂物。经常检查进水口，以防其他鱼类混入，影响鲫鱼正常生长。每10天左右对鱼类增重情况进行抽样，以了解池中存鱼量，适时调整投饵量，避免造成浪费。同时，做好池塘日志，记录内容同鱼苗池。

二、流水池养殖

1. 水源

水源充足，水质良好无污染，符合淡水养殖用水标准。水为中性或弱碱性水，含氧量高。

2. 流水池条件

流水池最好为长方形、圆形或椭圆形，鱼池周围无高大树木或建筑物，通风向阳。每个鱼池设进排水口，并有防鱼逃措施，配备气泵，可进行底部增氧。各池均配备有投饵机。鱼池在使用前要用生石灰进行彻底的消毒除理。新建的流水池用于养殖时，必须提前10天进行水浸解毒处理。

3. 鱼种

放养鱼种为春片、冬片或当年夏花鱼种。鱼种规格整齐、体质健壮、无病无伤。

4. 放养密度

每亩放养50克/尾的淇河鲫鱼苗种20 000尾。

5. 投喂方法

坚持“四定”投喂方法。

6. 日常管理

坚持巡池，捞取进水口和鱼池中杂物，防止堵塞，造成水体缺氧或溢池。调节水流速度。做好防病工作，定期投喂药饵。

三、网箱养殖

网箱养殖淇河鲫鱼，多采用单养方式。也有混养的，但搭配鱼不能超过放养量的5%。

1. 网箱结构

网箱一般由网衣、框架、浮子、沉子等组成。

网衣：是饲养鱼的主体部分，多由聚乙烯网片缝合而成，形状为正方形、长方形等，面积16～36平方米或100平方米以下不等。高一般为2～3米，网目大小取决于鱼的规格，以不逃鱼且利于水体交换为原则。为防止逃鱼，多采用双层网衣。

框架：安装于箱体的上部，具有支撑、浮起网箱的作用，多用粗竹竿、钢管等。

浮子：这装于网箱的纲和框架上，用于浮起网箱和框架。浮子的种类很多，有的使用塑料浮子，浮桶等。

沉子：安装于网墙的下纲，使网衣在水中撑开保持一定形状。沉子的种类有石块、砖块、铅锡沉子等。

2. 网箱的设置方式

网箱以设置成浮动式为好。网箱在排列上多采用“一”字形、“非”字形和“品”字形。用于固定网箱的拉绳最好要留有余地，不可拉得太紧，以防水位变化与箱体相适应。为了便于生产管理和操作，网箱组之间要设有通道，通道宽度约1米。“一”字形的网箱，通道应设于箱架的近岸侧。

网箱在使用前10天入水，使网衣上附着藻类，使箱体保持光滑，避免鱼进入箱内后因擦伤而感染导致鱼病。但也不能下水太早，造成网衣破损，导致鱼逃事件发生。

3. 网箱设置场所选择

网箱养鱼是一种高密度集约化养殖方式，它对水体的溶解氧含量要求较高，网箱内水体要实现丰富的溶解氧，必须与网箱外的水体通透性要好，交换量要得到一定的保证。网箱内溶解氧能否满足箱内鱼群生长的需求，直接影响了网箱产鱼量的高低。选择网箱设置地址时，要考虑水体的流速，一般以 0.005 ~ 0.1 米每秒的流速为好。还要考虑通风向阳，水体温度较高的地方。水体日照时间长，水温就高，水体中浮游植物光合作用增强利于鱼类生长。交通方便，环境安静无噪音等。故网箱在水库、河道、湖泊等大型水体中，一般设置于向阳背风的河湾、库湾、水库河流入口处、水库坝下宽阔的水域。

4. 鱼种放养

（1）鱼种放养时间。春片鱼种，放养时间应在 3 月以前进行，若放养夏花鱼种，可在当年 6 月。

（2）放养规格要求。春片要求在 50 克/尾以上，夏花鱼种在每尾 5 厘米以上。

（3）放养鱼种质量。要求规格整齐、体质健壮，无病无伤。

（4）消毒。放养前鱼种用 3% ~ 4% 食盐水浸泡 10 ~ 15 分钟。

（5）放送密度。合理确定放养密度是提高产量和效益的有效措施之一。如果鱼种放养密度过稀，网箱的生产潜力发挥不出来，经济上不划算；如果放送密度过密，虽然群体产量在一定范围内有所提高，但出箱规格小，同样也影响经济效益的提高。在生产实际中，具体放养密度的确定，也与生产目的有一定的关系。

目前，淇河鲫鱼网箱放送密度一般为 200 ~ 600 尾/平方米。

5. 饲料投喂

网箱养殖淇河鲫鱼，目前，选用的饲料是鲤鱼全价配合饲料，饲料蛋白质含量为 30% ~ 32%。颗粒料的粒径以淇河鲫鱼的口径相适应，以利于摄食和提高饲料利用率。

网箱养殖的鱼种，虽然也经过驯化，但在入箱后，由于环境条件的改变，也需要进行驯化，但一般驯化在较短的时间内即可完成。在投喂淇河鲫鱼的过程中，投饲技术十分关键，它直接影响鱼的产量和饲料利用率。投饲技术包括：投饵率、日投饲量和日投喂次数。

（1）投饵率。它的高低与水温、鱼规格等有密切关系。通常情况下，鱼体规格越大，投饵率越小，水温越高，投饵率越大。水温在15℃以下时，投饵率为1%，水温在15～20℃时为1.5%～2%，当水温在20～30℃时为2.5%～4%，在水温在30～32℃时为2%～3%。

（2）日投喂量。在基本掌握了投饵率的情况下，就可以根据箱内存鱼量，计算出适宜的日投饲量。箱内存鱼量可通过抽样方法获得，但要考虑在养殖过程中鱼的伤亡量。

鱼的日投喂量与天气状况、鱼的活动、摄食等有着很大的关系。当天气晴好时，可正常投喂；当天气闷热、阴雨、大风天气时，应当减少投喂或不投喂。遇到头一天鱼群摄食十分正常，而第二天喂鱼时鱼群无反应时，要马上检查网箱，看有无破损逃鱼，水流通透如何，水体溶解氧含量是否过低等。

（3）投喂次数。每天投喂次数也是影响投饲效果的重要因素之一。在总的投喂量确定以后，应按少量多次的原则进行投饲，这样可以避免一次投量太多造成饲料漏箱现象。一般日投喂次数以3～4次为好。日投喂量和日投喂次数的安排要下午多于上午，这主要是由水温和水中溶解氧多少而决定的。

6. 日常管理

网箱的日常主要管理工作：经常检查网箱有无破损，严防逃鱼事件发生；经常清洗网衣，保持网箱内外良好的水体通透性；干旱季节，防止网箱搁浅，洪涝季节，防止网箱被冲走；暴风天气到来前，要加固网箱，同时，备好抢险器材。暴风过后及时查看网箱有无破损等；定期检查鱼体，掌握鱼体生长情况；搞好鱼病防治工作，除放养时对鱼种进行消毒处理外，饲养期间要经常用漂白粉在网箱内和近旁进行水体消毒，并定期投喂药饵。

四、湖泊、水库增养殖

淇河鲫鱼生长快，适应性强，在天然饵料丰富、水质较肥，特别是水草较多的湖泊、水库中均可放养。放养量为每亩水面可放养 30 ~ 50 克的淇河鲫鱼 50 尾。若湖泊、水库属小型的，放养密度可适当加大。

第四章 淇河鲫鱼共养技术

一、稻鱼共养

稻田是一个复杂的生态系统，在该系统中不但有人类需要的主要产品，也有很多与水稻竞争营养与阳光的初级生产者，如浮游植物和水生植物等，还有以浮游植物和水生植物为营养的各级消费者，如浮游动物、水生昆虫等，这些植物绝大部分不能被人类所利用，相反有些则危害水稻、人、畜。然而，在稻田中养鱼和其他水产品就改变了这一局面，不但消除和抑制了有害生物，而且转化为人类所需的水产品，鱼和其他水产品的粪便又可肥稻田。所以，在稻田中搞水产养殖是可行的，有利于良性发展和可持续发展。

稻田养殖淇河鲫鱼，既可改善稻田生态环境，又可增产增收，是一项很有发展前途的养殖方式。一般每亩稻田在不减少稻谷产量或有所增加的前提下，可收获养殖 300 ~ 500 尾，获利 1 850 ~ 3 150元，是农民调整产业结构，增加收入的好途径。现将该技术操作要点介绍如下：

1. 田块的选择与改造

养殖淇河鲫鱼的稻田，应优先选择那些靠近河流、湖泊、水库、塘堰等水源、水量充沛，水质良好，进排水又比较方便、光照充足、环境安静、交通便利、电力充足、土壤肥沃、土壤保水保肥能力强、防洪条件好的田块，面积 3 000 ~ 6 000平方米为宜。在养鱼前，对田埂可结合种稻整地加以修整，田埂要加高至 30 ~35 厘米，加宽至 30 厘米，并夯实。在稻田内要开挖鱼沟和鱼溜，鱼沟宽 120 厘米，深 45 ~ 70 厘米，呈“田”、“井”或“回”字形，要求沟沟相通，并在各交叉点上挖深 100 厘米、面积 8 ~ 12 平方米的鱼溜。稻田中鱼溜鱼沟的面积以不小于稻田总面积 10% ~15% 为宜，在稻田的进水口要安装防逃设施和过滤设施，防止野杂鱼进入和养殖鱼逃逸，在排水口只要安装拦网防逃即可。

2. 水稻品种的选择与栽植

水稻品种的选择要考虑稻田饲养的特点，又要考虑当地的气候、土壤条件以及种植习惯等因素。根据多年实践经验，饲养稻田选用的品种应耐肥力强、不易倒伏、抗病虫害、耐淹、株型紧凑、品质好、产量高等。

水稻一般是先育秧，后移栽。通常采取条栽的方式进行栽植。鱼沟、鱼溜边应适当密植，以发挥边际优势，增加稻谷的产量。

3. 田间清整和消毒

养鱼的稻田，一是要做好清沟消毒工作，清除过多的淤泥，铲除田边杂草，每亩可用 70 ~ 80 千克的生石灰化开后泼洒，彻底杀死病菌和敌害；二是要施足基肥，培养饵料生物，轮虫高峰期时鱼苗下塘，通常每亩可施畜禽粪肥 300 ~ 350 千克；三是放养夏花鱼种时，要用 3% ~4% 的食盐水给鱼种消毒，杀灭鱼体上的致病菌和寄生虫；四是要确保放养的鱼苗、夏花鱼种质量，要求规格整齐，体质健壮，游动活跃，无病无伤。

4. 鱼苗、夏花放养

淇河鲫鱼的春片放养在每年 3 月之前进行，当年夏花至 6 月之前。

稻田中鱼种放养的规格随养殖周期、品种、市场需求等不同而异。要求当年起捕上市的，要放养大规格，达到上市要求。如果是当年放养以培育成大规格鱼种为主、次年再养成上市销售的，规格3～5厘米的夏花即可。放养夏花鱼种成本低，但养殖周期较长。

放养量的大小必须考虑到饲料的来源、饲养管理水平及市场需要规格。

5. 稻鱼共养养殖模式

稻田养殖是鱼、稻共生的饲养方式。在稻田中放养淇河鲫鱼，一般采用主养方式，少量搭配鲢鳙鱼，一般不搭配鲤鱼、罗非鱼和草鱼。

6. 稻鱼共养投饲与管理

投饲。在稻田中除使淇河鲫鱼能够充分利用天然饵料生物外，还要对其进行合理的投饲。可投喂豆饼、花生饼、麸皮、玉米面等饲料，也可投喂配合饲料。每天上午和下午各投喂一次，日投喂量占鱼体重的2%～4%，并根据气候、季节、鱼体规格、鱼摄食情况灵活增减。饲料通常放在鱼溜内，并最好设置饵料台，进行“四定”投喂。

施肥：施肥不仅能使水稻增产，而且能促进水中浮游生物的繁殖生长，为淇河鲫鱼提供充足的天然饵料。但施肥要科学。稻田养鱼施肥总的原则是施足基肥、巧施追肥。基肥以腐熟的有机肥为好，追肥主要追施分蘖肥、增穗肥和结实壮粒肥。追肥主要是无机肥。追施化肥时最好将鱼集中于鱼溜和鱼沟中。

田水调控：鱼要求田间水深、水量大，而高产稻田则要求“寸水活棵、薄水分蘖、沥水烤田、足水抽穗、湿润黄熟”。这就要求处理水稻用水与鱼用水之间的矛盾，做到既能满足水稻生长的需要，又能满足鱼生长的需要。沥水烤田时逐步降低水位至露出地面即可，以便让空气进入土壤，阳光照射田面，以杀菌、增温和促进氧化等。烤田时应将鱼从田面引向鱼沟鱼溜中。鱼生长旺季，投饲多，水质易变差，要经常注入新水，保持水的清爽和溶氧充足。

7. 稻鱼共养模式用药

稻田在饲养淇河鲫鱼后，病虫害明显减少。但有时也会发生不同程度的毒害，这就需要用药来防治。但用药一定要谨慎。为了确保鱼的安全，在选用农药时尽量使用高效低毒低残留药，而且尽量喷洒到叶片上。粉剂药选择在早上稻株上有露水时进行。下雨前不要施药。喷药时喷嘴要伸到叶片下面，由下向上喷。用药后要及时换水。同一稻田，用药时可以分日施药，即第一天在半块田中施药，鱼可以游到另半块田中；第二天再在另半块用药。在喷药后如果发现鱼异常反映，应立即换水。

由于稻田放养的淇河鲫鱼密度小，在一般情况下无病害发生。但如果饲养管理不善，也会发生鱼病。因此，一定要做好鱼病防治工作。在投喂饲料时尽量不投喂腐烂变质饲料，投喂量不可或多或少，鱼沟鱼溜要定期用漂白粉进行泼洒消毒，食台要进行消毒等。鱼病高发季节，还要定期投喂药饵。

8. 日常管理

坚持每天早晚巡田，观察水质变化和鱼的活动情况、鱼的摄食情况以及水稻长势，以决定施肥和投饲。检查田埂是否有漏洞，防逃鱼是否良好。要做好防洪、防涝、防旱工作。经常疏通鱼沟、鱼溜等。

9. 起捕销售

根据市场需求，起捕分品种、规格、级别，转入水泥池或网箱中进行暂养3～5天，待基本排清粪便及黏液后，装入氧气袋运输。

二、莲鱼共养

莲藕为睡莲科多年水生草本植物。原产南亚，在我国栽培已有3 000多年历史。相传在唐宋时期，江苏省苏南水乡和里下河地区即广有种植。新中国成立后已逐步移向淮北地区、山东、河南、河北、北京等省市有水坑的地方。

莲藕营养丰富，富含淀粉、蛋白质、维生素 B 与维生素 C 和无机盐类。不仅藕粉、莲子远销国外，而且鲜藕也享有很好的声誉；生食可口，熟煮可制作 50 多种菜肴，经深加工还可制成藕粉和蜜饯。莲藕全身均可入药，藕汁、荷叶能清热解暑；莲子能养心补脾固肾；莲房能消瘀；藕节能收敛止血。此外，荷叶是很好的食品包装材料，具有一定防腐作用。

鱼莲共养，是近年兴起的一种种养结合、即把水生植物与鱼类饲养结合起来，提高藕田经济效益的一种技术措施。

淇河鲫鱼不仅可摄食藕田里的浮游生物、底栖生物、有机碎屑等，而且也能吃掉部分害虫，既能使自己生长，又减轻了害虫对莲藕的为害，而且淇河鲫鱼的觅食活动，起到了中耕的作用，有利于水和空气接触，使水中溶氧增加，有机质分解加速。另外，鱼的粪便也是莲藕田的肥料，从而促进了莲藕的生长。

1. 藕田选择

用作饲养淇河鲫鱼的藕田，要求水利设施好，水源充足，水质清新无污染，不渗漏，保水能力强，面积2 000 ~ 4 000平方米为好。

2. 藕田处理

藕田选定后，要加固加高土埂，埂宽 30 ~ 35 厘米，高 40 ~ 50 厘米。在藕田中也要挖“回”形挖鱼溜、鱼沟，沟宽 3 ~ 4 米，深 1 ~ 1.5 米；内埂高 0.5 米，宽 0.5 米；外埂高 1.5 米，宽 2 米，以满足鱼类生长水体环境。过深，不利于鱼到田间觅食，过浅，高温季节不利于鱼的生长。鱼沟鱼溜的面积约占藕田面积的 10% 左右。在藕田进排水口，要设置防逃设施，既可防逃，又能避免野杂鱼进入。

3. 莲藕品种选择

鱼莲共养的品种为藕莲类型的浅水藕，地下茎（藕）肥大，皮白肉嫩味甜，能生吃或熟吃。叶脉突起，少开花或不开花，开花后不结或少结种子。质老鲜甜，宜于熟食。适于 30～50 厘米水层的浅塘或水田洼地栽培，水深最好不要超过 1 米；目前，适宜鱼莲共养的浅水藕主要品种有鄂莲 1 号、鄂莲 3 号、鄂莲 4 号、鄂莲 5 号、苏州“花藕”、早日荷、大膊莲、南京大白花、宝应美人红等优良品种。

4. 栽种方法

莲藕的栽种期长江流域一般在清明到谷雨期间，华南地区可适当提前在雨水或迟到夏至，黄河下游地区一般在 4 月上中旬栽种，栽种密度与用种量因土壤肥力、品种、藕种大小及采收时期而不同。一般早熟品种比晚熟品种、土壤肥力高比土壤肥力低、田藕比塘藕、早收比迟收的栽种密度大，用种量也多。中等肥力的稻田、洼地或人工池塘栽种莲藕，如当年亩产要求达到 2 000～3 000千克，一般行距 1.5～2.0 米，穴距 1～1.5 米，每亩250～300 穴，每穴 1～2 支（田藕 1 支或子藕、孙藕 2 支），每支 2 节以上。一般亩需种藕 250 千克左右，如仅用子藕或孙藕，用种量为 100～150 千克。

人工池塘栽藕时，先将藕种按规定株行距排在田面上，要求在四周距田埂 1.0 米处设边行，田或地边行藕头一律向内，中间几行藕头可向外，各行种藕位置要互相错开，便于萌发后均匀分布。栽植时，将藕头埋入泥中 8～10 厘米深，后把节稍翘在水面上，以接受阳光，增加温度，促进发芽。人工池塘栽培种后上水，水深 10 厘米，以后逐渐加深。

5. 鱼种放养

应尽量提早放养，可先把鱼种放于鱼溜鱼沟中，当水位得到一定高度时，鱼可进入藕田中。

放养鱼种规格要整齐、体形正常，鳞片完好，体质健壮，无病无伤。

鱼种在放养前要经过消毒处理，一般用3%~4%的食盐水浸泡鱼体10~15分钟，杀灭鱼体身上的病原菌和一些寄生虫。

放养密度一般为每亩300~400尾，规格为50克/尾；并可搭配50~80克的鲢鳙鱼40~50尾。

6. 施肥管理

莲藕产量高，需肥量大，应在施足基肥的基础上适时追肥。针对一般生产中氮磷投入过多的现象，提出减氮控磷增钾补硼锌的施肥原则。

（1）施足基肥。基肥在整地时施入，一般亩施优质农家肥2 000~3 000千克，氮肥的50%、钾肥的60%，磷肥及硼锌肥全部进行底施，可亩施纯氮10~12千克，五氧化二磷8~10千克，氯化钾9~10千克，硼肥0.2千克，锌肥0.2千克。

（2）及时追肥。追肥分两次进行，第一次在栽种后20~30天，有1~2片荷叶时进行，可促进莲鞭分枝和荷叶旺盛生长。一般亩追30%的氮肥和40%的钾肥，可亩施纯氮5~6千克，氯化钾5~6千克；也可施入人粪尿或腐熟沼液1 000~1 500千克。第二次追肥多在栽种后50~55天进行，一般亩追氮素化肥的20%，可亩追纯氮4~5千克；也可施入人粪尿或沼肥1 000~1 500千克。此时，应注意追肥时不可在烈日中午进行或肥料不要洒在叶面上，以免烧伤荷叶。同时，还要防止因施肥过多，使地上部分生长过旺，荷梗、荷叶疯长贪青，延长结藕期造成减产。

7. 水位管理

应掌握由浅到深，再由深到浅的原则。移栽前放干田水；移栽后加水深3~5厘米，以提高水温，促进发芽；催芽田移栽后加水5~10厘米。一般田长出浮叶时加水至5~10厘米；以后随着气温的上升，植株生长旺盛，水深逐步增到30~60厘米；两次追肥时可放浅水，追肥后恢复到原水位。结藕时水位应放浅到

10～15厘米，以促进嫩藕成熟；最后保持土壤软绵湿润，以利结藕和成熟。注意夏季要防暴雨、洪水淹没荷叶，致使植株死亡而减产。

8. 及时防治病虫害

藕莲主要病害有枯萎病、腐败病、叶枯病、叶斑病、黑斑病、褐斑病等。这些病害对莲藕的产量影响很大，一般减产20%～90%，严重时无收。

枯萎病或腐败病一般发生在苗田满叶时，发病初期叶缘变黄并产生黑斑，以后逐渐向中间扩展，叶片变成黄褐色，干燥上卷，最后引起腐烂，全部叶片枯死，叶柄尖端下垂。叶枯病或斑病主要发生在荷叶上，叶柄也时有发生，起初叶片表现出现淡黄色或褐色病斑，以后逐渐扩大并变成黄褐色或暗褐色病斑，最后全叶枯死。黑斑病发生在叶上，开始出现时呈淡褐色斑点，而后扩大，直径可达10～15毫米，有明显的轮纹并生有黑霉状物，严重时叶片枯死。褐斑病称斑纹病，发病时叶片上病斑呈圆形，直径0.5～8毫米，多向叶面略微隆起，而背面凹陷，初为淡褐色、黄褐色，后为灰褐色。边缘常有1毫米左右的褐色波状纹。上述病害均应采取综合预防为主，药物防治为辅的原则。选择无病种藕；进行轮作换茬，与有病田隔离；合理灌水施肥，注意平衡施肥，及时清除病株，消除病原。可用治萎灵、多菌灵或托布津，在发病初期10天内连续2～3次喷洒防治。

主要虫害有蚜虫、潜叶摇蚊、斜纹夜蛾、褐边缘刺蛾和黄刺蛾等。蚜虫群集性强，主要为害抱卷叶或浮叶，从移栽到结藕前均可发生；潜叶摇蚊从幼虫潜入浮叶进行为害，吃叶肉，使浮叶腐烂，此虫不能离水，对立叶无害。防治方法可用40%乐果乳剂1 500～2 000倍液喷洒，也可将少量虫叶摘除。斜纹夜蛾、褐边缘刺蛾和黄刺蛾；属杂食性害虫，主要为害荷叶；诱杀成虫，在发蛾高峰前，利用成虫的趋光性和趋化性，采用黑光灯捕杀成虫；采卵灭虫，在产卵盛期，叶背卵块透光易见时随手摘除。

为减少农药对鱼可能产生的危害，一般采用下列施药方法：

第一种方法：把田面水放干，把鱼集中在鱼沟鱼溜中，然后再给植株用药，施药后加注新水至原来水位。

第二种方法：打开藕田进排水口，使田水流动。先从出水口一边施药，施到中间停一下，使被污染的田水流出去，然后从田中间施药到进水口处结束。

第三种方法：保持较深水位，使落入田中的农药很快被稀释，使其浓度变得微乎其微。

第四种方法：分段、隔天施药法。

9. 鱼病防治

树立鱼病防治观念，坚持病防原则。除鱼种入田时进行消毒外，还要定期往鱼沟鱼溜内施放生石灰，调节水质，而且还可有效预防莲藕地蛆病和腐败病的发生。饲养前期，每月用敌百虫泼洒一次，浓度为0.3毫克/升，发病季节要定期投喂药饵。

10. 日常管理

坚持巡田，观察鱼的活动情况、摄食情况以及水质情况等，当发现鱼活动异常、摄食剧减时，要及时查明原因，并采取相应措施；当发现水体透明度过低时，要进行加注新水；当发现田埂有渗漏时，要进行加固处理；当发现防逃设施破损时，要及时进行修整；当发现莲藕发病时，要及时进行防治；当发现田内有水蛇、水老鼠、水鸟时应予以驱赶或捕捉。要做好防洪、防涝等工作。

第五章　淇河鲫鱼养殖实例

实例一

2006 年 5 月 12 日至 12 月 26 日共计 227 天时间，在河南省安阳市林州市临淇镇吕庄村渔场进行了淇河鲫鱼鱼种培育试验，现将试验情况介绍如下。

一、池塘条件

试验池东西走向，池塘面积为 5 亩，池深为 2.3 米，水深可保持在 1.5 ~2 米，池底平坦，水源为淇河水，水质无污染，鱼池四周无高大树木和建筑物，池塘配备自动投饵机 1 台、功率 3 千瓦的叶轮式增氧机 1 台。

二、池塘清塘和注水

池塘于 2006 年 3 月中旬干塘晾晒，清除底泥，使底泥厚度保持要 20 厘米以下。平整池底，使其保持平坦；修整池埂，将池埂上去年生长的杂草进行了去除。采用生石灰干法清塘的方法对池塘进行了清塘处理，时间是 5 月 2 日。每亩使用生石灰 100 千克。5 月 4 日池塘施放腐熟的猪粪作基肥计 1 200千克。5 月 4 日下午池塘进水 50 厘米。

三、试水与放养

5 月 10 日，对池水进行了试水，试验鱼可以很好地生活，无不良反映，pH 值达 7.3，透明度为 25 厘米，已具备放苗条件。5 月 12 日，经汽车运输，从安阳市荷花淇河鲫鱼良种场购进淇河鲫鱼夏花 3 万尾放养入塘。放养前夏花鱼种经 5% 食盐水浸泡 10 分钟处理。放养密度为 6 000尾/亩。夏花体质健壮、规格整齐、顶水性好。6 月 25 日，投放规格为 0.5 千克/尾，且经过消毒的花鲢 100 尾和白鲢 400 尾。

四、饲料投饲

坚持“四定”、“少量多次”和“八分饱”的投喂原则。培育人员必须有责任心，精心投喂，在鱼苗入塘后，必须让鱼苗有足够的饵料供其摄食，不能因鱼苗吃不到食料而出现跑马病现象。先投喂破碎料，日投喂次数刚开始为每天 6 次，驯化鱼种。当鱼种体长达到 5 ~6 厘米以上时投喂粒径 1.5 毫米的颗粒饲料，当鱼种体长达到 10 厘米以上时则改为投喂粒径 2 毫米的颗粒饲料，直到鱼种培育结束。

开始驯化鱼苗时，直接用自动投饵机慢速低档长时间（1 小时）进行投喂驯化，没有采取挂袋法或池边堆堆法，效果也很好，一般 3 ~5 天就可驯化好鱼苗。鱼苗驯化完成以后，按照鱼体摄食八成饱的原则，提高自动投饵机的投喂速度，缩短投喂时间为 40 分钟，每天投喂 4 次，每次间隔 3.5 小时。进入 10 月后，每天投喂次数为 3 次。

五、鱼病预防

淇河鲫鱼鱼病较少，但出血性腐败病是较难治愈的一种病。其危害程度强，损失严重。主要的预防措施是：每 15 天全池泼洒 1 次杀虫药，第二天全池泼洒生石灰，第三天在饲料中加入中草药和维生素，连续投喂 3 天。在水质管理上，每半个月注排水一次，每次交换量为 20 ~30 厘米。使池水保持“肥、活、嫩、爽”，满足鱼类生长要求。环境的良好，也使鱼很难感染鱼病。除此之外，在饲料方面，尽量放置于通风干燥的地方，防止饲料在投喂的过程中由于管理不善而发霉，发生肠道疾病。生产工具都严格进行了消毒处理，做到了专池专用。在试验期间，我们非常注意此病的预防工作。由于预防措施得力，水质良好，在试验期间没有发生鱼病。

六、日常管理

坚持早、中、晚巡塘，观察水质变化、鱼种生长及摄食情况，注意天气变化等，并做好养殖日记。

鱼苗下塘后，每周加水 10 ~ 20 厘米，到 6 月逐步调整水深为 1 米左右，至 7 月以后应经常加水，保持水深为 1.5 米左右。

7 ~ 9 月，定期开启增氧机，白天 14:00 ~ 15:00 开启增氧机 1 小时，偿还水中的氧债，后半夜开启增氧机至次日 8:00 左右，防止鱼类浮头。

七、试验结果

12 月 6 日水温降到 10℃以下，鱼停止摄食，停止投喂，并于 2005 年 12 月 26 日起捕出售，淇河鲫鱼规格达 105 克/尾，平均亩产 567 千克，养殖成活率 90%，花白鲢平均亩产 112 千克，纯收入为 4 038元/亩。

八、讨论

（1）淇河鲫鱼是优良的水品品种，适宜推广养殖。与普通鲫鱼相比其生长速度较快，进一步证明了淇河鲫鱼品质的优秀。

（2）淇河鲫鱼鱼种出塘规格与夏花放养密度的关系，如果想获得较大的规格，放养密度可以减少到 4 500 ~ 5 000尾/亩；如果想获得足够数量的鱼种，放养密度还可以提高到 8 000尾/亩左右。

（3）淇河鲫鱼鱼种出塘规格与经济效益的关系。规格超过100克/尾的大规格鲫鱼鱼种，深受养殖户青睐，价格较高。因此，在同一情况下，培育规格达到100～150克/尾的大规格鲫鱼鱼种，将会获得较大的经济效益。

（4）混养。试验花白鲢规格较大，如果规格也是夏花，效果可能会更好。

实例二

2013年安阳市龙安区漳武水库网箱养殖淇河鲫鱼成鱼试验。

网箱养鱼又称“笼养鱼”，是以合成纤维网片或金属网片为材料，装配成一定形状和规格的箱体，设置在适宜养鱼的水体里用来养鱼的方式。网箱养鱼是当今世界水产养殖业向集约化生产发展的一项新技术，具有产量高、成本低、投资小，便于管理、节地节水节能、有效开发江河湖库大水面渔业等特点。

网箱养鱼的高产原理：一是鱼养在网箱内，活动量减少，呼吸频率降低，代谢作用缓慢，能量消耗减少，有利于营养物质的转化和积累；二是箱内外水体能自由交换，得到充足的氧气和天然饵料，鱼类排泄物随水流带出箱外，水质新鲜，使鱼类有优越的生活环境；三是可以避免水域中敌害鱼类和水生动物的侵袭，提高成活率；四是根据不同鱼类，配制不同饲料，有利精养高产和鱼病防治；五是网箱便于管理，成鱼起水方便，回捕率高。

一、网箱的结构

1. 网箱材料

网箱由箱体、框架、浮子、沉子和固定位置的锚组成。网衣材料采用聚乙烯线。网线规格：成鱼箱为3米×2米，网箱附件一般选料为：支撑系统用钢管结构，用铁锚或石块固定，漂浮系统以废汽油桶代浮子。

2. 网箱的形状与规格

网箱形状的确定，主要从便于操作管理和有利水体交换来考虑，采用长方形最理想。试验采用的网箱规格：成鱼箱7米×4米×2米。

网箱网目的大小，应根据养殖对象规格确定。不同规格鱼种适用网箱网目，见表2－3。

表2－3　不同规格鱼种适用网箱网目

网目（厘米）	1.0	1.1	1.2	1.3	1.4	1.5	2.0	2.2	2.5	3.0
最小鱼种规格（厘米）	3.9	4.0	4.6	5.0	5.4	5.8	7.7	8 5	9.6	11.6

本次试验选用鱼种为平均每尾50克以上的鱼种，由林州市得天和淇河鲫鱼养殖场提供。网目选用2.0网目。

二、网箱设置

1. 设置地点的选择

（1）网箱设置地点的水位不宜过浅或过深，过浅箱底着泥，影响水流交换和排泄物的流出，过深网箱不易固定，一般以水深3～7米较好。

（2）要避开水草丛生区，因为水草丛生容易造成水体溶氧不均或缺氧。

（3）水流畅通，水质新鲜，避风向阳，流速在0.05～0.2米/秒范围内风力不超过5级的回水湾为好。

（4）网箱设置远离水库主航道、远离水库大坝和溢洪道。

2. 网箱的布局

网箱布局以增大网箱的滤水面积和有利操作管理为原则。通常网箱箱距4~5米以上。河道中网箱应按“品”字形排列，保持组距不少于15米。

三、鱼种放养

时间为2013年3月6日，鱼种体质健壮，无病无伤，规格整齐，驯化良好。鱼种在入箱前，用3%~4%食盐水浸洗10~15分钟。放养密度为每平方米400尾。

四、饲料投喂

主要投喂人工配合饲料，饲料的粗蛋白含量为30%~32%，粒径大小与淇河鲫鱼口径相适应。

驯化鱼种网箱摄食于鱼种入箱两天后进行，每天上午、下午各驯化一次，驯化时给予固定声音，然后开动投饵机缓慢投喂。将投饵机投饵速度设置为最慢。每次驯化时间为40分钟。一周后可完成驯化过程。

五、投饵技术要点

投饲率：通常随着鱼体生长而下降，随着温度的升高而增加。在水温15℃以下时，投饲率1%，水温15~20℃时为1.5%~2%，水温20~30℃时为2.5%~4%，水温30~32℃时为2%~3%。

投饲量：根据网箱中存鱼量和投饲率计算出饲料的投喂量。但鱼体的投饲量还与天气状况以及鱼的活动、摄食情况有关，天气晴好，正常投喂；闷热、阴雨、大风天气应减少投饲量。

投喂次数：一般日投饲次数为4次。每天下午鱼摄食旺盛，下午的投饲量要高于上午，这与水体中溶解氧、水温的含量有关。

六、日常管理

网箱检查：饲养期间每天检查一次，以防网箱破漏而发生逃鱼现象。检查时间为每天早晨或傍晚。方法是将网衣四角轻轻提起，仔细观察网衣有无破损，缝合处是否牢固。

网箱清洗：对网箱上附着藻类等进行清除，保证网箱内外水质通透性。方法是用手洗或用高压水枪喷洗。

鱼体生长情况检查：定期抽样，检查鱼的生长情况。

鱼病防治：网箱中鱼群比较集中，一旦鱼发病，传播较快，因此，一定要做好鱼病防治工作。除放养时食盐浸洗外，养殖季节还应定期对水体进行消毒，投喂防病药饵。在网箱四周漂白粉、硫酸铜、硫酸亚铁挂袋预防鱼病。

七、试验结果

经过 240 天饲养，淇河鲫鱼平均体重达到 320 克，成活率 92%，每立方米产鱼 117 千克。

八、讨论

由于漳武水库网箱设置比较密集，在温度较高的 7 ~ 8 月，遇天气异常时，水体中溶解氧含量较低，影响了鱼的正常摄食，也影响了鱼产量。

根据漳武水库水环境状况，将投放密度减到 350 尾，鱼种规格可能会有所提高。

目前，没有淇河鲫鱼专用饵料，投喂的饵料是鲤鱼饲料，可能也会影响淇河鲫鱼的生长速度。

第三篇

淇河鲫鱼健康养殖技术

第一章　健康养殖技术

近几年，随着无公害水产品标准的制定及市场准入制度的实施，迫切要求水产养殖者必须按照健康养殖模式进行安全生产，来满足人们对安全水产品的需求。

淇河鲫鱼健康养殖技术主要包括：

（1）符合渔业水质标准做水源。

（2）养殖环境符合无公害养殖基地环境条件。

（3）鱼种选用优质品种。

（4）渔业投入品采用正规生产厂家产品，包括饲料、鱼药。

（5）规范养殖操作管理，做好养殖记录及保存。

（6）注意休药期，安全上市等内容。

第一节　水　源

渔业生产用水，主要有江河、湖泊、溪流、水库、地下水等水源，各种水源物理化学性状各有不同，但用于无公害养殖用水的水源，水质符合国家渔业用水水质标准和无公害食品——淡水养殖用水水质标准。

第二节　养殖环境

养殖生产场址选择要水源充足，进排水方便合理，交通便利，通讯畅通，周围自然生态环境质量好，远离工业、生活等污染水源。环境质量现状符合无公害农产品（渔业产品）产地要求。

一、池塘条件

注排水渠道分开，避免互相污染；在工业污染和市政污染污水排放地带建立的养殖场应建有蓄水池，水源经沉淀、净化或必要的消毒后再灌入池塘中；池塘无渗漏，淤泥厚度应小于10厘米；进水口加密网（40目）过滤，防止野杂鱼和敌害生物进入鱼池。

二、放养前池塘处理

1. 修整池塘

凡没有使用过或已经使用过的鱼塘在放养苗种前，必须进行修整，这是改善养殖鱼类生活条件的有效措施。新建池塘，池塘东西走向，长方形为好，长宽比为2：1～3：1，池埂内坡比为1：2～1：2.5。塘底平坦，可略向排水的一面倾斜，以利于干塘。已使用过的池塘，首先，排干池水，使池底在冬季或早春经过长时间的冰冻日晒，以减少病原、疏松土壤、加速有机物分解，从而提高池塘肥力。池水排干之后将池底整平，挖出过多淤泥，修好池堤及进排水口，填漏补缺，清除杂草。暴晒数天，然后进行药物清塘。

2. 清塘

放养鱼种前10～15天进行池塘药物清塘，以杀灭池塘中的病原体和敌害生物。清塘常用药物为生石灰和漂白粉。常用方法为：一是干法清塘用生石灰75千克/亩或漂白粉（含有效氯25%以上）1毫克/升全池泼洒；二是带水清塘每亩用生石灰120～150千克，生石灰溶于水后全池泼洒；漂白粉每亩用13～15千克，将漂白粉放木桶或盆（不能用铝、铁等金属容器）内，加水溶解后全池泼洒。

三、培肥水质

当水温上升至8℃以上时应立即施足基肥肥水，对底质贫瘠和新推的池塘应在放水前施足基肥，一般施基肥250～300千克/亩，以促进池塘浮游生物的生长，为苗种提供充足的饵料。

第三节　鱼　种

一、苗种选择

要求体质健壮，规格整齐，体表光滑，无伤无病，游泳活泼，溯水力强，苗种为正规厂家生产，如取得苗种生产的经营资格单位生产，有苗种质量追溯机制，或自行繁育选育的苗种，供自己使用的。

二、苗种消毒

苗种放养前必须先进行鱼体消毒，以防鱼种带病下塘。一般采用药浴方法，常用药物用量及药浴时间有：3%～5%食盐5～20分钟；15～20毫克/升的高锰酸钾5～10分钟；15～20毫克/升的漂白粉溶液5～10分钟。药浴的浓度和时间须根据淇河鲫鱼、个体大小和水温等情况灵活掌握，以淇河鲫鱼出现严重应激为度。苗种消毒操作时动作要轻、快，防止鱼体受到损伤，一次药浴的数量不宜太多。

三、苗种投放

应选择无风的晴天，入水的地点应选在向阳背风处，将盛苗种的容器倾斜于池塘水中，让鱼儿自行游入池塘。经过长途运输的鱼苗，在下塘前必须先经过1～2小时暂养，饱食后再下塘。

第四节　健康养殖模式

豫北地区受自然条件的限制，渔业生产多在小型水库、网箱养殖及池塘养殖等。每种养殖类型都有其各自特点，小型库塘多采用混养模式，网箱多采用单一品种集约化养殖、池塘养殖也多以混养为主。

一、合理的混养

根据自身池塘条件、市场需求、鱼种情况、饲料来源及管理水平等综合因素，合理确定主养和配养品种及其投放比例，合理的混养不仅可提高单位面积产量，充分利用水体空间，实现立体养殖，而且对鱼病的预防也有较好的作用。此外，混养不同食性的鱼类，特别是混养杂食性的鱼类，能吃掉水中的有机碎屑和部分病原细菌，起到了净化水质的作用，减少了鱼病发生的机会。

二、提早放养

在有条件的情况下提早放养，改春季放养为冬季放养或秋季放养，使淇河鲫鱼提早适应环境。深秋、冬季水温较低，鱼体亦不易患病，同时，开春水温回升即开始投饵，鱼体很快得到恢复，增强了抗病力。

第五节　渔业投入品

一、饲料选择

包括选择厂家和选择品种。正规的生产厂家，饲料生产手续完备，质量可靠，信誉度高，饲料中不添加任何违禁物质，饲料营养配比平衡，鱼类适口性好，生长快，抗病能力强，选择这样的厂家往往能获得较好的经济效益。

选用以鱼粉、肉骨粉及血粉等为蛋白质的优质全价配合饲料，饲料原料的粉碎粒度要求能全部通过20目筛网，要求饲料系数为1.2左右，含水量以12%左右为宜，最好选用膨化饲料。根据不同种类及鱼类的不同生长阶段，选用配方合理的优质全价配合饲料。

饲料在选择上，要注意一个品种一种饲料，不能挎品种选用饲料，尤其是不能选猪禽等饲料来投喂鱼类，这样既会造成饲料浪费，同时，还污染水源，对环境造成不利影响。就是同一种鱼在不同生长阶段，也应选择不同的饲料配方，原因在于不同生长阶段对营养要求是各不相同的。

根据淇河鲫鱼和混养鱼类的摄食习性制定合理的投饵方式，常规鱼类要驯化鱼到水面摄食。根据天气、水温等到条件，确定最适的日投饵量。投饵率的计算以鱼类八分饱为宜，并做好"四定"投饲，充分发挥饲料的生产效能，降低饲料系数。

要建立饲料购置档案，做好记录，要求供应商提供相关饲料生产经营许可证、饲料安全承诺书等证件，并注意索要发票。

二、鱼药选择

鱼药是指用以预防、控制和治疗水产动植物病虫害、促进养殖品种健康生长、增强机体抗病能力、改善养殖水体质量以及提高增养殖渔业产量所使用的物质。它包含水产动物药和水产植物药。

1. 鱼药的功能

一是预防、诊断和治疗疾病。二是改良水质环境和消灭、控制敌害生物。三是增进机体健康、增强机体抗病力和促进生长。应用鱼药时不仅要考虑水生生物自身的因素，同时，要考虑周围的因素。鱼药使用不当时，可直接或间接地影响人体和动物机体健康或环境与生态。鱼药只有正确使用才不至于产生公害，才能保持和改善生产区域的生态平衡，保证水体不受污染，保持各种水生生物种群的动态平衡和食物链网的合理结构，确保水生生物资源的再生和永续利用。

2. 鱼药产品标识

鱼药产品除了标明主要成分、性状、作用与用途、用法与用量外，还应标明批号、有效期和休药期。

三、鱼药的使用原则

一是水生动物增养殖过程中对病害的防治，坚持“全面预防，积极治疗”的方针，强调“以防为主、防重于治，防、治结合”的原则。二是鱼药的使用应严格遵循国务院、农业部有关规定，严禁使用未经取得生产许可证、批准文号、生产执行标准的鱼药。三是在水产动物病害防治中，推广使用高效、低毒、低残留鱼药，建议使用生物鱼药、生物制品。四是病害发生时应对症用药，防止滥用鱼药与盲目增大用药量或增加用药次数、延长用药时间。五是食用鱼上市前，应有休药期。休药期的长短应确保上市水产品的药物残留量必须符合 NY5070 要求。六是水产饲料中药物的添加应符合 NY5072 要求，不得选用国家规定禁止使用的药物或添加剂，也不得在饲料中长期添加抗菌药物。七是严禁使用高毒、高残留或具有三致毒性（致癌、致畸、致突变）的鱼药。

四、鱼药记录管理

要有购药记录、用药记录。

第六节　鱼病防治

鱼病防治的关键在于防，必须坚持“防重于治”的原则，树立“治也是防”的鱼病防治观念，尽量避免鱼病的发生。禁止使用国家禁用鱼药，尽可能采用生态防治鱼病的方法。

一、破坏致病因子要及时

鱼类疾病主要是由于致病因子恶化到一定程度而引起。在实际操作中，应根据鱼病发生的季节性，从以下几个方面着手去破坏致病因子，从而达到防治的目的：定期加注新水，排出池塘中部分老水；注意底质的调节，坚持中午开机增氧，偿还底质氧债，促进池底潜在的致病因子释放；定期泼洒生石灰，既能调节水体 pH 值呈中性偏碱，又能杀灭水中的有害病菌，还能使淤泥释放出无机盐，增加水体肥度。

二、水体消毒

池塘水体是鱼类栖息场所，也是各种病原体的隐藏和孳生场所，直接影响到鱼体健康。网箱养殖应慎用药物消毒，但也应做好饲养管理，减少水体污染，防止场地老化。池塘每年冬天可用药物清塘，特别是饲养肉食性鱼类的场地，更为必要。能干水的塘，应放干水，清除塘底腐殖土，让阳光暴晒，达到消除病虫害的目的。药物清塘可使用生石灰、富氯、强氯精、漂白粉等。从杀敌害、改善鱼池水质而言，用生石灰、富氯作用效果比较好。常规鱼类的养殖池，定期使用碘附（Ⅰ）对水质进行消毒，效果也非常好。虾、蟹、鱼混养的池塘，使用聚维铜碘进行水质消毒，是首选药物。

三、鱼种消毒

在鱼种分塘、换池前都应进行鱼体消毒。消毒前应认真检验鱼体病原体，有针对性地采用药物和对鱼体进行浸洗消毒。

四、工具消毒

养鱼用的各种工具往往成为传播疾病的媒介，在已发病鱼塘使用过的工具，必须及时浸泡消毒，方法是50毫克/升高锰酸钾或200毫克/升漂白粉溶液浸泡5分钟，然后以清水冲洗干净再使用，或在每次使用后置于太阳下曝晒半天后再使用。

五、食场消毒

5～10月是鱼类摄食旺盛的时期，也是鱼类病害频发季节，每半个月对食场消毒1次，方法是用漂白粉250克加水适量溶化后，泼洒到食场及其附近（应选择晴天在鱼体进食后进行）；或定期进行药物挂袋，一般每袋用量为漂白粉150克、敌百虫100克，连用3天。

六、饲料消毒

在鱼体发病季节，定期用100～200毫克/升的漂白粉浸泡青饲料5分钟，阴凉处风干投喂，对预防草鱼肠炎、赤皮、烂鳃等病害有特效。在保证饲料质量的前提下，投放饲料要定时、定位、定质、定量。“四定”的关键是定质、即饲料要新鲜、优质，这是提高鱼体疾病抵抗力的重要一环。虽然各种鱼的饲料种类、类型各异，但这一点是饲养管理中的重要措施。腐败变质的饲料应作为垃圾处理，不应再投喂，以免引起鱼群中毒死亡。

七、肥料消毒

有机肥下塘前一定要经过腐熟、发酵处理。

八、定期施用生物肥料

生物肥料不仅能够改善水质，而且还能够加速分解有害物质，净化水质，改良底质，减少病害侵袭鱼体，而且能增加肥水鱼产量，提高经济效益。

九、发现鱼病及时治疗

对症下药，选用刺激性小、毒性小、用量小、无残留的优质鱼药，禁止使用国家禁用鱼药，严禁人为加大剂量。

十、科学的饲养管理

要养好鱼，提高单位面积产量，每个养鱼生产者都要学会科学养鱼，掌握各个生产环节，注意做好各项预防措施。具体必须做到：控制放养密度、保持良好的养殖环境和控制病原体的传播。

第七节　日常管理

一、坚持巡塘

养成每天早、中、晚巡塘的习惯，观察鱼类动态、池水变化情况等，以便发现问题能及时采取措施。

二、定期加注新水

根据水质情况及时排放老水，补充新水，增加水体溶解氧，有效地改善水质。缺水池塘如遇水质老化或污染，可泼洒漂白粉1毫克/升消毒，保持水色为黄绿色或褐色，肥瘦适中，使池水透明度保持在20~30厘米为宜。

三、根据水质情况追肥

时间一般以15~20天施肥1次为好。施无机肥用氮肥2~3千克/亩和磷肥1千克/亩，混合后溶于水中全池泼洒；施有机肥应先发酵，用生石灰（用量1%）消毒后每次用量100~200千克/亩，泼洒在池塘四周；施绿肥、堆肥则将肥堆在池塘下风处的一角，利用风浪使其流入池塘即可。

不良水质调节：

（一）“肥、活、嫩、爽”是日常水质调节的目的

在养鱼用水的日常管理中，我们如何来适时的调节水质，进行有效管理，实现水质的“肥、活、嫩、爽”。那么什么才是“肥、活、嫩、爽”呢？

肥：水色浓，浮游植物量大，一般在20~100毫克/升，透明度15~35厘米。

活：指的是水色。透明度随着温度的高低、光线的强弱而发生明显的变化。活水特征：鞭毛藻类游动较快，表现出明显的趋光性，白天随着光照强度的变化而产生垂直或水平移动。早晨上下水层分布较均匀，看起来水色很淡，随着日出逐渐向表层集中，中午前后大部分集中在水体表层，使水色看起来很浓，随着光照的减弱，藻类逐渐下沉分散，水色转淡。以上这些变化的变幅越大，说明越活。

嫩：肥而不老。水色过浓，透明度在10厘米以下，或浮游生物大量死亡，使水色发黑，此为老，反之则为嫩。关于老水的表现形式及数据：浮游生物量>200毫克/升，透明度<20厘米；

光合速率下降，昼夜氧差减少（白天光合作用不够强）；pH值 <9，并居高不下；水色浑浊，浊白的水色是养殖水体缺少二氧化碳，使水体中的碳酸氢盐形成了碳酸氢盐粉末的结果。

爽：爽水的基础是嫩。即浮游植物处于种群增长期，也叫发展期，同时，在养殖水体中浮游生物之外的杂质很少。

根据群众看水色的经验，认为肥水具有肥活嫩爽的表现。

肥，就是池水浮游生物多，易消化种类的数量多。

活，就是水色不死滞，随光照和时间的不同而常有变化，这是浮游植物处于繁殖盛期的表现。

嫩，就是水色鲜嫩不老，也是以消化浮游植物较多，细胞未衰老的表现，如蓝藻等难消化种类大量繁殖，水色呈灰蓝色或蓝绿色，或浮游植物细胞衰老，均会减低水的透明度，变成“老水”。

爽，就是水质清爽，水面无浮膜，混浊度较小，透明度一般大于 20 ~ 25 厘米，水中含氧量较高。

综上所述，肥活嫩爽的具体要求是：

（1）浮游植物量 20 ~ 100 毫克/升，少了为瘦水，太肥易形成老水。

（2）鞭毛藻类较多，小型蓝藻较少或无，藻类种群处在增长期，藻类细胞未老化。

（3）浮游生物以外的其他悬浮物少。

养鱼池的水质，要根据不同的养殖要求进行调节，以期实现水质管理的目的。

（二）池塘水质好坏的判断

养殖的品种不同或放养模式不同，往往对水质的要求就不相同，适应于此种养殖的水就是好水，否则，为不好的水。

池水反映的颜色简称“水色”，它是由水中的溶解物质、悬浮颗粒、浮游生物、天空和池底色彩反射等因素综合而造成。在通常情况下，由于池中浮游生物经常变化而引起水色改变。

在养鱼生产过程中，观察池塘水色及其变化，是一项重要的日常管理工作，据此，大致了解浮游生物的繁殖情况，判断水质的肥瘦和好坏，从而及时采取相应的措施，保证鱼类正常生活生长。在这个方面，我国渔民积累了看水养鱼的宝贵经验。现仅粗略地根据池塘水色划分水质为以下几个类型，以供大家判断参考。

1. 瘦水与不好的水

瘦水水质清淡，或呈浅绿色。透明度较大，一般超过 50 厘米，可达 60 ~70 厘米以上。浮游生物数量少，水中往往生长丝状藻类（如水绵、刚毛藻等）和水生维管束植物（如沮草等）.

下面几种颜色的池水，虽然浮游植物数量较多，但大多属于难于消化的种类，因此，为养鱼不好的水。

（1）暗绿色。天热时水面常有暗绿色或黄绿色浮膜，水中团藻类、裸藻类较多。

（2）灰蓝色。透明度低，混浊度大，水中颤藻类等蓝藻较多。

（3）蓝绿色。透明度低，混浊度大，天热时有灰黄色的浮膜，水中微囊藻等蓝藻、绿藻较多。

2. 较肥的水

一般呈草绿带黄色，混浊度较大，水中多数是鱼类消化及易消化的浮游植物。

3. 肥水

呈黄褐色或油绿色。混浊度较小，透明度适中，一般为25 ~40 厘米。水中浮游生物数量较多，鱼类易消化的种类如硅藻、隐藻或金藻等较多。浮游动物以轮虫较多，有时枝角类，桡足类也较多。肥水按其水色可分为两种类型：

（1）褐色水（包括黄褐色、红褐、褐带绿等）。优势种类多为硅藻，有时隐藻大量繁殖也呈褐色，同时，有较多的微细浮游植物如绿球藻、栅藻等，特别是褐带绿的水。

（2）绿色水（包括油绿、黄绿、绿带褐等）。优势种类多为绿藻（如绿球藻、栅藻等）和隐藻，有时有较多的硅藻。

4. 水花水

水花水俗称“扫帚水”、“乌云水”是在肥水的基础上进一步发展形成的，浮游生物数量多，池水往往呈蓝绿色或绿色带状或云块状水花。渔民们常据此判断施肥后施肥效果优劣和肥水的情况，此时，应防止发生“转水”而引起“泛池”（尤其是在天气突变时）。

“转水”：藻类极度繁殖，遇天气不正常时容易发生大量死亡，使水质突变，水色发黑，继而转清，发臭，成为臭清水，这种现象群众称之为“转水”，这是池中溶氧被大量消耗，往往引起池鱼窒息而大批死亡（即泛池）。

“水花水”中鲢、鳙生长较快，保持较长时间的“水花”水，不使水质恶化，可提高鲢鳙等的产量。

（三）不良水质调节

1. 白水的调节

“白水”，确切讲应该叫瘦水。远看白水渺渺，近看清澈见底，它已经不能用透明度来衡量。这种水色缺少养殖所需的浮游植物，也就是我们常讲的缺肥。

（1）这种水色对水产养殖的主要危害：

①水体中缺少浮游植物，食物链容易断链，花白鲢食物短缺，严重影响其生长，总渔获量起不来，产量低。

②水体中缺少浮游植物，光合作用降低，减少了水体中溶解氧的主要来源，池鱼容易产生浮头。这就是我们常讲的“瘦水

浮头”。

（2）解决“白水”的三大措施：

①低温季节用精制敌百虫（30%）或者敌百虫辛硫磷粉化水全池泼洒。高温季节用敌百虫辛硫磷粉或者用4.5%的氯氰菊酯溶液全池泼洒，杀灭水体中的浮游动物，尽量减少养殖水体中的溶氧损耗和浮游植物总量的降低。

②迅速适量施用有机生物复合渔肥，如活嫩爽类肥水素、富藻素I型等。要求：泼洒前用池水浸泡2～4小时，选择晴天阳光强的上午全池泼洒，2～3天后全池泼洒“渔经可乐”或“好水素”，使水体中的生物菌群产生“靶向”作用，并形成强势有益菌群，在光的作用下生产足够的溶氧，消除可能发生的浮头现象。

③加注新水，每次10～15厘米；中午开动增氧机1～2小时。

2. 黑水调解

黑水，通常意义是指已经老化的养殖水体。上层清澈，下层黑不见底。黑的程度越大，说明池水老化越严重。这是由于池底有机物或者施用的肥料在缺氧状态下不能充分分解，浮游植物不能快速合成。此种水色对养殖鱼类非常有害。

（1）主要危害。

①浮游植物繁殖慢，老化的藻类占优势，生物链随时有断裂的可能，鲢、鳙鱼就会随着生物链条的断裂而处于缺食状态。

②有机物或者渔肥不能迅速在有氧的条件下分解，就会产生很多有毒物质，对养殖鱼类直接侵害而发生疾病。如氨氮、亚硝酸盐、甲烷等。

③此种状态的养殖水体，浮游植物量小，光合作用强度低，溶氧严重不足，遇到气候变化，如气压低、闷热难耐、连续阴雨等就有出现泛池的可能。

对于养殖水体出现的黑水现象，我们决不能掉以轻心，要迅速采取措施加以解决。

（2）采取措施。

①在清晨用4.5%氯氰菊酯溶液化水沿池边1米喷洒，尽量多的杀灭水体中的浮游动物，保持养殖水体中的浮游植物种群量的增长，降低溶解氧的损耗。

②“底净活水宝”化水全池泼洒，亩用量2.5千克。5～9月上午9:00～10:00泼洒，下午14:00～15:00水色由黑变清，第二天水色正常，即泼洒渔经可乐或者好水素，渔经可乐用量为1.25千克/（亩·米），好水素为500克。

③加注新水，每次10～20厘米；开动增氧机，进行压迫式增氧，辅助水质快速转化。如缺乏良好水源，采用8%二氧化氯150～200克/（亩·米）全池泼洒，可以加快水体中有机物的无机化进程。

3. 黄水调解

黄水是因甲藻量大使水色变黄。其表现形式为养殖水体表面是有一层黄色薄膜，水体中的中下层水是清水，严重是薄膜叠厚成金红色，在鱼池下风可见金红色的长条。

此种水色产生的主要原因是水质过瘦，其他有益菌藻量小，使甲藻形成了强势种群所至。

解决办法：

①8%二氧化氯150～200克/（亩·米）化水全池泼洒。

②泼洒二氧化氯第二天施用富藻素I型渔肥，用量为1～3千克/（亩·米），第四天施用渔经可乐，使养殖水体生成足够量的、具有靶向的强势生物群体。

4. 红水调解

讲到红水，应该更加引起我们的注意。

“红水”是由裸甲藻大量死亡而产生。红水产生后，如果处置不当，极易产生严重后果。

（1）严重后果。

①裸甲藻大量死亡所产生的生物毒素，可直接对养殖鱼类产生毒害。

②裸甲藻大量死亡，其尸体腐败要消耗大量的溶解氧，使养殖水体处于缺氧状态。

③裸甲藻大量产生，其他有益藻类群体总量就会减少，当裸甲藻发生死亡使养殖水体发红时，水体中的光合作用随之降低，溶氧明显减少，最严重的后果是随时可能泛塘。

（2）建议措施。

①最好立即按200～500克/（亩·米）施用水质保护解毒剂。也可以彻底换水。上口灌水，下口放水，起码换掉1/3～2/3的池水来缓解养殖水体中生物毒素的浓度。

②晴天时，第二天用8%二氧化氯250克/（亩·米）全池泼洒，也可以施用好水素或活力菌素全池泼洒，同时，开动增氧机进行压迫式增氧。

③用过磷酸钙2.5～4千克/（亩·米）全池泼洒，连续3天。第一天或第二天加增氧剂混合泼洒，效果会更快更好。

5. 蓝水调解

蓝色水的形成，养殖水体因富营养化而引起。蓝藻类（如微囊藻、鱼腥藻、颠藻）在养殖水体中形成了优势群体，抑制了其他生物种群的发展。蓝藻在养殖水体中形成强势群体后，水色即为蓝、绿色，拨开水体上层藻类，水体中下部分为清水。当蓝藻种群开始老化，并发生大量死亡时，水面上浮起一层蓝绿色的薄膜，随着死亡量的加大，薄膜越叠越厚，被阳光照射后，水面上呈现出黄绿色，伴有腥臭味，严重的还飘逸出硫黄味道。

（1）蓝藻水华形成原因。

①环境条件适宜：蓝藻水华多发生在夏季6～9月，有明显

的季节性，受温度、阳光、营养物质的影响；温度在20℃以上；水体pH值偏高、光照度强且时间久的条件下，蓝藻形成气囊浮出水面并且迅速繁殖，以至形成蓝藻水华的现象。

②鱼种放养不合理：在施肥量较高且有大量生活水污水排入。水中营养盐类丰富，能促进蓝藻、铜绿微囊藻、螺旋藻等大量繁殖。

③施肥不均匀：一般是说前期施肥量过大，后期施肥量少或不施肥。导致大量浮草植物漂浮出水面而形成水华现象。

（2）危害特点。

①造成水体富营养化，耗氧而致鱼死亡：在一些营养丰富的水体中，由于难以消化所以很多鱼类不吃。有些蓝藻常于夏季大量繁殖，并在水面形成一层蓝绿色而有恶臭味的浮沫，称为“水华”，大规模的蓝藻暴发，被称为“绿潮”（与海洋发生的赤潮对应）。绿潮引起水质恶化，严重时耗尽水中氧气而造成鱼类的死亡。

②蓝藻水华引起水体生物多样性急剧降低：蓝藻大量繁殖恶化了水中的通风、光照、缺氧；导致水中浮游生物的生长繁殖，从而阻碍水藻的光合作用。减少了鱼类的生存空间，使与池中的丝状藻和浮游藻等不能合成本身所需要的营养而导致死亡。

③蓝藻大量繁殖导致水体缺氧，水质变坏：由于缺氧甚至无氧且水质变坏，蓝藻中有些种类（如微囊藻）还会产生毒素（简称MC），大约50%的绿潮中含有大量MC。MC除了直接对鱼类、人畜产生毒害之外，是强烈的致癌物质，也是肝癌的重要诱因；直接威胁着人类的健康和生存；而且MC耐热，不易被沸水分解，但可被活性炭吸收，所以，可以用活性炭净水器对被污染水源进行净化。

④抑制有益藻类发展，影响滤食性鱼类产量：蓝藻发生后，水呈绿颜色，它的光合作用能生产充足的溶氧，鱼不浮头或者很

少浮头现象出现。但是，蓝藻的大量产生抑制了其他有益藻类的发展，而蓝藻个体大不易滤食，且不消化，花白鲢缺少了适口的饵料，这样就直接影响了滤食性鱼类养殖的产量。

⑤影响池塘施肥效果：蓝藻有这一特点，即固氮能力相当强。池塘施肥后，绝大部分氮元素都会被蓝藻吸收而发展蓝藻群，池塘中所施渔肥就不能起到它应该发生的作用，这就对养殖资源是极大的浪费。

发生蓝藻的养殖水体如果施肥量大，易发生水花，其老化的藻群尸体腐败，池水变臭，毒性很大，对养殖非常不利。

（3）调解措施：

①用蓝藻净按 100 ~ 150 克/（亩・米），并配食盐 500 ~ 1 000克/（亩・米），一起化水后全池泼洒。在晴天上午使用。

②第二天用二氧化氯全池泼洒；当天下午用水质保护解毒剂 500 克/（亩・米）。

③如果是连续晴天，可在第三天上午用活力菌素 250 克/（亩・米）全池泼洒。隔两天可重复施用一次。

6. “转水”和“倒藻”的调解

现象：使池水由原来的浓绿、蓝绿、茶褐色急剧变为乳白色或暗黑色，以后逐渐变得澄清透明。

“转水”的原因：一是鱼塘中的浮游生物比例失调，水体中浮游动物过多，如轮虫、枝角类等，大量吞食浮游植物。二是天气突然变化、施用药物等后，导致水体中浮游植物大量死亡。于是出现“转水”。

所谓“倒藻”：是养殖水体中缺乏营养盐类，藻类大量死亡，导致水色骤然变清、变浊（有黄浊、白浊和粉绿色的混浊之分），甚至变红的一种现象。发生“倒藻”时，第一，溶解氧会下降，二氧化碳会增加，使 pH 值迅速下降；第二，大量的死藻分解，会加大耗氧外，还会产生氨氮和亚硝酸盐；第三，水中的原生物会大量繁殖，反过来抑制藻类的生长。

两者的危害是水体溶氧急剧下降，氨氮、亚硝酸盐过高。倒藻会大量消耗水体中的溶解氧气，使鱼类缺氧而厌食甚至死亡。

发生转水的解决方法：

第一步：开增氧机。

第二步：降低有害物质。

（1）处理转水最直接、最有效的办法就是换水，一边加注新水，一边抽出底层水。

（2）对水源有限的池塘，可使用化学药物和物理办法调节水质。

①由浮游动物过多引起的“转水”，且有机物过多时：可用“活水底净保”等泼洒，把所有的悬浮物凝聚沉淀后，再用“刹车灵”等，杀灭水底层浮游动植物。

②因藻类的大量死亡引起的“转水”和“倒藻”：可将“益满塘、八佳益”以及增氧剂联合使用。可起吸附氨、氮和腐败有机质等有毒因子的作用。

第三步：肥水。

肥水是处理“转水”和“倒藻”后必须采取的一个主要措施。水质处理完后，可施“巧肥泼”、“鱼壮圆”或“富藻素”等肥水。因为转水后水体中总氮含量均偏高，调节水体氮、磷比有利于浮游植物的生长，同时，也降低了水体中氮的浓度，使水体实现生态平衡，达到肥水的目的。

预防措施：

①高温季节应保持每天加少量水（一定要在早上加）。

②经常补充少量的肥（发酵过后是最好的）。

③补充微量元素（高温季节最容易缺少微量元素 特别是镁和碳）。

④多开增氧机（预防水分层）。

⑤泼洒清热解毒的药物。

四、不良底质的改良

造成养殖池塘不良底质恶化的主要原因是残饵、粪便、死亡的藻类等有机物过量沉积，无法完全分解造成。沉积于水体底部的不良底质在风浪、水体对流和交换等因素影响下，可再一次进入水体，诱发水质的二次污染，导致水体溶氧下降，硫化氢等有害物质浓度升高，造成中毒、缺氧等症状；同时，不良底质也为病原菌的大量繁殖提供了温床，使水体病原菌数量增加，导致各类细菌性疾病。

防治方法：

（1）底净活水宝，一次量，每立方米水体，1~1.5 克，干粉全池泼撒，10~15 天泼撒 1 次。

（2）水质保护解毒剂或水产用净水宝，一次量，每立方米 1~1.5 克，全池泼洒。

（3）靓水 110，一次量，3 毫克/升，1 天泼洒 1 次，连用 1~2 天。

（4）活力菌素，一次量，0.3~0.5 毫克/升，7 天泼洒 1 次。

（5）好水素，0.4~0.7 毫克/升，以后每隔 15 天施用 1 次。

（6）驱氨净水宝，一次量，0.2~0.3 毫克/升，10 天泼洒 1 次。

不良底质用上述方法进行改良，容易反复，要想彻底改良底质，清塘是唯一有效的方法。

五、做好养殖日志

注意改善水体环境，确定专人记好养殖记录。

此外，注意细心操作，以防止鱼体受伤；注意鱼池环境卫生，勤除池边杂草，勤除敌害及中间寄主，并及时捞出残饵和死鱼；定期清理、消毒食场。

六、上市销售

淇河鲫鱼在达到养殖规格准备上市销售时，一定要注意鱼药休药期。休药期不够的严格禁止上市销售。同时，要做好淇河鲫鱼销售记录，并注意记录保存时间在两年以上，以备渔政部门检查和水产品质量安全追溯。

第二章 健康养殖池塘标准化改造

为规范淇河鲫鱼养殖池塘标准化改造建设，深化水产健康养殖，保障水产品质量安全，促进池塘养殖业向规模化、标准化、产业化、现代化的方向发展，池塘改造必须向标准化方向发展。

一、改造建设的目的

通过开展淇河鲫鱼养殖池塘标准化改造建设，实现养殖池塘“三提高、三降低、一改善”的目标。

（1）养殖水产品产量明显提高。

（2）养殖水产品质量安全水平明显提高。

（3）养殖效益明显提高。

（4）养殖能耗明显降低。

（5）养殖病害发生率明显降低。

（6）养殖生产成本明显降低。

（7）养殖水环境明显改善。

二、改造建设的基本条件

（1）养殖淇河鲫鱼的静水池塘和流水池塘。

（2）养殖池塘周边环境良好，水源充足，水质符合GB11607渔业水质标准，养殖水质符合NY5051—2001标准。

（3）计划改造建设的养殖池塘应在当地养殖水域滩涂规划的范围内，并持有有效水域滩涂养殖证。

（4）交通便利，通讯及电力有保障。

（5）池塘分布相对集中连片，静水池塘面积达到50亩以上，流水池塘面积达到3 亩以上。

三、改造建设内容

静水池塘改造建设内容为池塘清淤、修缮，边坡修整，道路、电路、进排水渠道、管理房及库房改造建设，场地平整、绿化，养殖机械设备配套，监（检）测仪器设备配置等。

流水池塘改造建设内容为池埂修缮，防逃设施和排污设施配备，道路、电路、进排水渠道、管理房及库房改造建设，场地平整、绿化，养殖机械设备配套，监（检）测仪器设备配置等。

四、系统模式

根据淇河鲫鱼养殖场的规划目的、要求、规模、生产特点、投资大小、管理水平以及地区经济发展水平等，养殖场的建设可分为经济型池塘养殖模式、标准化池塘养殖模式、生态节水型池塘养殖模式、循环水池塘养殖模式等4 种类型。具体应用时，可以根据养殖场具体情况，因地制宜，在满足养殖规范规程和相关标准的基础上，对相关模式具体内容作适度调整。

1. 经济型池塘养殖模式

经济型池塘养殖模式是指具备符合无公害养殖要求设施设备条件的池塘养殖模式，具有“经济、灵活”的特点。经济型池塘养殖模式是目前池塘养殖生产所必须达到的基本模式要求，须具备以下要求：养殖场有独立的进排水系统，池塘符合生产要求，水源水质符合《无公害食品淡水养殖用水要求（NY5051）》养殖场有保障正常生产运行的水电、通讯、道路、办公值班等基础条件，养殖场配备生产所需要的增氧、投饲、运输等设备，养殖生产管理符合无公害水产品生产要求等。

经济型池塘养殖模式适合于规模较小的水产养殖场，或经济欠发达地区的池塘改造建设和管理需要。

2. 标准化池塘养殖模式

标准化池塘养殖模式是根据国家或地方制定的“池塘标准化建设规范”进行改造建设的池塘养殖模式，其特点为“系统完备、设施设备配套齐全，管理规范”。标准化池塘养殖场应包括标准化的池塘、道路、供水、供电、办公等基础设施，还有配套完备的生产设备，养殖用水要达到渔业水质标准（GB11607），养殖排放水达到淡水池塘养殖水排放要求（SC/T9101）。标准化池塘养殖模式应有规范化的管理方式，有苗种、饲料、肥料、鱼药、化学品等养殖投入品管理制度，和养殖技术、计划、人员、设备设施、质量销售等生产管理制度。

标准化池塘养殖模式是目前集约化池塘养殖推行的模式，适合大型水产养殖场的改造建设。

3. 生态节水型池塘养殖模式

生态节水型池塘养殖模式是在标准化池塘养殖模式基础上，利用养殖场及周边的沟渠、荡田、稻田、藕池等对养殖排放水进行处理排放或回用的池塘养殖模式，具有“节水再用，达标排放，设施标准，管理规范”的特点。养殖场一般有比较大的排水渠道，可以通过改造建设生态渠道对养殖排放水进行处理；闲置的荡田可以改造成生态塘，用于养殖源水和排放水的净化处理；对于养殖场周边排灌方便的稻田、藕田，可以通过进排水系统改造，作为养殖排放水的处理区，甚至可以以此构建有机农作物的耕作区。生态节水型池塘养殖模式的生态化处理区要有一定的面积比例，一般应根据养殖特点和养殖场的条件，设计建造生态化水处理设施。

4. 循环水池塘养殖模式

循环水池塘养殖模式是一种比较先进的池塘养殖模式，它具有标准化的设施设备条件，并通过人工湿地、高效生物净化塘、水处理设施设备等对养殖排放水进行处理后循环使用。循环水池塘养殖系统一般有池塘、渠道、水处理系统、动力设备等组成。

循环水池塘养殖模式的鱼池进排水有多种形式，比较常见的为串联形式（图3－1），也有采用进排水并联结构（图3－2）。池塘串联进排水的优点是水流量大，有利于水层交换，可以形成梯级养殖，充分利用食物资源；缺点是池塘间水质差异大，容易引起病害交叉感染。池塘串联进排水结构的过水管道在多个池塘间呈“之”字形排列，相邻池塘过水管的进水端位于水体上层，出水端位于池塘底部，有利于池塘间上下水层交换。

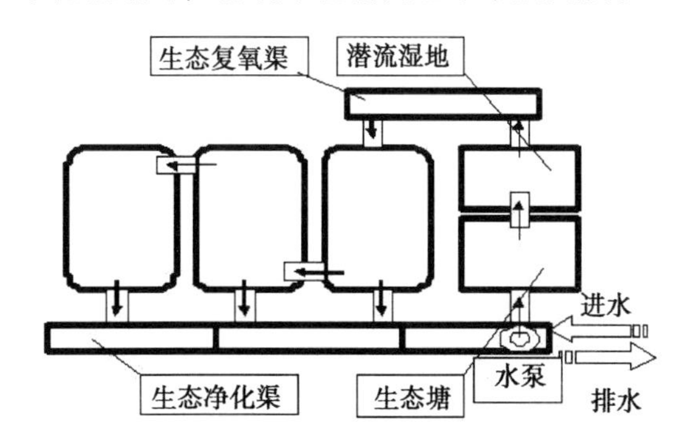

图3－1　串联循环水池塘养殖系统

循环水池塘养殖模式的水处理设施一般为人工湿地或生物净化塘。人工湿地有潜流湿地和表面流湿地等形式，潜流湿地以基料（砺石或卵石）与植物构成，水从基料缝隙及植物根系中流过，具有较好的水处理效果，但建设成本较高，主要取决于当地获得砺石的成本。在平原地区，潜流湿地的造价偏高，但在山区，砺石（或卵石）的成本就低得很多；表面流湿地如同水稻田，让水流从挺水性植物丛中流过，以达到净化的目的，其建设成本低，但占地面积较大。目前，一般采取潜流湿地和表面流湿地相结合的方法。植物选择也很重要，并需要专门的运行管理与维护。在处理养殖排放水方面，循环水池塘养殖模式的人工湿地

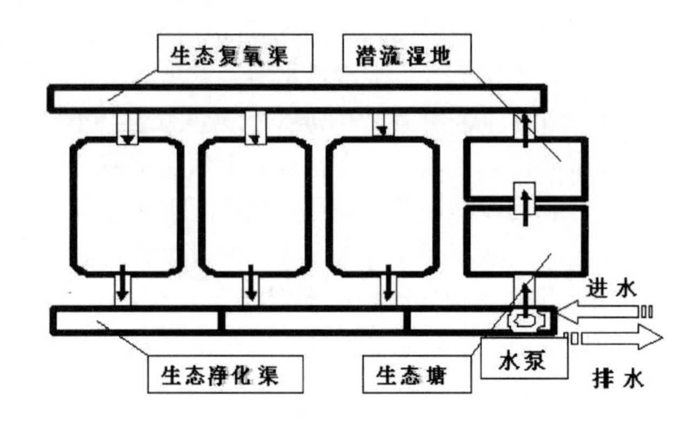

图 3－2　并联循环水池塘养殖形式

或生物氧化塘一般通过生态渠道与池塘相连，生态渠道有多种构建形式，其水体净化效果也不相同，目前，一般是利用回水渠道通过布置水生植物、放置滤食或杂食性动物构建而成；也有通过安装生物刷、人工水草等生物净化装置以及安装物理过滤设备等进行构建的。人工湿地在循环系统内所占的比例取决于养殖方式、养殖排放水量、湿地结构等因素，湿地面积一般为养殖水面的 10% ~20% 。

池塘循环水养殖模式具有设施化的系统配置设计，并有相应的管理规程，是一种“节水、安全、高效”的养殖模式。具有“循环用水，配套优化，管理规范，环境优美”的特点。

五、场址条件

1. 规划要求

新建、改建池塘养殖场必须符合当地的规划发展要求，养殖场的规模和形式要符合当地社会、经济、环境等发展的需要。

2. 自然条件

新建、改建池塘养殖场要充分考虑当地的水文、水质、气候等因素，结合当地的自然条件决定养殖场的建设规模、建设标准，并选择适宜的养殖品种和养殖方式。

在规划设计养殖场时，要充分勘查了解规划建设区的地形、水利等条件，有条件的地区可以充分考虑利用地势自流进排水，以节约动力提水所增加的电力成本。规划建设养殖场时还应考虑洪涝、台风等灾害因素的影响，在设计养殖场进排水渠道、池塘塘埂、房屋等建筑物时应注意考虑排涝、防风等问题。

在规划建设水产养殖场时，需要考虑寒冷、冰雪等对养殖设施的破坏，在建设渠道、护坡、路基等应考虑防寒措施。

3. 水源、水质条件

新建池塘养殖场要充分考虑养殖用水的水源、水质条件。水源分为地面水源和地下水源，无论是采用那种水源，一般应选择在水量丰足，水质良好的地区建场。水产养殖场的规模和养殖品种要结合水源情况来决定。采用河水或水库水作为养殖水源，要考虑设置防止野生鱼类进入的设施以及周边水环境污染可能带来的影响。使用地下水作为水源时，要考供水量是否满足养殖需求，一般要求在10天左右能够把池塘注满。

选择养殖水源时，还应考虑工程施工等方面的问题，利用河流作为水源时需要考虑是否筑坝拦水，利用山溪水流时要考虑是否建造沉砂排淤等设施。水产养殖场的取水口应建到上游部位，排水口建在下游部位，防止养殖场排放水流入进水口。

水质对于养殖生产影响很大，养殖用水的水质必须符合《渔业水质标准（GB11607—1989）》规定。对于部分指标或阶段性指标不符合规定的养殖水源，应考虑建设源水处理设施，并计算相应设施设备的建设和运行成本。

4. 土壤、土质

在规划建设养殖场时，要充分调查了解当地的土壤、土质状况，不同的土壤和土质对养殖场的建设成本和养殖效果影响很大。

池塘土壤要求保水力强，最好选择黏质土或壤土、沙壤土的场地建设池塘，这些土壤建塘不易透水渗漏，筑基后也不易坍塌。

沙质土或含腐殖质较多的土壤，保水力差，做池埂时容易渗漏、崩塌，不宜建塘。含铁质过多的赤褐色土壤，浸水后会不断释放出赤色浸出物，对鱼类生长不利，也不适宜建设池塘。pH 值低于 5 或高于 9.5 的土壤地区不适宜挖塘。表 3－1 所列为土壤的基本分类。

表3–1　土壤的基本分类

基本土名	亚类土名	土粒含量			
		黏粒粒径<0.005mm	粉粒粒径<0.005~0.05mm	砂粒粒径<0.005~2mm	砾粒径2~20mm
黏土（黏粒含量>30%）	重黏土 黏土 粉质黏土 沙质黏土	>60 >30	小于黏粒含量 小于黏粒含量 大于黏粒含量	小于黏粒含量 小于黏粒含量 大于黏粒含量	<10
壤土（黏粒含量30%~10%）	重壤土 中壤土 轻壤土 重粉质壤土 中粉质壤土 轻粉质壤土	30~20 20~15 15~10 30~20 20~15 15~10	小于沙粉含量 大于沙粒含量	小于粉粒含量 小于粉粒含量	<10
沙壤土（黏粒含量10%~30%）	重沙壤土 轻沙壤土 重粉质沙壤土 轻粉质沙壤土	10~6 6~3 10~6 6~3	大于沙粒含量	大于粉粒含量 大于粉粒含量	<10
沙土（黏粒含量<3%）	沙土 粉沙	<3	0~20 20~50	77~100 47~80	<10
粉土		<3	<50	<50	<10
砾质土		至少为沙粒含量或粉粒加黏含量10%~50%，至多为前者或后者的33%~50%			

5. 电力、交通、通讯

水产养殖场需要有良好的道路、交通、电力、通讯、供水等基础条件。新建、改建养殖场最好选择在“三通一平”的地方建场，如果不具备以上基础条件，应考虑这些基础条件的建设成本，避免因基础条件不足影响到养殖场的生产发展。

六、布局

1. 场地布局

水产养殖场应本着“以渔为主、合理利用”的原则来规划和布局，养殖场的规划建设既要考虑近期需要，又要考虑到今后发展。

2. 基本原则

水产养殖场的规划建设应遵循以下原则：

（1）合理布局根据养殖场规划要求合理安排各功能区，做到布局协调、结构合理，既满足生产管理需要，又适合长期发展需要。

（2）利用地形结构充分利用地形结构规划建设养殖设施，做到因地制宜。

（3）在养殖场设计建设中，要就地取材，优先考虑选用当地建材，做到取材方便、经济可靠。

（4）搞好土地和水面规划养殖场规划建设要充分考虑养殖场土地的综合利用问题，利用好沟渠、塘埂等土地资源，实现养殖生产的循环发展。

3. 布局形式

养殖场的布局结构，一般分为池塘养殖区、办公生活区、水处理区等。图 3－3 所示为一种水产养殖场的布局方式。

养殖场的池塘布局一般由场地地形所决定，狭长形场地内的池塘排列一般为“非”字形。地势平坦场区的池塘排列一般采用“围”字形布局。

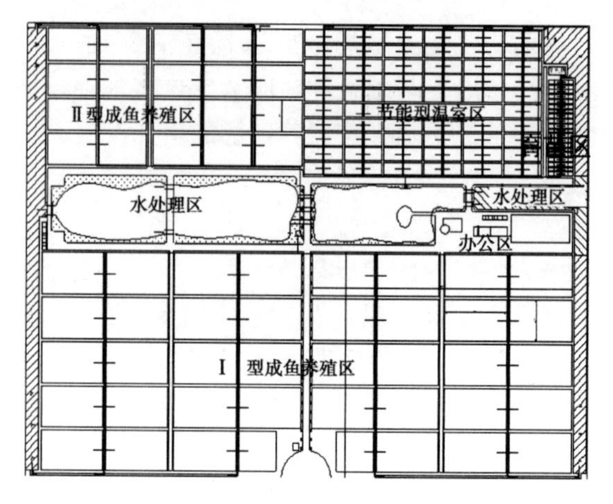

图 3－3　一种水产养殖场布局

七、养殖设施

（一）池塘

池塘是养殖场的主体部分。按照养殖功能分，有亲鱼池、鱼苗池、鱼种池和成鱼池等。池塘面积一般占养殖场面积的65%～75%。各类池塘所占的比例一般按照养殖模式、养殖特点、品种等来确定。

1. 形状、朝向

池塘形状主要取决于地形、品种等要求。一般为长方形，也有圆形、正方形、多角形的池塘。长方形池塘的长宽比一般为2～4：1。长宽比大的池塘水流状态较好，管理操作方便；长宽比小的池塘，池内水流状态较差，存在较大死角和死区，不利于养殖生产。池塘的朝向应结合场地的地形、水文、风向等因素，尽量使池面充分接受阳光照射，满足水中天然饵料的生长需要。池塘朝向也要考虑是否有利于风力搅动水面，增加溶氧。在山区建造养殖场，应根据地形选择背山向阳的位置。

2. 面积、深度

池塘的面积取决于养殖模式、品种、池塘类型、结构等（表 3－2 所示）。面积较大的池塘建设成本低，但不利于生产操作，进排水也不方便。面积较小的池塘建设成本高，便于操作，但水面小，风力增氧、水层交换差。大宗鱼类养殖池塘按养殖功能不同，其面积不同。成鱼池一般 5～15 亩，鱼种池一般 2～5 亩，鱼苗池一般 1～2 亩。另外，养殖品种不同，池塘的面积也不同，淡水虾蟹养殖池塘的面积一般在 10～30 亩，太小的池塘不符合虾、蟹的生活习性，也不利于水质管理。特色品种的池塘面积一般应根据品种的生活特性和生产操作需要来确定。池塘水深是指池底至水面的垂直距离，池深是指池底至池堤顶的垂直距离。养鱼池塘有效水深不低于 1.5 米，一般成鱼池的深度在 2.5～3.0 米，鱼种池在 2.0～2.5 米；虾蟹池塘的水深一般在 1.5～2.0 米。北方越冬池塘的水深应达到 2.5 米以上。池埂顶面一般要高出池中水面 0.5 米左右。水源季节性变化较大的地区，在设计建造池塘时应适当考虑加深池塘，维持水源缺水时池塘有足够水量。深水池塘一般是指水深超过 3.0 米以上的池塘，深水池塘可以增加单位面积的产量，节约土地，但需要解决水层交换、增氧等问题。

表 3－2　不同类型池塘规格参考

项目 类型	面积（m^2）	池深（m）	长：宽	备注
鱼苗池	600～1 300	1.5～2.0	2：1	可兼作鱼种池
鱼种池	1 300～3 000	2.0～2.5	2～3：1	
成鱼池	3 000～10 000	2.5～3.5	3～4：1	
亲鱼池	2 000～40 000	2.5～3.5	2～3：1	应接近产卵池
越冬池	1 300～6 600	3.0～4.0	2～4：1	应靠近水源

3. 池埂

池埂是池塘的轮廓基础，池埂结构对于维持池塘的形状、方便生产以及提高养殖效果等有很大的影响。池塘塘埂一般用匀质土筑成，埂顶的宽度应满足拉网、交通等需要，一般在 1.5 ~ 4.5 米。池埂的坡度大小取决于池塘土质、池深、护坡与否和养殖方式等。一般池塘的坡比为 1∶1.5 ~3，若池塘的土质是重壤土或黏土，可根据土质状况及护坡工艺适当调整坡比，池塘较浅时坡比可以为 1∶1 ~1.5。图 3 –4 所示为坡比示意图。

4. 护坡

护坡具有保护池形结构和塘埂的作用，但也会影响到池塘的自净能力。一般根据池塘条件不同，池塘进排水等易受水流冲击的部位应采取护坡措施，常用的护坡材料有水泥预制板、混凝土、防渗膜等。采用水泥预制板、混凝土护坡的厚度应不低于 5 厘米、防渗膜或石砌坝应铺设到池底。

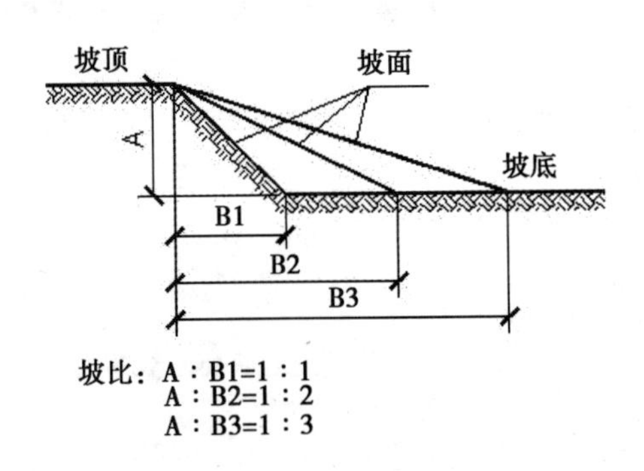

图 3 –4　坡比示意

（1）水泥预制板护坡。水泥预制板护坡是一种常见的池塘护坡方式。护坡水泥预制板的厚度一般为 5 ~15 厘米，长度根据护坡断面的长度决定。较薄的预制板一般为实心结构，5 厘米以上的预制板一般采用楼板方式制作。水泥预制板护坡需要在池底下部30厘米左右建一条混凝土圈梁，以固定水泥预制板，顶部要用混凝土砌一条宽40厘米左右的护坡压顶（图3－5所示）。

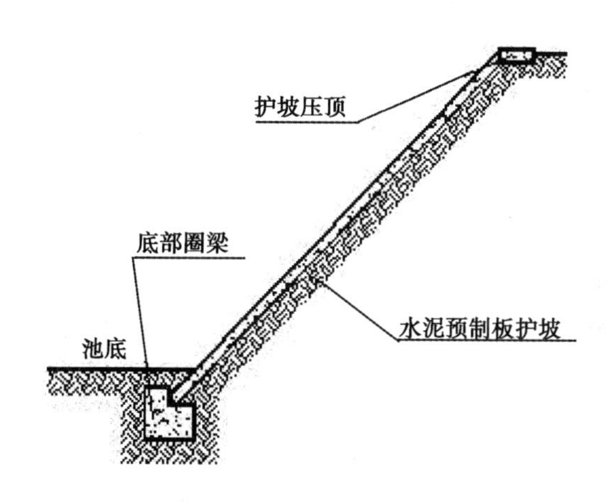

图3－5　水泥预制板护坡示意

水泥预制板护坡的优点是施工简单，整齐美观，经久耐用，缺点是破坏了池塘的自净能力。一些地方采取水泥预制板植入式护坡，即水泥预制板护坡建好后，把池塘底部的土法翻盖在水泥预制板下部，这种护坡方式，即有利于池塘固形，又有利于维持池塘的自净能力。

（2）混凝土护坡。混凝土护坡是用混凝土现浇护坡的方式，具有施工质量高、防裂性能好的特点。采用混凝土护坡时，需要对塘埂坡面基础进行整平、夯实处理。混凝土现浇护坡一般用素混凝土，也有用钢筋混凝土形式。混凝土护坡的坡面厚度一般为5～8厘米。无论用哪种混凝土方式护坡都需要在一定距离设置伸缩缝，以防止水泥膨胀。

（3）地膜护坡。一般采用高密度聚乙烯（HDPE）塑胶地膜或复合土工膜护坡。HDPE 膜具抗拉伸、抗冲击、抗撕裂、强度高和耐静水压高的特点，在耐酸碱腐蚀、抗微生物侵蚀及防渗滤方面也有较好性能，且表面光滑，有利于消毒、清淤，和防止底部病原体的传播。HDPE 膜护坡既可覆盖整个池底，也可以周边护坡。复合土工膜进行护坡具有施工简单，质量可靠，节省投资的优点。复合土工膜属非孔隙介质，具有良好的防渗性能和抗拉、抗撕裂、抗顶破、抗穿刺等力学性能，还具有一定的变形量，对坡面的凹凸具有一定的适应能力，应变力较强，与土体接触面上的孔隙压力及浮托力易于消散，能满足护坡结构的力学设计要求。复合土工膜还具有很好的耐化学性和抗老化性能，可满足护坡耐久性要求。图 3－6 所示为一种塑胶膜护坡方式。

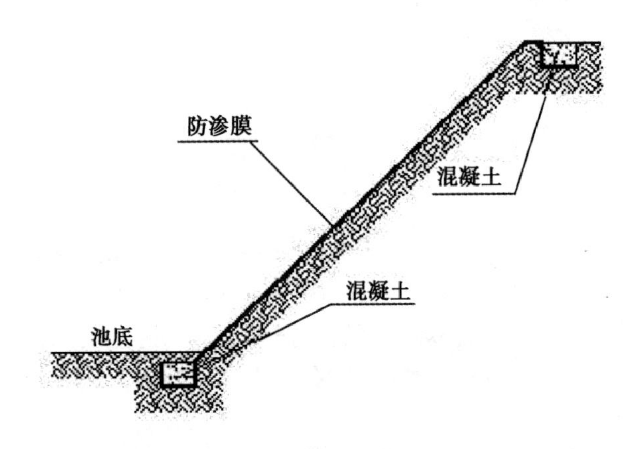

图 3－6　塑胶膜护坡示意

（4）砖石护坡。浆砌片石护坡具有护坡坚固、耐用的优点，但施工复杂，砌筑用的片石石质要求坚硬，片石用作镶面石和角隅石时还需要加工处理。浆砌片石护坡一般用坐浆法砌筑，要求放线准确，砌筑曲面做到曲面圆滑，不能砌成折线面相连。片石间要用水泥勾缝成凹缝状，勾出的缝面要平整光滑、密实，施工中要保证缝条的宽度一致，严格控制勾缝时间，不得在低温下进行，勾缝后加强养护，防止局部脱落。

5. 池底

池塘底部要平坦，为了方便池塘排水、水体交换和捕鱼，池底应有相应的坡度，并开挖相应的排水沟和集池坑。池塘底部的坡度一般为1：200～500。在池塘宽度方向，应使两侧向池中心倾斜。面积较大且长宽比较小的池塘，底部应建设主沟和支沟组成的排水沟（图3－7所示）。主沟最小纵向坡度为1：1 000，支沟最小纵向坡度为1：200。相邻的支沟相距一般为10～50米，主沟宽一般为0.5～1.0米，深0.3～0.8米。

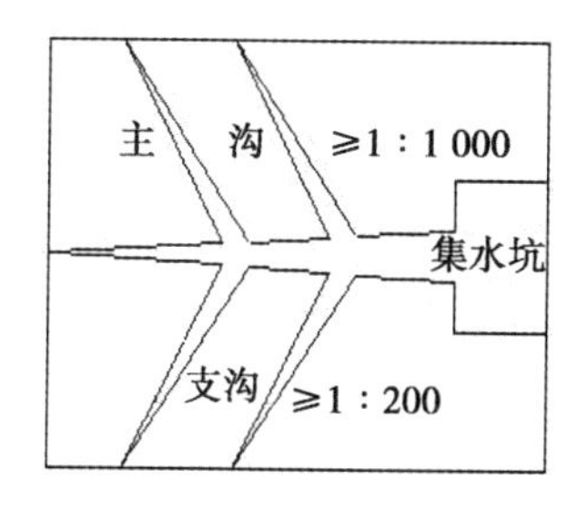

图3－7　池塘底部沟、坑示意

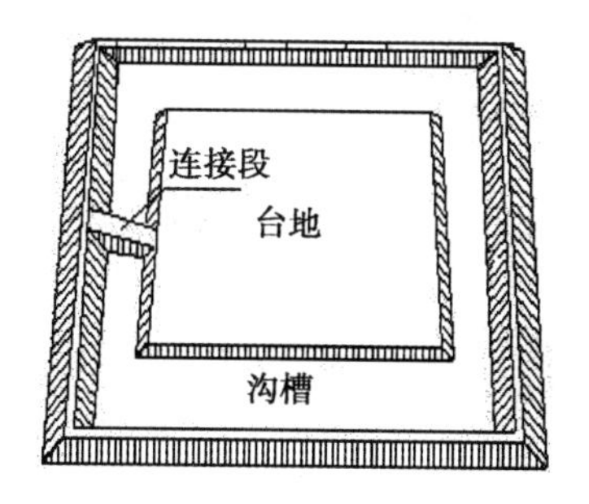

图3－8　回形鱼池示意

面积较大的池塘可按照回形鱼池建设，池塘底部建设有台地和沟槽（图3－8）。台地及沟槽应平整，台面应倾斜于沟，坡降为1：1 000～2 000，沟、台面积比一般为1：4～5，沟深一般为0.2～0.5米。在较大的长方形池塘内坡上，为了投饵和拉网方便，一般应修建一条宽度约0.5米平台（图3－9），平台应高出水面。

6. 进排水设施

（1）进水闸门。管道池塘进水一般是通过分水闸门控制水流通过输水管道进入池塘，分水闸门一般为凹槽插板的方式

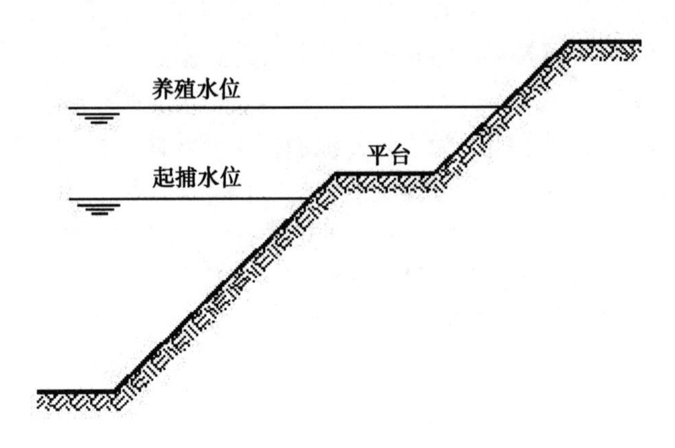

图 3-9　鱼池平台示意

(图 3-10)，很多地方采用预埋 PVC 弯头拔管方式控制池塘进水（图 3-11)，这种方式防渗漏性能好，操作简单。

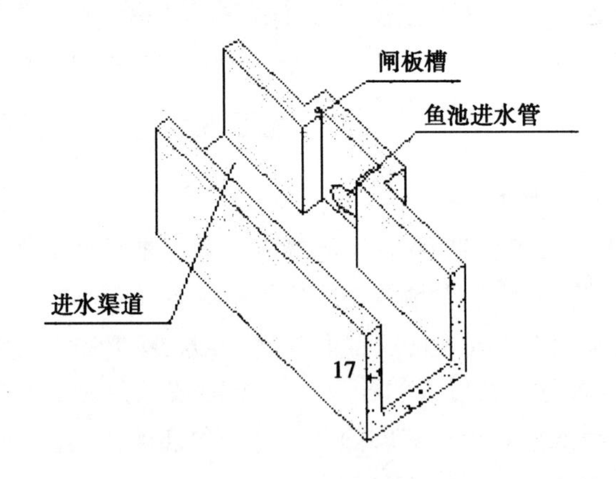

图 3-10　插板式进水闸门示意

池塘进水管道一般用水泥预制管或 PVC 波纹管，较小的池塘也可以用 PVC 管或陶瓷管。池塘进水管的长度应根据护坡情

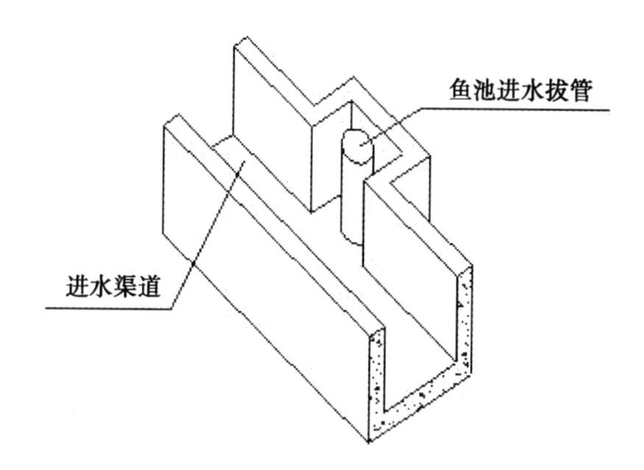

图 3－11　拔管式进水闸门示意

况和养殖特点决定，一般在 0.5～3 米。进水管太短，容易冲蚀塘埂；进水管太长，又不利于生产操作和成本控制。

池塘进水管的底部一般应与进水渠道底部平齐，渠道底部较高或池塘较低时，进水管可以低于进水渠道底部。进水管中心高度应高于池塘水面，以不超过池塘最高水位为好。进水管末端应安装口袋网，防止池塘鱼类进入水管和杂物进入池塘。

（2）排水井。每个池塘一般设有一个排水井。排水井采用闸板控制水流排放，也可采用闸门或拔管方式进行控制。拔管排水方式易操作，防渗漏效果好。排水井一般水泥砖砌结构，有拦网、闸板等凹槽（图 3－12、图 3－13）。池塘排水通过排水井和排水管进入排水渠，若干排水渠汇集到排水总渠，排水总渠的末端应建设排水闸。

排水井的深度一般应到池塘的底部，可排干池塘全部水为好。有的地区由于外部水位较高或建设成本等问题，排水井建在池塘的中间部位，只排放池塘 50% 左右的水，其余的水需要靠动力提升，排水井的深度一般不应高于池塘中间部位。

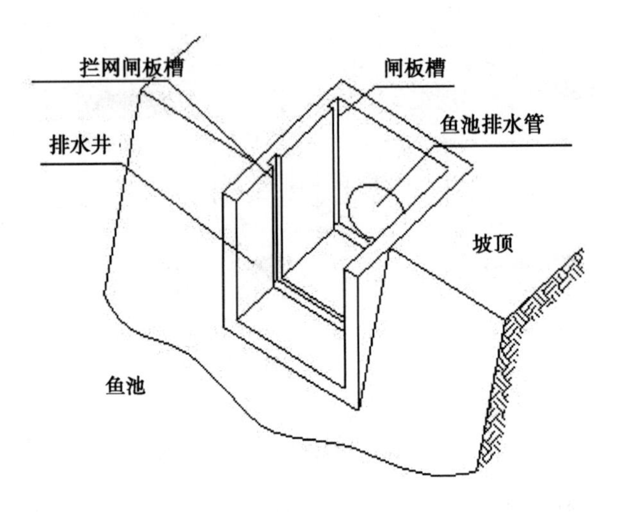

图 3－12　插板式排水井示意

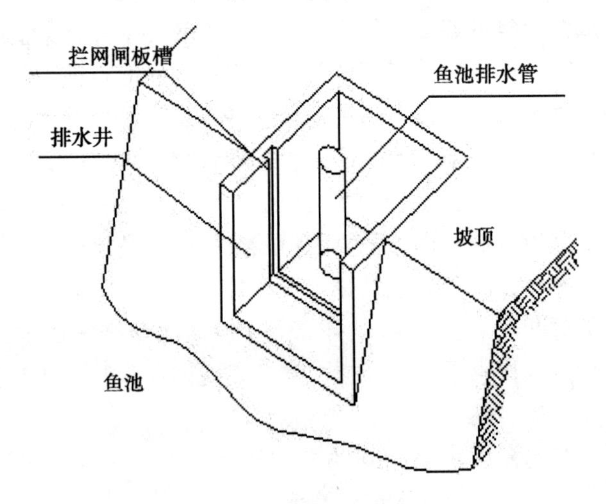

图 3－13　拔管式排水井示意

（二）进排水系统

淡水池塘养殖场的进排水系统是养殖场的重要组成部分，进排水系统规划建设的好坏直接影响到养殖场的生产效果。水产养殖场的进排水渠道一般是利用场地沟渠建设而成，在规划建设时应做到进排水渠道独立，严禁进排水交叉污染，防止鱼病传播。设计规划养殖场的进排水系统还应充分考虑场地的具体地形条件，尽可能采取一级动力取水或排水，合理利用地势条件设计进排水自流形式，降低养殖成本。养殖场的进排水渠道一般应与池塘交替排列，池塘的一侧进水；另一侧排水，使得新水在池塘内有较长的流动混合时间。

1. 泵站、自流进水

池塘养殖场一般都建有提水泵站，泵站大小取决于装配泵的台数。根据养殖场规模和取水条件选择水泵类型和配备台数，并装备一定比例的备用泵，常用的水泵主要有轴流泵、离心泵、潜水泵等。低洼地区或山区养殖场可利用地势条件设计水自流进池塘。如果外源水位变换较大，可考虑安装备用输水动力，在外源水位较低或缺乏时，作为池塘补充提水需要。自流进水渠道一般采取明渠方式，根据水位高程变化选择进水渠道截面大小和渠道坡降，自流进水渠道的截面积一般比动力输水渠道要大一些。

2. 进水渠道

进水渠道分为进水总渠、进水干渠、进水支渠等。进水总渠设进水总闸，总渠下设若干条干渠，干渠下设支渠，支渠连接池塘。总渠应按全场所需要的水流量设计，总渠承担一个养殖场的供水，干渠分管一个养殖区的供水。

八、水处理设施

水产养殖场的水处理包括源水处理、养殖排放水处理、池塘水处理等方面。养殖用水和池塘水质的好坏直接关系到养殖的成败，养殖排放水必须经过净化处理达标后，才可以排放到外界环境中。

（一）源水处理设施

水产养殖场在选址时应首先选择有良好水源水质的地区，如果源水水质存在问题或阶段性不能满足养殖需要，应考虑建设源水处理设施。源水处理设施一般有沉淀池、快滤池、杀菌消毒设施等。

1. 沉淀池

沉淀池是应用沉淀原理去除水中悬浮物的一种水处理设施。沉淀池的水力停留时间，一般应大于2小时。

2. 快滤池

快滤池是一种通过滤料截留水体中悬浮固体和部分细菌、微生物等的水处理设施（图3－14）。对于悬浮物较高或藻类寄生虫等较多的养殖源水，一般可采取建造快滤池的方式进行水处理。快滤池一般有2节或4节结构，快滤池的滤层滤料一般为3～5层，最上层为细沙。

3. 杀菌、消毒设施

养殖场孵化育苗或其他特殊用水需要进行源水杀菌消毒处理。目前，一般采用紫外杀菌装置或臭氧消毒杀菌装置，或臭氧—紫外复合杀菌消毒等处理设施。杀菌消毒设施的大小取决于水质状况和处理量。紫外杀菌装置是利用紫外线杀灭水体中细菌的一种设备和设施，常用的有浸没式、过流式等。浸没式紫外杀菌装置结构简单，使用较多，其紫外线杀菌灯直接放在水中，即可用于流动的动态水，也可用于静态水。臭氧是一种极强的杀菌剂，具有强氧化能力，能够迅速广泛地杀灭水体中的多种微生物和致病菌。臭氧杀菌消毒设施一般由臭氧发生机、臭氧释放装置

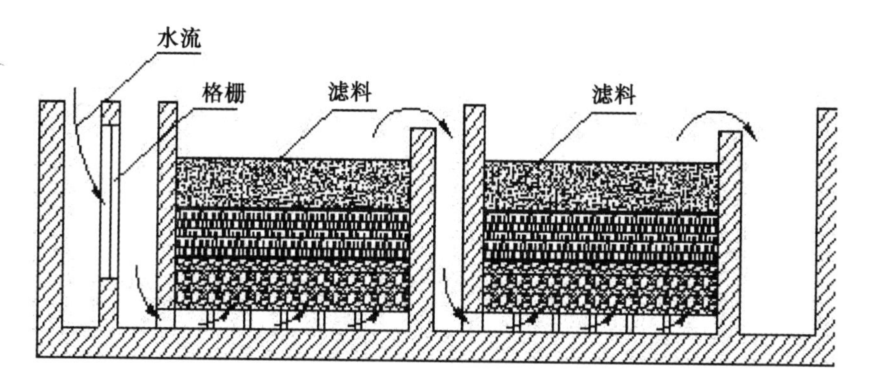

图 3-14 一种快滤池结构示意

等组成。淡水养殖中臭氧杀菌的剂量一般为每立方水 1～2 克，臭氧浓度为 0.1～0.3 毫克/升，处理时间一般为 5～10 分钟。在臭氧杀菌设施之后，应设置曝气调节池，去除水中残余的臭氧，以确保进入鱼池水中的臭氧低于 0.003 毫克/升的安全浓度。

（二）排放水处理设施

养殖过程中产生的富营养物质主要通过排放水进入到外界环境中，已成为主要的面源污染之一。对养殖排放水进行处理回用或达标排放是池塘养殖生产必须解决重要问题。目前，养殖排放水的处理一般采用生态化处理方式，也有采用生化、物理、化学等方式进行综合处理的案例。养殖排放水生态化处理，主要是利用生态净化设施处理排放水体中的富营养物质，并将水体中的富营养物质转化为可利用的产品，实现循环经济和水体净化。养殖排放水生态化水处理技术有良好的应用前景，但许多技术环节尚待研究解决。

1. 生态沟渠

生态沟渠是利用养殖场的进排水渠道构建的一种生态净化系

统，由多种动植物组成，具有净化水体和生产功能。图 3 – 15 所示为生态沟渠的构造示意图。

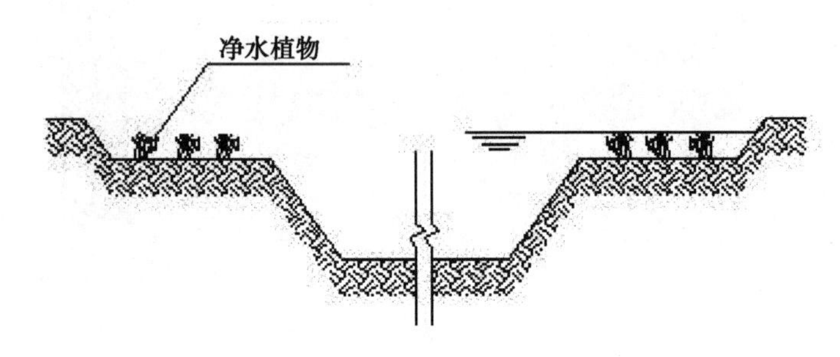

图 3 – 15　一种生态沟示意

生态沟渠的生物布置方式一般是在渠道底部种植沉水植物、放置贝类等，在渠道周边种植挺水植物，在开阔水面放置生物浮床、种植浮水植物，在水体中放养滤食性、杂食性水生动物，在渠壁和浅水区增殖着生藻类等。有的生态沟渠是利用生化措施进行水体净化处理。这种沟渠主要是在沟渠内布置生物填料如立体生物填料、人工水草、生物刷等，利用这些生物载体附着细菌，对养殖水体进行净化处理。

2. 人工湿地

人工湿地是模拟自然湿地的人工生态系统，它类似自然沼泽地，但由人工建造和控制，是一种人为地将石、沙、土壤、煤渣等一种或几种介质按一定比例构成基质，并有选择性地植入植物的水处理生态系统。人工湿地的主要组成部分为：人工基质；水生植物；微生物。人工湿地对水体的净化效果是基质、水生植物和微生物共同作用的结果。人工湿地按水体在其中的流动方式，可分为两种类型：表面流人工湿地和潜流型人工湿地（图 3 – 16）。

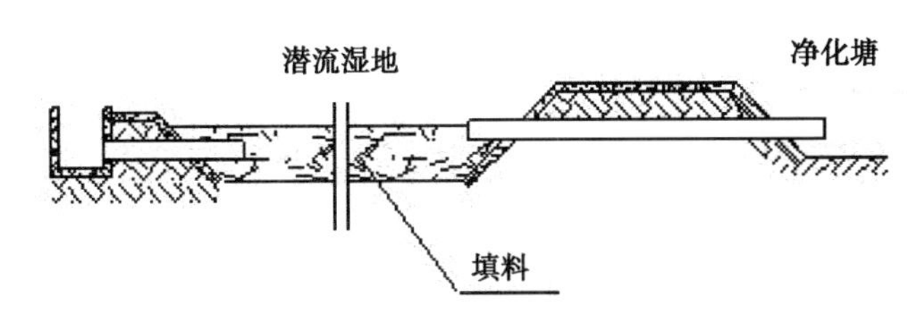

图 3－16　潜流湿地立面

人工湿地水体净化包含了物理、化学、生物等净化过程。当富营养化水流过人工湿地时，沙石、土壤具有物理过滤功能，可以对水体中的悬浮物进行截流过滤；沙石、土壤又是细菌的载体，可以对水体中的营养盐进行消化吸收分解；湿地植物可以吸收水体中的营养盐，其根际微生态环境，也可以使水质得到净化。利用人工湿地构筑循环水池塘养殖系统，可以实现节水、循环、高效的养殖目的。

3. 生态净化塘

生态净化塘是一种利用多种生物进行水体净化处理的池塘。塘内一般种植水生植物，以吸收净化水体中的氮、磷等营养盐；通过放置滤食性鱼、贝等吸收水体中的碎屑、有机物等。生态净化塘的构建要结合养殖场的布局和排放水情况，尽量利用废塘和闲散地建设。生态净化塘的动植物配置要有一定的比例，要符合生态结构原理要求。生态净化塘的建设、管理、维护等成本比人工湿地要低。

（三）池塘水体净化设施

池塘水体净化设施是利用池塘的自然条件和辅助设施构建的原位水体净化设施。主要有生物浮床、生态坡、水层交换设备、藻类调控设施等。

1. 生物浮床

生物浮床净化是利用水生植物或改良的陆生植物，以浮床作为载体，种植在池塘水面，通过植物根系的吸收、吸附作用和物种竞争相克机理，消减水体中的氮、磷等有机物质，并为多种生物生息繁衍提供条件，重建并恢复水生态系统，从而改善水环境。生物浮床有多种形式，构架材料也有很多种。在池塘养殖方面应用生物浮床，须注意浮床植物的选择、浮床的形式、维护措施、配比等问题。

2. 生态坡

生态坡是利用池塘边坡和堤埂修建的水体净化设施。一般是利用砂石、绿化砖、植被网等固着物铺设在池塘边坡上，并在其上栽种植物，利用水泵和布水管线将池塘底部的水提升并均匀的布洒到生态坡上，通过生态坡的渗滤作用和植物吸收截流作用，去除养殖水体中的氮磷等营养物质，达到净化水体的目的。

3. 水层交换设备

在池塘养殖中，由于水的透明度有限，一般1米以下的水层中光照较暗，温度降低，光合作用很弱，溶氧较少，底层存在着氧债，若不及时处理，会给夜间池塘养殖鱼类造成危害。水层交换主要是利用机械搅拌、水流交换等方式，打破池塘光合作用形成的水分层现象，充分利用白天池塘上层水体光合作用产生的氧，来弥补底层水的耗氧需求，实现池塘水体的溶氧平衡。水层交换机械主要有增氧机、水力搅拌机、射流泵等。

九、生产设备

水产养殖生产需要一定的机械设备。机械化程度越高，对养殖生产的作用越大。目前，主要的养殖生产设备有增氧设备、投饲设备、排灌设备、底泥改良设备、水质监测调控设备、起捕设备、动力运输设备等。

（一）增氧设备

增氧设备是水产养殖场必备的设备，尤其在高密度养殖情况下，增氧机对于提高养殖产量，增加养殖效益发挥着更大的作用。

常用的增氧设备包括叶轮式增氧机、水车式增氧机、射流式增氧机、吸入式增氧机、涡流式增氧机、增氧泵、微孔曝气装置等。随着养殖需求和增氧机技术的不断提高，许多新型的增氧机不断出现，如涌喷式增氧机、喷雾式增氧机等。

1. 叶轮式增氧机

叶轮增氧机是通过电动机带动叶轮转动搅动水体，将空气和上层水面的氧气溶于水体中的一种增氧设备。

叶轮增氧机具有增氧、搅水、曝气等综合作用，是采用最多的增氧设备。叶轮增氧机的推流方向是以增氧机为中心做圆周扩展运动的，比较适宜于短宽的鱼溏。叶轮增氧机的动力效率可达2千克氧气/千瓦小时以上，一般养鱼池塘可按0.5～1千瓦/亩配备增氧机。

2. 水车式增氧机

水车增氧机是利用两侧的叶片搅动水体表层的水，使之与空气增加接触而增加水体溶氧的一种增氧设备。水车增氧机的叶轮运动轨迹垂直于水平面，推流方向沿长度和宽度作直流运动和扩散，比较适宜于狭长鱼溏使用和需要形成池塘水流时使用。
水车增氧机的最大特点是可以造成养殖池中的定向水流，便于满足特殊鱼类养殖需要和清理沉积物。其增氧动力效率可达1.5千克/千瓦小时以上，每亩可按0.7千瓦的动力配备增氧机。

3. 射流式增氧机

射流式增氧机也叫射流自吸式增氧机，是一种利用射流增加水体交换和溶氧的增氧设备。与其他增氧机相比，具有其结构简单、能形成水流和搅拌水体的特点。

射流式增氧机的增氧动力效率可达 1 千克/千瓦小时以上，并能使水体平缓地增氧，不损伤鱼体，适合鱼苗池增氧使用。缺点是设备价格相对较高，使用成本也较高。

4. 吸入式增氧机

吸入式增氧机的工作原理是通过负压吸收空气，并把空气送入水中与水形成涡流混合，再把水向前推进进行增氧。

吸入式增氧机有较强的混合力，尤其对下层水的增氧能力比叶轮式增氧机强，比较适合于水体较深的池塘使用。

5. 涡流式增氧机

涡流式增氧机由电机、空气压送器、空心管、排气桨叶和漂浮装置组成。电机轴为一空心管轴，直接与空气压送器和排气桨叶相通，可将空气送入中下层水中形成汽水混合体，高速旋转形成涡流使上下层水交换。

涡流式增氧机没有减速结构，自重小，没噪音、结构合理，增氧效率高。主要用于北方冰下水体增氧，增氧效率较高。

6. 增氧泵

增氧泵是利用交流电产生变换的磁极，推动带有固定磁极的杆振动，在固定磁极杆的末端带有橡胶碗，杆在振动的同时，会将空气压缩并泵出，压缩空气通过导管末端的气泡石被分成无数的小气泡，这样就增大了和水的接触面积，增加氧气的溶解速度。

增氧泵具有轻便、易操作及单一的增氧功能，一般适合水深在 0.7 米以下，面积在 0.6 亩以下的鱼苗培育池或温室养殖池中使用。

（二）投饲设备

投饲设备是利用机械、电子、自动控制等原理制成的饲料投喂设备。投饲机具有提高投饲质量、节省时间、节省人力等特点，已成为水产养殖场重要的养殖设备。投饲机一般由四部分组成：料箱、下料装置、抛撒装置和控制器。下料装置一般有螺旋推进式、振动式、电磁铁下拉式、转盘定量式、抽屉式定量下料式等。目前，应用较多的是自动定时定量投饲机。

投饲机饲料抛撒一般使用电机带动转盘，靠离心力把饲料抛撒出去，抛撒面积可达到 10 ~ 50 平方米。也有不使用动力的抛撒装置、空气动力抛撒装置、水输送抛撒装置、离心抛撒装置等。

（三）排灌机械

主要有水泵、水车等设备。水泵是养殖场主要的排灌设备，水产养殖场使用的水泵种类主要有：轴流泵、离心泵、潜水泵、管道泵等。水泵在水产养殖上不仅用于池塘的进排水、防洪排涝、水力输送等，在调节水位、水温、水体交换和增氧方面也有很大的作用。

养殖用水泵的型号、规格很多，选用时必须根据使用条件进行选择。轴流泵流量大，适合于扬程较低、输水量较大情况下使用。离心泵扬程较高，比较适合输水距离较远情况下使用。潜水泵安装使用方便，在输水量不是很大的情况下使用较为普遍。

选择水泵时一般应了解如下参数。

1. 流量（Q）的确定

流量是选择水泵时首先要考虑的问题，水泵的流量是根据养殖场（池塘）的需水量来确定的。

2. 扬程 H 的确定

水泵的扬程要与净扬程 h 净加上损失扬程 h 损基本相等。净（实际）扬程是指进水池（渠道、湖泊、河流等）水面到出水管中心的最高处之间的高差，常用水准测量方法测定。

损失扬程是很难测定的，一般作用 h 损 = h 净 ×0.25 来估算损失扬程。在扬程低、水泵口径较小、管路较长时，可以大于 0.25，反之小于 0.25。在初选泵型时，水泵扬程可估算为：H = h 净 + h 损 = h 净 + 0.25h 净 = 1.25h 净。

（四）底质改良设备

底质改良设备是一类用于池塘底部沉积物处理的机械设备，分为排水作业和不排水作业两大类型。排水作业机械主要有立式泥浆泵、水力挖塘机组、圆盘耙、碎土机、犁等；不排水作业机械主要有水下清淤机等。

池塘底质是池塘生态系统中的物质仓库，池塘底质的理化反应直接影响到养殖池塘的水质和养殖鱼类的生长，一般应根据池塘沉积情况采用适当的设备进行底质处理。

1. 立式泥浆泵

立式泥浆泵是一种利用单吸离心泵直接抽吸池底淤泥的清淤设备，主要用于疏浚池塘或挖方输土，还可用于浆状饲料、粪肥的汲送，具有搬运、安装方便，防堵塞效果好的特点。

2. 水利挖塘机组

水利挖塘机组是模拟自然界水流冲刷原理，借水力连续完成挖土、输土等工序的清淤设备。一般由泥浆泵、高压水抢、配电系统等组成。

水利挖塘机组具有构造结构简单、性能可靠、效率高、成本低、适应性强的特点。在池塘底泥清除、鱼池改造方面使用较多。

（五）水质检测设备

主要用于池塘水质的日常检测，水产养殖场一般应配备必要的水质检测设备。水质检测设备有便携式水质检测设备以及在线检测控制设备等。

1. 便携式水质检测设备

具有轻巧方便、便于携带的特点。适合于野外使用，可以连续分析测定池塘的一些水质理化指标，如溶氧、酸碱度、氧化还原电位、温度等。水产养殖场一般应配置便携式水质监测仪器，以便及时掌握池塘水质变化情况，为养殖生产决策提供依据。

2. 在线监控系统

池塘水质检测控制系统一般由电化学分析探头、数据采集模块、组态软件配合分布集中控制的输入输出模块以及增氧机、投饲机等组成（图 3－17）。多参数水质传感器可连续自动监测溶氧、温度、盐度、pH 值、COD 等参数。检测水样一般采用取样泵，通过管道传递给传感器检测，数据传输方式有无线或有线两种形式，水质数据通过集中控制的工控机进行信息分析和储存，信息显示采用液晶大屏幕显示检测点的水质实时数据情况。

反馈控制系统主要是通过编制程序把管理人员所需要的数据要求输入到控制系统内，控制系统通过电路控制增氧或投饲。

（六）起捕设备

起捕设备是用于池塘鱼类捕捞的作业的设备，起捕设备具有节省劳动力、提高捕捞效率的特点。

池塘起捕设备主要有网围起捕设备、移动起捕设备、诱捕设备、电捕鱼设备、超声波捕鱼设备等。目前，在池塘方面有所应用的主要是诱捕设备、移动起捕设备等。

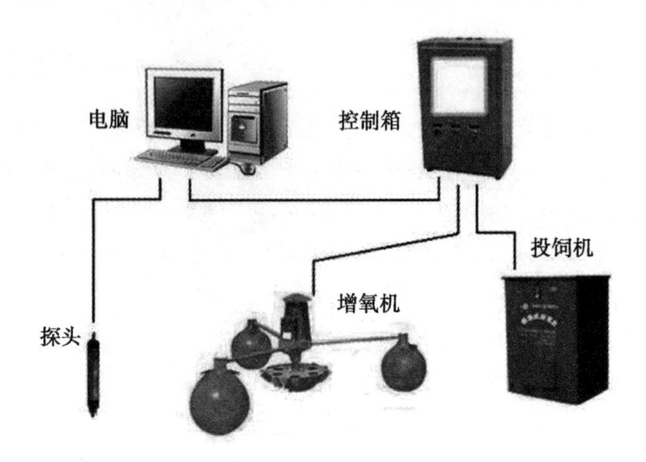

图 3－17　一种监控系统

（七）动力、运输设备

水产养殖场应配备必要的备用发电设备和交通运输工具。尤其在电力基础条件不好的地区，养殖场需要配备满足应急需要的发电设备，以应付电力短缺时的生产生活应急需要。

水产养殖场需配备一定数量的拖拉机、运输车辆等，以满足生产需要。

第三章　健康养殖饲料营养与投饲技术

第一节　淇河鲫鱼饲料营养

淇河鲫鱼维持生理代谢、完成生命活动必须靠摄取足够的营养来满足。所需要的营养必须通过摄食饲料来取得。饲料中的营养物质主要有蛋白质、脂肪、糖类、维生素和矿物质等。在生产过程中，饲料的选择也是获取好的经济效益的基础。

水是鱼体组织中含量最多最重要的成分，是各种营养物质代谢的介质。饲料营养物质的消化、吸收、运输和代谢过程以及生命活动的维持，都离不开水。各种饲料都含有一定的水分，其含量由5%～95%不等。植物幼嫩时含水量多，成熟植物含水量逐渐降低。籽实类一般含水量在10%左右，水生鱼用饲料（如芜萍、浮萍、水花生）含水量在95%以上，一般鱼用配合饲料的含水量也在10%左右。

一、蛋白质

（一）蛋白质的营养与组成

蛋白质是维持生命所需的营养物质，是构成生命的物质基础。它是复杂的有机化合物，由多种氨基酸按一定的比例组合成。组成蛋白质的氨基酸有20余种，有些氨基酸在鱼体中能够利用其他含氮物质在体内自行合成，这类氨基酸称为“非必需氨基酸”。另有一些氨基酸在鱼体内不能合成或少有合成而不能满足鱼体需要。这类氨基酸称为“必需氨基酸”，后者必须由饲料来供给。鱼类必需氨基酸有精氨酸、组氨酸、赖氨酸、色氨酸、蛋氨酸、异亮氨酸、缬氨酸、苯丙氨酸、苏氨酸、亮氨酸等10种。必需氨基酸在鱼体内能产生不同的功能，它们彼此协调，组成蛋白质的比例适当，与鱼类营养需要相适应，则饲料蛋白质转化为鱼体蛋白质的量也就越大，增肉效果也就越高。饲料中全部含有10种必需氨基酸的蛋白质称为“完全蛋白质”，否则，为“不完全蛋白质”。

（二）必需氨基酸的木桶吸收模式

现代科学已经证明，动物对饲料蛋白质的利用，是将蛋白质消化降解为氨基酸，然后以氨基酸（少部分以短肽）形式吸收、参与机体代谢，合成各种动物组织蛋白，生产产品。而各种蛋白质所含氨基酸组成比例不同，不同生物体蛋白质所含氨基酸组成比例差异很大。当动物合成某一组织蛋白（或生产某一特定产品，如鸡蛋）时，动物只是按所合成蛋白质中氨基酸组成比例利用饲料。

饲料蛋白质的氨基酸。如果其中一种或几种必需氨基酸比例低于所合成的蛋白质相应氨基酸比例，则会限制其他氨基酸的利用，降低饲料蛋白质的利用和生物学价值。只有所供蛋白质所含氨基酸与将合成蛋白质一致时，才能被充分利用，即如同一只由许多木板组成的木桶，一块木板相当于一种氨基酸在所供蛋白质中的含量与产品蛋白质中含量的比值，即满足程度，若某种氨基酸比值低，不能满足合成需要，就好比组成木桶的一块木板较短，则木桶盛水效率降低，其他木板再长也只是浪费。所以，只有必需氨基酸与产品蛋白质一致，蛋白质才能最有效地利用，各种氨基酸的效价也就高。

由此可见，饲料蛋白质的质量取决于所含必需氨基酸的总量和氨基酸组成的比例。饲料蛋白质所含必需氨基酸总量大，各氨基酸组成比例与动物机体蛋白质（或产品蛋白质）氨基酸组成比例越接近，其生物学价值就越高，品质就越好。反之，蛋白质品质就差。一般说来，动物性蛋白质所含必需氨基酸比例都与动物产品接近，因而生物学价高，品质好。多数谷物及其他植物性蛋白质含必需氨基酸总量少，比例不符合动物需要，生物学价值低。

（三）限制性氨基酸

由于某种或几种必需氨基酸的不足，会限制其他氨基酸的利用和蛋白质生物学价值，这些氨基酸称为“限制性氨基酸”。目前，养殖淇河鲫鱼常用的动物性饲料和油饼类饲料中往往缺乏赖氨酸、蛋氨酸和色氨酸。在这 3 种限制性氨基酸中，赖氨酸是最容易缺乏的，称为第一限制性氨基酸，蛋氨酸次之，称为第二限制性氨基酸。

（四）蛋白质和氨基酸的营养

1. 淇河鲫鱼对蛋白质和氨基酸的需要量

淇河鲫鱼对蛋白质和氨基酸的需要量高于陆生动物，在实际生产中对于淇河鲫鱼蛋白质和氨基酸需要的满足主要考虑两个方面：一是总量的需求与供给，一般在 25% ~45%；二是质量的要求与供给，包括饲料可消化或可利用蛋白质的量、必需氨基酸的种类数量和平衡模式等。在实际生产过程中，有的配合饲料蛋白质的含量也比较高，而在养殖过程中其饲料的利用率很低，这主要与原料蛋白质的组成有很大关系，其蛋白质不能被淇河鲫鱼很好地吸收和利用，或者就是配合饲料的必需氨基酸配合不平衡，造成了蛋白质的浪费。因此，我们选取饲料必须考虑饲料氨基酸质量，根据养殖季节、养殖规格等变化对饲料进行适时的调整。

2. 饲料蛋白质含量的合理范围

大量研究结果表明，淇河鲫鱼的蛋白质合理的范围在28% ~ 34%。当配合饲料蛋白质含量低于28%时，只能选择如菜粕、棉粕等原料，甚至价格和质量更低的饲料原料，这样的饲料消化利用率很低，达不到淇河鲫鱼的营养要求，对水体的污染也很大。当配合饲料蛋白质量大于34%时，必须增加鱼粉、肉粉等高蛋白质含量原料的使用比例，或只能选择如血粉、羽毛粉等高蛋白质、低消化率的原料，这样可能造成饲料蛋白质的浪费。

3. 蛋白质需要量的变化

同一养殖品种在不同的生产阶段对蛋白质需要量有一定的差异。一般来说，随着鱼体的增长蛋白质需要量逐渐降低。鱼苗期对饲料蛋白质的需要量明显要高于鱼种期、成鱼期的需要量。越冬后的水温低，鱼类摄食能力小，必须提高饲料蛋白质的含量或增加脂肪来满足鱼类能量的需求。

4. 水温（季节）对蛋白质需要量的影响

水温是影响养殖鱼类生长发育和代谢强度的关键性环境因素。水温低时就必须增加配合饲料的蛋白质含量，并保证质量，即要增加鱼粉、豆粕等优质蛋白质原料的使用比例；当水温较高时，可以适当降低配合饲料中蛋白质的质量，即可以适当增加菜粕、棉粕的使用比例。在低温时期，如果想保证鱼生长速度，就必须为鱼提供高一个等级的蛋白质饲料，即理论要求蛋白质30%的，必须提供饲料蛋白质含量为32%的饲料。

5. 配合饲料中蛋白质质量

配合饲料中蛋白质质量由蛋白质原料的蛋白质可消化性和必需氨基酸质量决定。必需氨基酸质量主要是必需氨基酸的平衡性。

6. 单一蛋白质原料的养殖效果

选用秘鲁鱼粉、大豆粕、生大豆、棉籽粕、菜籽饼、芝麻饼、米糠、小麦麸和混合麦麸 10 种饲料原料，分别制粒。经过 12 周饲养，草鱼增质率分别为鱼粉 0.62%、大豆粕 1.08%、生大豆粉 0.22%、棉籽粕 1.19%、芝麻粕 0.76%、菜籽粕 1.04%、米糠饼 0.32%、小麦麸 0.67%、混合麦麸 0.56%，以棉籽粕为最佳，大豆粕和菜子饼次之。生大豆粉最差。而蛋白质效率则以小麦麸和混合麸为最高，生大豆粉和秘鲁鱼粉最低，这证明单一饲料喂鱼效果很差，造成了饲料浪费，提高了养殖成本。

二、脂肪

脂肪在鱼类生命代谢过程中具有多种生理功能，是鱼类所必需的营养物质，主要功能有：是鱼类细胞的组成之一；可以为鱼类提供能量；有助于脂溶性维生素的吸收和在体内的运输；提供鱼类必需的脂肪酸；可以作为某些激素和维生素的合成材料；节省蛋白质，提高饵料蛋白质利用率等。因此，它是维持正常生长和发育的重要能量和脂肪酸来源。

1. 饲料中脂肪含量

养殖鱼类饲料中脂肪含量不能过高，因为过多脂类能导致大量脂肪在内脏和肝脏中沉积，从而引起出肉率的降低和冰冻贮存过程中酸败加速。不同的鱼类对脂肪的要求不同。一般而言，冷水鱼利用脂肪的能力比温水鱼类要强，冷水鱼对饲料中脂肪的需要量为 10% ~20%。温水鱼则为 3% ~10%。

2. 脂肪对蛋白质的节约作用

脂肪对饲料中的蛋白质有一定的节约作用。尤其是在蛋白质含量较低的饲料中。用蛋白质、脂肪、碳水化合物 =40：5：18 或蛋白、脂肪、碳水化合物 =36：15：32 的饲料喂养斑点叉尾鮰，发现生产 1 千克鱼所需要的蛋白质，前者为480 克，而后者仅需要 400 克。国外通过提高饲料中脂肪的含量来降低饲料中蛋白质的使用量，就是利用了这一原理。

3. 脂肪的营养

除了其他的正常的脂肪酸外，大多数水产动物对饲料中含有 0.8% ~2.0% 的 EPA（EPA 是二十碳五烯酸的英文缩写，是鱼油的主要成分。EPA 属于 Ω~3 系列多不饱和脂肪酸，是人体自身不能合成但又不可缺少的重要营养素，因此，称为人体必需脂肪酸。）和 DHA（DHA 是人的大脑发育、成长的重要物质之一。）有良好的生长反映。

脂肪是一种高能物质，氧化一克脂肪可产生 37.656 千焦热能。鱼类对脂肪的利用率高达 90% 以上，其生命活动所需的能量，主要由脂肪提供。因此，积存于体内的脂肪是动物体的“燃料仓库”。

饲料中的粗脂肪，除含脂肪外还包括固醇、磷脂、蜡等类脂物质，它们都参与鱼体各器官组织（如肌肉、血液、骨骼、神经等）的组成。

脂肪在鱼体中，有助于脂溶性维生素 A、维生素 D、维生素 E、维生素 K 及胡萝卜素等物质的溶入而被鱼类吸收利用。除了上述功能以外，脂肪还可以提供鱼类所需要的必需脂肪酸（如亚油酸、亚麻酸等不饱和脂肪酸）。后者不能在鱼体内合成。只能由饲料供给，如果缺乏，鱼类的生长停滞，抗病能力差、越冬存活率低。

三、糖类

糖类是最廉价的饲料能量，包括单糖（如葡萄糖、果糖等）、双糖（如蔗糖、乳糖等）和多糖类（如淀粉、纤维素等），它们也是一类能源物质，是生物体利用热能的主要物源之一。虽然鱼类对它的利用能力不及脂肪或蛋白质，可利用能值也没有脂肪与蛋白质高，但其来源广，价格低，制料稳定性较好，目前依然在鱼饲料中占有较大的比例。

鱼类对各种糖的消化率不一样，对单糖的利用率最高，其次是双糖和较简单的多糖类（如糊精、淀粉等），最差是粗纤维。

鱼饲料中的糖类适宜含量随鱼的种类、食性以及糖的种类不同而有差别，此外还与鱼的年龄、生长季节及水温有关。总的来说，肉食性鱼类对糖的利用能力要低于草食性鱼类，饲料中含糖量不宜超过20%；温水性杂食或草食性鱼类可以适当增加，一般占30%左右为宜（鲤鱼可高达45%）。还应指出的是，不论在任何情况下，对于那些不能为多数鱼类所消化吸收的粗纤维的含量应限制在一定范围之内。草鱼和非鲫饲料中粗纤维的含量不宜超过17%，鲤鱼不宜超过12%，肉食性鱼类不宜超过8%。如果在饲料中搭配过多的糖类，将会引起鱼体内脏中的脂肪积累过多，造成肝大症状。

四、维生素

鱼类对维生素的需要量虽少，但维生素在维持生物体的正常生长发育方面起着重要的作用。它们参与调节体内新陈代谢的正常进行，提高生物体对疾病的抵抗能力。一旦缺乏，轻则引起生长减慢，重则导致生长停滞、新陈代谢失调，产生各种维生素缺乏症，可见维生素是一类生物活性物质。

目前，已知的维生素有20余种，广泛存在于各种动植物原料中。大多数维生素都是很不稳定的物质，遇水、光、碱、热等条件很容易被溶解或氧化破坏。维生素一般不能或少有在鱼体内合成，必须从食物中获得。

根据维生素的物理性质，可以分为水溶性维生素和脂溶性维生素两大类。前者包括B_1（硫胺素）、B_2（核黄素）、B_6（吡哆醇）、B_3（泛酸）、B_5（烟酸）、H（生物素）、B_{12}（钴胺素）、叶酸、胆碱、肌醇、C（抗坏血酸）等；后者包括维生素 A、维生素 D（骨化醇）、维生素 E（生育酚）、维生素 K 等。

水溶性维生素类不能在动物体内过多储集，一般不会发生中毒。而脂溶性维生素可在动物体内蓄积而过量中毒。下面简略介绍几种维生素的作用和维生素缺乏症。

1. 维生素 B 族

这类维生素包括种类较多，它们的化学结构与生理功能也各不相同。多数都参与体内酶的组成，调节体内的物质代谢，对维持生理机能正常起着重要作用。缺乏维生素 B 族中各种维生素所引起的症状如下。

（1）硫胺素（维生素 B_1）。鱼缺乏硫胺素的症状，如厌食、生长受阻、无休止地运动、扭曲、痉挛、常碰撞池壁、体表和鳍褪色、肝苍白。

某些鱼类对硫胺素的需要一般为每千克饲粮 1 ~ 2 毫克。对于大多数动物，硫胺素的中毒剂量是需要量的数百倍，甚至上千倍。

维生素 B_1 与维生素 C 有协同性；与维生素 B_2、维生素 A、维生素 D 有拮抗性。缺乏维生素 B_1 时，可因维生素 A 过剩而使症状恶化。

（2）核黄素（维生素 B_2）。鱼缺乏核黄素，表皮及鳍出血，生长不良。

鱼类对核黄素的需要一般为每千克饲粮 4 ~ 9 毫克。核黄素的中毒剂量是需要量的数十倍到数百倍。

（3）尼克酸（烟酸、维生素 PP）。鱼缺乏症为皮肤、鳍出血、溃疡，贫血，生长不良，死亡速度快且死亡率高。

鱼类对尼克酸的需要一般为每千克饲粮 10 ~ 50 毫克。每日每千克体重摄入的尼克酸超过 350 毫克可能引起中毒。

（4）维生素 B_6。鱼缺乏表现为食欲差、痉挛和高度兴奋。

鱼类对维生素 B_6 的需要一般为每千克饲粮 3 ~6 毫克。

（5）泛酸（遍多酸）。缺乏症：生长不良，皮肤出血，游动不正常，眼突出，死亡速度快且死亡率高。

鱼类对泛酸的需要量一般为每千克饲料 10 ~30 毫克。

（6）生物素。缺乏的症状一般表现为生长不良，皮炎以及鳞片脱落。

某些鱼类对生物素的需要量一般在每千克风干料 150 ~ 1 000微克。

（7）叶酸。缺乏症：生长迟缓，不活跃，肤色深。

鱼对叶酸的需要可达每千克饲料 5 毫克。

（8）维生素 B_{12}。鲤鱼、罗非鱼不需要饲粮提供维生素 B_{12}，其他鱼类还未确定。

（9）胆碱。缺乏症：肝大，脂肪肝。

动物对胆碱的需要一般为每千克饲料 400 ~ 1 300毫克，鱼可达 4 克。在水溶性维生素中，胆碱相对其需要量较易过量中毒。

氯化胆碱具有强烈的吸湿性，碱性极强。较强的碱性可破坏水溶性维生素 C、维生素 B_1、维生素 B_2 泛酸、维生素 PP 及脂溶性维生素如维生素 K 等。另外，氯化胆碱与蛋氨酸有协同作用，蛋氨酸能提供甲基（ – CH3）在体内合成胆碱。生产中常把氯化胆碱制成独立的制剂，在配制饲料时才分别加入氯化胆碱和其他添加剂。

（10）生物素。缺乏症：皮肤变淡，出血，多黏液。

（11）肌醇。缺乏症：无活力，皮肤发黑，少黏液，生长不良。

2. 维生素 C

这种维生素比较普遍地存在于各种鲜草（青饲料）中，参与细胞间质的生成及体内还原反应，并有解毒作用。它对增强鱼类的抗病力和提高鱼类对缺氧、低温的适应能力方面，都具有重要作用。缺乏时会引起鱼类脊椎变形，皮肤、肌肉和内脏出血。

维生素 C 具有很强的还原性，其水溶液呈酸性，可使维生素 B_{12}破坏失效，所以，两者不可同时制成一个饲料添加剂剂型。维生素 C 与维生素 A 有拮抗作用，与维生素 B_1、维生素 D 有协同作用。

3. 维生素 A

一般黄绿色植物中都含有胡萝卜素，后者在动物体内可以转化为维生素 A，动物的肝脏中含量较多。它的作用主要维持视力正常以及细胞的正常生长增殖。鱼类缺乏维生素 A，会发生眼球突出、白内障、腹腔水肿、肾出血和脱鳞等症状，甚至厌食死亡。

4. 维生素 D（骨化醇）

这类维生素在一般的饲料中含量较少，但在家畜的肝脏内含量丰富。它具有促进鳃和肠道吸收钙磷的功能调节血液中的钙磷平衡，并加速钙在骨骼和肌肉中的贮存。鱼类通常不易发生维生素 D 缺乏症，偶有表现为肝脏含脂量增加、痉挛或生长减慢。

5. 维生素 E（生育酚）

它具有促进鱼体新陈代谢、增强血液循环、防止组织衰退及调整性腺等功能。缺乏时引起鱼体肌肉萎缩、腹腔水肿、脂肪氧化中毒使肝脾显黄、性腺发育迟缓、体重下降等症状。

6. 维生素 K

缺乏时表现为贫血，出血。

维生素 E 对维生素 K 有拮抗作用，并且能够抑制血小板的凝聚，降低血液凝固性。因此，不要同时内服使用。

由于大多数维生素具有不稳定性而易被破坏，所以，一般的人工配合料都可能不同程度地缺乏必要的维生素。使用时，可因鱼而异加喂某些富含维生素的原料。对池养的草鱼、鳊鱼等草食性鱼类，可以多投喂青绿草料，对鲤、鲫等杂食性鱼类，可加喂谷芽、麦芽和浮萍等。在用于饲喂高密度流水、网箱养殖鱼类的配合饲料中，添加适量的青干草粉、苜蓿粉、槐叶粉、松叶粉、酵母粉、肝粉和鱼油等，或使用复合维添剂，都是补充维生素营养实用而有效的方法。

五、矿物质

矿物质又称无机盐或灰分，是饲料燃烧后剩下的残留成分，包括混入饲料中的泥沙等，所以，又称为粗灰分。鱼体中的矿物质含量一般为3% ~5%。其中，常量元素（含量在0.01%以上者）主要有钙（Ca）、磷（P）、镁（M克）、钾（K）、钠（Na）、硫（S）、氯（Cl）等。另有多种微量元素（含量在0.01%以下者），如铁（Fe）、铜（Cu）、锌（Zn）、锰（Mn）、钴（Co）、钼（Mo）、碘（I）、铬（Cr）、氟（F）、硒（Se）等，它们是鱼体的重要组成成分，也是维持有机体正常生理机能不可缺少的物质。

第二节　饲料质量判定与选择

一、鱼用颗粒饲料质量的初步判断

近年，伴随高产养鱼的日益普及，鱼用全价颗粒饲料在渔业生产中的使用已非常普遍，但是，由于市场上饲料品牌很多，并且在质量和档次上也存在着很大差异，广大养殖户无法判断其质量的优劣，本文介绍一种利用感官判断鱼饲料质量的简单方法。即：“一看、二闻、三捻、四泡、五嚼”，供大家在选购颗粒饲料时借鉴参考。

1. 看

（1）看颜色。鱼用颗粒饲料是由几种主要原料如鱼粉、豆粕、棉粕、菜籽粕、次粉、肉骨粉等按一定比例均匀混合制粒而成。成品的颜色在一定程度上可以反映出所用原料的多少。如若鱼粉、豆粕较多鱼料色就稍黄；杂粕较多时料色暗红；次粉较多时料色稍灰白等。

（2）看粒度。鱼饲料是经制粒工艺加工后形成的颗粒。通过观察粒度可以判断其原粒配比、原粒粉碎细度、调质均匀程度及制粒工艺、环模选用情况。优质鱼饲料粒度表面均匀光滑，断面整齐，长度为直径的 1.5～2 倍，粉化率不超过 1%；若观察鱼料粒度，发现粒度粗糙，断面不齐，粉化率较高，估计是以下原因造成：①原料粉碎细度不够；②原料配比不合理；③调质不均；④环模选用不当；⑤切刀距离调节不当等。

（3）看光泽。优质鱼饲料的颗粒表面光滑均匀、有光泽。这样的饲料适口性较好，耐贮存，利用率较高。劣质鱼饲料表面粗糙、无光泽。上述现象主要有以下原因造成：①原料粉碎细度不够；②制粒过程压缩不当；③饲料油脂添加不足等。

（4）看沉水速度。投喂颗粒鱼饲料时，保证饲料具有一定的浮力和沉水速度是必要的，鱼在水体上表层摄食，不但可以节约饲料也便于观察鱼的摄食情况。一般鱼饲料应保证在水面浮 3～4 秒。沉水太快，鱼类来不及摄食，会造成浪费；浮水时间太长，则证明该饲料的粗纤维含量较多，品质差。

2. 闻

颗粒鱼饲料是各种原料混合后，经蒸汽调质熟化制成的。原料熟化后会散发出特有的香味。抓起一把刚开袋的饲料放在鼻前闻一下，若发现有霉苦味、焦味、人工鱼腥味、生鱼粉味及生面粉味，说明在加工过程中存在以下问题；①原料质量欠佳；②水分超标、贮存时变质；③调质温度不合适等。

3. 捻

鱼饲料从生产到投喂需经过多次搬运，客观上要求必须有一定的机械强度。一般情况下用手指捻几下不碎即可，但不能太硬。若一捻即碎，说明其饲料硬度不够，搬运中粉化率较高，易造成饲料浪费；硬度太大，适口性较差，影响饲料在消化道中的运动，易引起鱼类肠炎病的发生。

4. 泡

将饲料放入水中泡下，一方面可以检查饲料在物理性能上能否满足鱼类消化道的需求；另一方面也可以分析其原料的大致组成情况。具体方法是抓起一把饲料放入水中，观察饲料散开的时间，一般饲料 3 ~ 5 分钟后完全散开，饲料散开时间太短，易造成鱼类消化道发胀，影响其摄食量；饲料散开时间太长，影响鱼类肠道蠕动，不利于鱼类消化吸收。

5. 嚼

鱼类摄食饲料虽然是吞食，但口感的好坏则是影响其摄食行为的主要因素。经过我们口腔的触觉、味觉，可以感受一下颗粒的硬度及有无异味、饲料是否变质、饲料是否掺有杂质（如沙粒，泥土等）等。

二、传统饲料评定指标

正确地评定饲料的营养价值是养鱼饲料科学的重要组成部分，也是养殖者在选取饲料时参考的一个重要指标。

评定饲料的优劣，涉及的方面较多，既要看饲料本身所含的营养成分，尤其是蛋白质含水量的多少，又要结合实际对饲料的消化吸收利用的程度如何来加以考虑。传统的常用的也是最直观的方法是用饲料系数和饲料效率两个指标来确定。

1. 饲料系数

它表示增加一个单位的鱼肉所需饲料的单位数。也就是增长

1 千克肉要用多少千克饲料。

2. 饲料效率

它是指饲料对鱼体增重效率，用以表示饲料被鱼消化吸收后生长增重的利用率。计算式为饲料系数的倒数。

一般在正常情况下，营养价值较高饲料应该是饲料系数较低而饲料效率较高。但要注意的是，鱼的种类和年龄的不同，水温、DO 和投饲技术等因素的差异，也会影响到上述两个指标的高低，使我们对饲料的评判出现误差。

三、鱼饲料使用的几点思考

鱼类食物来源有两大类：一类是天然饵料；另一类是人工配合饲料。在目前大规模养殖条件下，人工配合饲料已成为饲养鱼类生长所需营养的重要来源。然而面对目前种类繁多的人工配合饲料，如何选择饲料和采取何种喂养方法，以获得最佳经济效益，是每个养殖者所关心的问题，现就水产养殖中饲料使用方面的有关问题谈几点看法，供大家参考。

1. 养殖成本与价格的关系

饲料成本占养殖成本比例平均达 70% 左右。因此，养殖户要取得较好经济效益，降低饲料成本是非常重要的。往往有些人片面认为投资少，成本就低，因而倾向于选择价格较低，饵料系数较高的饲料，尤其是经济不发达地区这种认识更为突出。然而饲料使用结果并不是这样，请看下面事例。

单位鱼产量饲料成本 = 饵料系数 × 饲料价格。由此看出，单位鱼产量饲料成本是由饵料系数和饲料价格共同确定的，在选择饲料时可有两种选择：A 饲料饵料系数 2.0，吨价 2 800元；B 饲料饵料系数 1.5、吨价 3 400元。

在不考虑其他因素影响的条件下，其使用结果：A 饲料增重 1 千克鱼肉成本 = （2.0 ×2.8） 元/千克 =5.6 元/千克。B 饲料增重 1 千克鱼肉成本 = （1.5 ×3.4） 元/千克 =5.1 元/千克。即 B 饲料比 A 饲料产鱼每千克可节约成本 0.5 元，生产每吨鱼可节约成本 500 元，那么大规模养殖节约成本是可观的。

以上结果可看出，在饲养中选择饵料系数低，但价格高的饲料，只要其质量好，其产鱼成本反而可能降低。

2. 饲料质量与生长速度的关系

假设在投饵率为 4% 的情况下，一个有 1 000千克鱼池塘为例，投喂上例 A、B 饲料。A 饲料饵料系数 2.0，则日增重为（1 000 ×4%） /2.0 =20 千克；B 饲料饵料系数 1.5，则日增重为（1 000 ×4%） /1.5 =26.6 千克。

（1）以同样生长 100 天，A 饲料长鱼 2 000千克，则 B 饲料可长鱼 2 660千克，比 A 饲料多长鱼 660 千克。

（2）以同样增长 2 000千克，A 饲料需 100 天，则 B 饲料只需 75.2 天（2 000 千克 ÷26.6 千克/日），比 A 饲料投喂少 24.8 天。

即在相同时间内（100 天），B 饲料比 A 饲料多长鱼 660 千克。在相同增重时 B 饲料比 A 饲料可节约 24.8% 的时间。

此外，养殖成本还与投饵量与投喂方法有很大关系。在相同单位鱼产量饲料成本的前提下，养殖者应尽量选择优质的饲料，采取科学的投喂方法。

3. 养殖成本与养殖风险的关系

假设在投饵率为 4% 的情况下，一个放有规格为 0.25 千克/尾的鲤鱼种 1 000千克鱼池塘，要求上市规格达到 1.5 千克为例，用 A 饲料 100 天鱼才能长到平均尾重 1.5 千克，而采用 B 饲料投喂的鱼仅用 75.2 天就能得到 1.5 千克的规格，可提前上市，避开了集中上市的时间，鱼也会卖一个好价钱，效益会高于集中上市。由于 A 饲料饵料系数高，饲料营养成分和配比存在不平衡现象，鱼摄食后不能充分消化吸收，排出的粪便污染了养殖水体，往往容易诱发鱼类病害，增加了水质调控和防治病害的费用支出，有的还造成养殖鱼类因病死亡，直接经济损失惨重。而选用 B 饲料，由于饲料营养配比平衡，鱼摄食后基本上都被鱼消化吸收，鱼生长良好，避免了水体污染和病害的发生，节省了水质管理和防治鱼病的费用。养殖时间的缩短，还节省了人员工资、电费等费用支出。因此，不论从成本上，还是养殖风险的大小上，均可看出，在饲养中选择饵料系数低，但价格高的饲料，只要其质量好，其产鱼成本、养殖风险均可降低。

四、饲料选择

饲料选择：

1. 选择厂家

最好选择有一定规模，技术力量雄厚、售后服务到位、养殖效果好。

正规厂家生产的饲料，质量有保证，营养配合全面，信誉好，饲料不会出现不同批次质量不同的现象，鱼吃了后也不会出现营养不良症或产生应激反应。

2. 产品选择

（1）产品应适宜养殖对象。许多用户认为，饲料的蛋白高就好，鱼长得就好，一定要科学地对待这两个问题。

不同品种的全价配合饲料，其成分含量和营养价值是不相同的，所适用的养殖鱼类就不一样。例如，肉食性鱼类对蛋白质的需要量要比杂食性鱼类高，杂食性又比草食性的高，养殖鳗鱼、罗非鱼和草鱼时，不应使用同样的饲料。

同一种鱼，不同养殖阶段也应使用不同的饲料。如鲤鱼在鱼苗阶段，饲料对蛋白质的要求就高，可达 45%；鱼种阶段，38%；成鱼阶段，30% 左右。

为了提高养殖的保险系数而盲目购买高档饲料，既增加了养殖成本，又不适合鱼类的营养需要；为了降低养殖成本，使用低档廉价饲料，也是不恰当的。低价格的全价配合饲料多使用的是品质较差，消化利用率较低的原料，可被鱼类利用的有效成分含量较低，饲料系数高，养殖鱼类所需要营养得不到满足，生长缓慢，饲料消耗量大，同样也会使养殖效益下降。

避免跨种类混合使用全价配合饲料，用畜禽饲料喂鱼，不仅不能满足鱼类营养需要，还会因为畜禽饲料中所含的某些药物等添加剂而影响鱼类的正常生长。

（2）料的粒径要适合鱼口的大小。鱼类的摄食特点是，当它能吞食较大颗粒的饲料时，不选择小颗粒的饲料，因此，应选择粒径适合鱼口径大小的饲料。优质全价配合饲料从外观来看，颗粒粗细均匀，长短一致，颗粒长度是粒径的 1.5 ~2 倍，无过碎或过长的饲料。

（3）料的整齐度和一致性好。料的表观颜色均一；尝几粒，味道差异不大；放入透明玻璃瓶中浸软发散后，残留颗粒大小差异小。

（4）黏合糊化程度好。要求袋中无粉尘集中现象，饲料颗粒外表光洁致密，不粗糙松软，这样的饲料水中稳定性好，可保持浸泡水中 20 秒内不吸水变形，1.5 小时内不完全溃散。

（5）饲料含水量要适当。优质全价配合饲料手感干燥清爽不潮湿，含水率约为 12%，正常情况下可保存 3 个月以上而不发霉变质。饲料含水分太少，则硬度过大，不利于鱼类消化；饲料含水量太多，则容易霉变，保质时间短。

（6）饲料的适口性和色泽要好。优质全价配合饲料颜色均匀自然，气味淡香，口感略咸。若饲料颜色偏重于某种原料的颜色，或颜色不均匀，表明饲料原料品质较低劣或加工时混合不均匀，成品饲料的质量就没有保障。

（7）标志清楚。主要内容有：组分质量参数，保存要求，出厂日期与保持期，使用方法及注意事项等。

第三节　淇河鲫鱼投饲技术

投饵是项操作性较强的工作，要求饲养者要有较强的责任心和丰富的经验。随着水产养殖水平的提高，鱼用配合饲料被普遍接受，单位养殖面积投喂饲料量逐年增加，目前，许多池塘中饲料成本已占整个养殖成本的70%～80%，提高鱼用饲料的投喂技术，提高饲料利用率，减少浪费显得十分重要。

一、影响鱼摄食、消化的因素

环境因素如水温、溶氧量、水质；物理因素如水的交换率、养殖方式；管理因素如投饵率和投喂次数。

1. 溶氧量

水中溶氧量的高低，对鱼的摄食、饲料消化吸收和鱼的生长影响很大。水中溶氧量低，鱼食欲差，或者厌食，摄食后饲料消化吸收率低，生长速度慢，饲料系数高。

有资料表明，鱼在最适生长水温时，水中溶氧3.5毫克/升以下，比3.5毫克/升以上的饲料系数要增加1倍。

水中溶氧量低，鱼浮头，一般不投喂，待水中溶氧量改善后投喂。在池塘养殖中一般天气正常，太阳出来后2小时左右(9:00～10:00)，池塘水中溶氧可达4毫克/升以上，这时投喂效果较好。而在网箱养殖的过程中，则提倡早投喂，一般在6:00时就开始投喂，因其是大水体，受溶解氧的影响较小。

2. 水温

鱼类是变温动物，水温对鱼类的摄食强度有重要影响。在适温范围内，水温升高时对养殖鱼类摄食强度有显著促进作用。水温降低，鱼体代谢水平也随之降低，导致食欲减退，生长受阻。

我国主要养殖鱼类都是广温性鱼类，在1～38℃水温中都能生存，但适宜生长温度是20～32℃。鲤鱼在水温25～30℃时生长最快，当水温降至15℃时，生长就受到抑制。如果水温降到13℃以下，则觅食能动性大为降低。在13℃以上，当温度增高10℃，则其摄食量增加2～3倍。草鱼在水温27～30℃时，其代谢水平最高，而摄食强度也最大。当水温降到20℃时，其生长速度明显下降。在水温17℃时，与21℃相比，草鱼的肠道充塞度指数减少10%。

二、投饵技术

正确合理的投饵方法有利于提高饲料利用率，减少浪费，降低饲料系数，提高水产养殖效益。投饵技术包括确定最适投饵量、投饵次数、投饵时间和投喂方法等。

在投饵过程中，除去因水质败坏或天气不好而暂不能停喂外，均应持之以恒，切忌喂喂停停，否则，容易造成饲料浪费。

1. 投饵量的确定

掌握最适投量这是投饵技术的关键和核心。过量投饵造成浪费，并且会污染水质，引起疾病。而投饵量不足，不能满足鱼类能量和营养需要，使鱼类不能维持体重而减产，同样造成饵料浪费。使用最省的饵料，获得最佳生长速度和群体产量就是最适投饵量。

全年投饵量可以根据饲料的饲料系数和预计产量计算：

全年投饵量＝饲料系数×预计净产量

月份投饵量＝全年投饵量×月份比例

求出全年投饵量后，再根据各月份分配比，并根据池塘吃食鱼重量、规格、水温确定日投饵量。每隔10天，根据鱼增重情况，调整一次。

日参考投饵量＝水体吃食鱼总重量×（相应水温、规格）

参考投饵率。

投饵率为每100千克鱼每天投喂饲料数（千克）。

影响投饵率的因素有鱼的规格、水温、水中溶氧量和饲养管理等，投饵率在适温下随水温升高而升高，随鱼规格的增大而减小。鱼种阶段日参考投饵率约为吃食鱼体重的4%～6%或更高，成鱼阶段约为吃食鱼体重1.5%～3%。

春季水温低，鱼小，摄食量小，在晴天气温升高时，可投放少量的精饲料。当气温升至15℃以上时，投饲量可逐渐增加，每天投喂量占鱼类总体重的1%左右。夏初水温升至20℃左右时，每天投喂量占鱼体总重的1%～2%，但这时也是多病季节，因此，要注意适量投喂，并保证饲料适口，均匀。盛夏水温上升至30℃以上时，鱼类食欲旺盛，生长迅速，要加大投喂，日投喂量占鱼类总体重的3%～4%，但需注意饲料质量并防止剩料，且需调节水质，防止污染。秋季天气转凉，水温渐低，但水质尚稳定，鱼类继续生长，仍可加大投喂，日投喂量约占鱼类总体重的2%～3%。冬季水温持续下降，鱼类食量日渐减少，但在晴好天气时，仍可少量投喂，以保持鱼体肥满度。

以上我们提供了一个常规养殖鱼类的投饵参考，但在实际养殖过程中，还要区分不同品种，根据其潜在生长能力及生长所需营养要求的不同，因此，其投饲率也有区别。如草鱼在25℃左右时的投饲率为5%～9%，鲮鱼则为2%。同种类其投饲率也不尽相同，如体重100克的尼罗罗非鱼投饲率为1.6%，而同体重的莫桑比克罗非鱼则会达到2.4%。

2. 日投饵量调整

日投饵量根据季节、天气、水色和鱼摄食情况灵活调整。

池鱼摄食情况：每次投饵量一般以鱼吃到七八成饱为准。把握吃食时间按照常规标准投喂一定数量的饲料后，鱼类长时间停留在食场不离开，说明投饲不足，应适当增多。如果经过较长时间正规投喂，鱼类吃食时间突然减短，鱼群集于食场不离开，说明鱼体已增重，应调整投喂标准。投喂草类、螺、蚌等饲料，一般以 7 ~8 小时吃完为标准。

天气情况：天气晴朗，水中溶氧量高，鱼群摄食旺盛，应多投；反之，天气闷热，连续阴雨，水中溶氧量低，鱼群食欲缺乏，残饵多，容易使水质变坏，应少投或不投。

池塘水质情况：水质清爽，应多投；水质不好，应少投；水质很坏，鱼已浮头时，应禁止投喂。

主养鲤鱼的水面可根据水的浑浊度来确定投喂的多少，如整池水都很浑浊，呈泥黄色，排除大雨或人为的原因，可证明鲤鱼在池底活动极频繁，不断拱泥而致水体浑浊，由此可判定鲤鱼处于饥饿状态，应加大投喂量。

池塘水温情况：在适温范围内，水温升高对养殖鱼摄食强度有显著促进作用；水温降低，鱼代谢水平随之下降，导致食欲减退，生长受阻。但高温季节超过适宜温度则摄食减少，应减少投饵量。

养殖季节：一年之中的投饵应掌握“早开食，抓中间，带两头”的投喂规律，将全年的饲料主要集中在 6 ~9 月鱼类摄食旺盛、生长最快的季节投，4 月份以前投喂工作尽量提前，10 月份以后，应延长投饵，做到收获前停食，保证鱼不落膘。

鱼群摄食驯化：驯化成功与否关系着饲料的利用率和养殖经济效益高低，在其他条件基本相同时，采取抛撒入泥、水中搭台、水面驯食 3 种不同给食方法，试验结果证明，三者饵料系数依次为 2、1. 7、1. 5。

这组数字表明，每增重 1 000克草鱼，撒抛入泥法需 2 000克饲料，水面驯食法只需 1 500克饲料，每 1 000克饲料按 1. 8 元计算，后者比前者节约 0. 90 元，如果每亩水面净产草鱼 600 千克，那么每亩水面可节约饲料成本 540 元。

3. 投饵方法

投喂时要耐心细致。在投喂饲料时，应尽量做到饲料投到水中能很快被鱼摄食。切勿把饲料一次性倒入池塘中，这样会使饲料未被鱼摄食而溶失掉了，造成饲料利用率低。应一把一把地将饲料撒入水中，鱼很快集拢过来，集中水面抢食，水花翻动，然后分散水中摄食，在水面出现水纹，由大鱼先争食到小鱼争食，由激烈到缓慢，当鱼饱食后，将分散游走。

严格“四定”投饵原则，投饵应按照“慢、快、慢”、“少、多、少”、“匀”的原则，开始投饵时，先用少量饲料慢慢投喂，等鱼诱集在一起抢食时，加大投饵量，加快投饵频率，等大部分鱼已吃饱慢慢游走，再减少投饵量，减慢投饵频率，最后停止投饵。投饵过程中，撒料要匀，每次给料，要基本保证每尾鱼都能吃上一颗料。这样出塘时鱼的规格才能整齐一致。

4. 投饵次数

鱼种阶段分4~5次投喂，成鱼阶段分2~3次投喂。鱼规格越小，投饵次数要越多。成鱼池塘养殖一般早春晚秋每天两次，9:00~10:00，16:00~17:00各投喂1次；生长旺季，每天3次，时间为8:00~9:00、12:00~13:00、16:00~17:00各一次；当水温低于15℃时，日投饵一次，时间为9:00~10:00或17:00~18:00。阴雨天末次不超过18:00，投饵尽量选在白天适宜温度时候（20~32℃）进行。水温32℃时，应推迟投饵时间，早上如浮头应待正常之后1~2小时再投饵。

网箱投饵次数：15℃以下，日投饵2次；15℃以上，日投饵4次；25℃以上，日投饵5~7次。

5. 生物钟

自然状态下，在一天的24小时中，水生生物的采食量差异较大，投饵的原则是尊重动物的生活习性。

6. 投饵习惯

养成四定的习惯；如要换料，应有缓冲过渡时间 2 ~ 3 天。

饲料进行选择，对我们养殖生产可起到事半功倍的效果。掌握投饲技术，更能提高鱼类养殖的投入产出比。因此，要引起我们足够的重视。

第四章　鱼病诊断

养殖鱼类的病害

一、病害分类

1. 按病原分

有病毒性（如草鱼病毒性出血病、鲤鱼病毒性肠炎病等）、细菌性（如细菌性赤皮、肠炎、烂鳃、打印病等）、真菌性（如水霉病、鳃霉病）、藻类性（如卵甲藻病）、原虫性（车轮虫、小瓜虫等）、蠕虫性（线虫、涤虫病）、甲壳动物性病（锚头鳋、大中华鳋病等）、其他病虫害、蛭病、钩介幼虫病、藻类中毒、饲料中毒、重金属化学性中毒、机械性损伤、理化刺激、环境和水质恶化、营养缺乏症等。

2. 按发病部位分

有皮肤病、鳍病、鳃病、胃肠病、其他器官组织病等以及有关的综合征、肿瘤等。

二、病鱼和健康鱼的鉴别

病鱼和健康鱼无论在外表表现或内在生理上都有明显的差别。大多数疾病要用多种检测手段来加以确诊，有些则凭临床症状便可判断。

1. 活动

鱼的活动状态可以反映鱼的健康状况。如正常鱼游动活泼，反应灵活；病鱼则游动缓慢，反应迟钝，或作不规则的狂游，跳跃、打转，平衡失调，或离群独游。

2. 体色或体形

正常鱼体色有光泽，体表完整；病鱼则体色变黑或褪色，失去光泽，或有红色或白色斑点、斑块、肿块，或鳞片脱落、竖鳞、长毛，或鳍条缺损，或黏液增多，或鱼体消瘦，腹部膨大，或肛门红肿等。

3. 摄食

正常鱼类食欲旺盛，投饵后即见抢食；病鱼则食欲减退，缓游不摄食，或接触鱼饵也不抢食。

4. 脏器

鳃、肠道、肝脏、脾脏、肾脏、气鳔、胆囊等器官和组织，病鱼和健康鱼也有明显区别，视病情的类型而异。

三、鱼病的现场调查

鱼生活在水中，其发病死亡虽有多种原因，但往往同环境因素密切相关。为了诊断准确，对发病现场作周密调查，不可忽视。

1. 发病情况调查

包括发病的死鱼数量、种类、大小不一、病鱼的活动与特征，水体中饲养的种类数量、大小、种苗来源，水质情况、养殖场周围的工厂排污和水源的情况、平时的防病措施和发病后已采取的措施等。

2. 饲养管理情况调查

包括鱼塘或网箱的放养密度，每天投喂的饲料的次数和数量，饲料的种类和质量，饲料的来源，贮藏、消毒情况、池塘的消毒情况发病塘或网箱周围其他塘、箱的情况，平时饲养管理情况和以往发病史等，都要全面了解。

3. 气候、水质情况的调查

在现场有重点地测定有关气温、水温、下雨、刮风、盐度、酸碱度、溶解氧、氨氮、亚硝酸盐、水流、水色、透明度、硫化氢等有关指标，以便为进一步诊断提供必要的依据。

四、病鱼的检查、诊断技术

要做到对症下药，首先必须对病鱼作出正确的诊断。病鱼的检查，一般采用目检和镜检相结合的方法。

（一）取材

应选择晚期的病鱼作材料。为了有代表性，一般应检查 3 ~ 5 尾。死亡已久或已腐败的病鱼不宜做材料。末检查到的材料鱼，要在原塘中蓄养，以保持鲜活状态。

（二）目检鱼病

肉眼检查，是目前生产上用于诊断鱼病的主要方法之一，重点检查体表、鳃、内脏 3 部分，方法如下。

1. 体表

将病鱼置于盘中依次从头部、嘴、眼、鳃盖、鳞片、鳍等顺序仔细观察。

（1）检查有无大型病原体。如水霉、嗜子宫线虫、锚头蚤、鱼鲺、钩介幼虫等。

（2）根据症状辨别病原。如车轮虫、鱼波豆虫、斜管虫、三代虫等寄生，一般会引起鱼体分泌大量黏液，有时微带污泥，或是头、嘴及鳍条末端腐烂，但鳍条基部一般无充血现象。

双穴吸虫病，则表现出眼睛混浊，有白内障。细菌性赤皮病，则鳞片脱落，皮肤充血。疖疮病则在病变部位发炎，脓肿。白皮病的病变部位发白，黏液减少，用手摸时有粗糙的感觉。腐皮病的病变部位产生侵蚀性的腐烂等病状。发现病鱼肌肉、鳃盖和鳍基充血发红，可初步诊断为病毒性出血病或暴发性鱼病，病鱼尾巴极度上翘、颅脑发黄，在水中狂游打圈，则为疯狂病。但有些病状，包括体表、鳃 、内脏等的症状，在几种不同的鱼病中基本上是一样的，例如，鳍基充血和蛀鳍的赤皮病、烂鳃病、肠炎病及一些其他细菌性鱼病；又如，在大量车轮虫、鱼波豆虫、斜管虫、小瓜虫、三代虫等寄生时，都会在体表、鳃部有较多的黏液，所以，应把观察到的病状，联系起来加以分析。

2. 鳃

鳃部检查重点是鳃丝。

首先要注意鳃丝是否张开。然后将鳃盖剪去，观察鳃丝的颜色是否正常，黏液是否较多，鳃丝末端是否有肿大发白和腐烂现象。

例如，患细菌性烂鳃病，则鳃丝末端腐烂，黏液较多。鳃霉病则鳃片的颜色较正常鱼的鳃片白，略带血红色小点，如患鱼波豆虫病、鳃隐鞭虫病、车轮虫病、斜管虫病、指环虫病等寄生虫性疾病，则鳃丝上有较多黏液。如患中华蚤病、指环虫以及黏孢子虫病等寄生虫病，则常表现鳃丝肿大，鳃盖张开等症状。

又如，亚硝酸中毒，鳃丝颜色变为紫红色等。

3. 内脏

将一边的腹壁剪去（注意勿损坏内脏），从肛门部位向左上方沿侧线剪至鳃盖后缘，向下剪至胸鳍基部，除去整片侧肌。

（1）观察是否有腹水和肉眼可见的寄生虫。肉眼可见的寄生虫有：线虫、舌状绦虫等。

（2）仔细观察各内脏的外表（颜色、大小、位置、有无出血充血）等，看是否正常。

肝胰脏正常颜色为粉红色，外表光滑。

肠正常时，因其中有食物粪便存在，呈暗褐色，边缘粉红色，鳔白色。

（3）将内脏取出、分离、观察其内部症状。

剪断靠近咽和肛门部位的肠，取出内脏——将内脏（肝、胆、脾、心脏等）逐个分离，观察质地、内部的症状、颜色——分离肠道，将肠道分为前、中、后3段，轻轻将肠道中的食物、粪便去掉，然后观察。

观察是否发生充血或肉眼可见的寄生虫。如肠炎病，会表现肠壁充血、发炎、溃疡。涤虫、吸虫、线虫等肉眼容易看见。

观察肠壁是否有小寄生虫及肠壁的质地等。如艾美虫病和黏孢子虫病在肠壁上一般有成片或稀散的白点。

饲料营养缺乏等原因可产生肠壁变薄，质地脆的症状。

4. 其他内脏器官

如在外表上未发现病状，可不再检查。

5. 检查注意事项

第一，用于检查的鱼，要用活鱼或刚死不久的鱼。检查时要保持鱼体体表湿润，应放在盛水的容器中，路程远的要用湿布包裹，解剖时要保持器官的完整性并防止相污染，同时，要做好记录，以提高诊断的准确性。

第二，有时一种病有几种病状同时表现出来，如肠炎病，就有鳍条基部充血、蛀鳍、肛门红肿、肠壁充血等症状；有时一种病状在几种病中表现出来，如体色发黑、鳍条基部充血、蛀鳍等，这些病状为细菌性赤皮病、疖疮病、烂鳃病、肠炎病等所共有。

检查时要注意区别、总结、分析。

（三）镜检鱼病

肉眼检查通常局限于症状比较明显的鱼病和大型寄生虫病，而对一些症状不太明显和小型寄生虫引起的鱼病则需要经镜检，同时，由于鱼病发病情况比较复杂，存在多种并发症要正确诊断，单凭肉眼不能确定病症，需要更准确地确定出病原体的种类时，必须用显微镜做详细的检查。

1. 体表

用解剖刀刮取少许体表黏液置于载玻片上，加适量蒸馏水盖上盖玻片，放在显微镜下检查，如有异物，可直接将异物置于镜下检查。

寄生在体表的小型寄生虫种类很多，常可发现车轮虫、斜管虫、鱼波豆虫、杯体虫和小瓜虫等寄生虫，若发现白点或黑色的胞囊，压碎后可看到黏孢子虫或吸虫囊蚴。

2. 鳃丝

用小剪刀取一块鳃组织放在载玻片上，滴入适量蒸馏水盖上盖玻片，放在显微镜下检查。

在鳃上可能有许多种类的原生动物。单殖吸虫和甲壳虫、杯体虫、黏孢子虫、指环虫和血吸虫卵等。

3. 肠道

剖开鱼腹腔，取出肠道，剪开肠管，分别取前、中、后3段肠壁的少许黏液置于载玻片上，滴加少量生理盐水（或0.85%的食盐水），加盖玻片放在显微镜下检查。

在肠道内的寄生虫有原虫类及蠕虫类等，如黏孢子虫、球虫、肠袋虫、六鞭毛虫以及吸虫、涤虫和线虫的虫卵等。

在上述部位未发现病原体时，就要根据实际情况进一步检查肝、胆囊、胃、眼、脑、肌肉、心脏及血液等。

4. 镜检注意事项

第一，检查的鱼体（即刚死或未死的病鱼）和取出的各器官要保持湿润不可在空气里干燥。

第二，检查器官用过的解剖工具，需洗净后再用。

第三，使用显微镜时，先用低倍镜后用高倍镜检查，没有显微镜，也可用倍数较高的放大镜。

第四，取出鱼的内部器官时，要保持器官的完整，不要混淆和污染，以免影响对疾病诊断的正确性。

第五，确定病原体后，要正确记数小型寄生虫的数量。

第六，一时不能诊断的症状，要注意保留标本。

（四）诊断

病鱼的诊断是较复杂的一环，初学者或没有经验的养殖工作者，都要从实践中反复学习才能掌握。在鱼病诊断过程中，除掌握现场调查和鱼体检查的情况外，还应考虑发病鱼的种类、大小、年龄及各种病的流行季节，发病规律，综合分析后作出诊断。有些疾病只是单一感染，有些是多种病原复合感染。有的鱼病单凭目检可作出诊断，而大多数鱼病还要靠镜检，才能作出诊断。有些鱼病单凭镜检不能确诊，还要靠细菌学或病毒学检测，生化或组织病理学等检测手段的帮助才能得出结论。对怀疑是中毒或营养不良引起的疾病，应对水质和饵料进行检查。随着养殖业的发展，养殖品种也趋向多样化，新的养殖品种带来新的病种，也增加了诊断的难度。

第五章　渔　药

鱼药是指为提高水产养殖产量，用以预防、控制和治疗水产动植物的病、虫、害，促进养殖对象健康生长，增强机体抗病能力以及改善养殖水体质量所使用的物质。它包括水产动物药和水生植物药。

鱼药的功能

（1）治疗疾病；

（2）预防疾病；

（3）消灭、控制敌害；

（4）改善养殖环境；

（5）增进机体健康；

（6）增强机体抗病力；

（7）促进生长；

（8）疾病诊断。

第一节　鱼药的分类

鱼药按作用及用途可分为化学药、中药、生物制品等，根据药物的功效一般有：环境改良剂、消毒杀菌剂、抗微生物药、杀虫驱虫药、代谢改善和营养剂、中草药、生物制品及其他辅助性药物等。

1. 环境改良剂

以改良养殖水域环境为目的所使用的药物，包括底质改良剂、水质改良剂和生态条件改良剂。常用的环境改良剂有氧化钙

（生石灰）、漂白粉、光合细菌、沸石等。

2. 消毒剂

以杀灭水体中的微生物（包括原生动物）为目的所使用的药物。常用的消毒剂有甲醛溶液（福尔马林）、氧化钙（生石灰）、氯化钠（食盐）、漂白粉、高锰酸钾、硫酸铜、硫酸亚铁等。

3. 抗微生物药品

该药指通过内服或注射，杀灭或抑制体内微生物繁殖、生长的药物。包括抗菌药、抗真菌药、抗病毒药等。抗菌药又分为抗生素类，如青霉素；喹诺酮类，如氟哌酸（诺氟沙星）；磺胺类，如磺胺嘧啶；呋喃类，如呋喃唑酮（痢特灵）；抗菌增效剂，如甲氧苄氨嘧啶；其他，如喹乙醇。

4. 杀虫驱虫药

该药指通过药浴或内服，杀死或驱除体外或体内寄生虫的药物以及杀灭水体中有害无脊椎动物的药物。包括抗原虫药，如硫酸铜、硫酸亚铁、碘等；抗蠕虫药如敌百虫、碳酸氢钠、氯化铜等；抗甲壳动物药，如敌敌畏、高锰酸钾等。

5. 代谢改善和强壮药

该药指以改善养殖对象机体代谢、增强机体体质、病后恢复、促进生长为目的而使用的药物。通常以饵料添加剂方式使用。

主要包括：

（1）激素。分为肾上腺皮质激素，性激素及促性腺激素。

（2）维生素。可分为脂溶性维生素如维生素 A 和维生素 D；水溶性维生素如维生素 B。

（3）钙、磷及微量元素。如磷酸氢钙、磷酸二氢钠等。

（4）氨基酸。如蛋氨酸、甘氨酸等。

（5）促生长剂。如喹乙醇、牛磺酸等。

6. 防霉剂和抗氧化剂

（1）防霉剂。指为了抑制微生物活动，减少饲料在生产、运输、贮藏和销售过程中腐败变质而添加的保护物质。防霉剂应该是对细菌有害而对水产动物无害的物质。几种防霉剂并用可以产生相乘效果。我国使用的种类有：苯甲酸、苯甲酸钠、山梨酸及其盐类，丙酸及盐类等。

（2）抗氧化剂。指为了阻止或延长饲料氧化、稳定饲料的质量、延长贮藏期而在饲料中添加的物质。有一些物质，其本身没有抗氧化作用，但与抗氧化剂混合使用，却能增强抗氧化剂的效果，这些物质称为抗氧化剂增效剂。现被广泛使用的抗氧化剂增效剂有：柠檬酸、磷酸、抗坏血酸等。抗氧化剂对已氧化的饲料无作用。

7. 中草药

该药指为防治水产动植物疾病或改善养殖对象健康为目的而使用的经加工或未经加工的药用植物，又称天然药物。根据中草药的作用可分为抗细菌中草药，如大黄、黄连、大青叶等；抗真菌中草药，如马篼铃、白头翁、苦参等；抗病毒中草药，如板蓝根、野菊等；驱（杀）虫中草药，如苦楝皮、使君子等。

8. 生物制品和免疫激活剂

生物制品是指用微生物（细菌、噬菌体、病毒等）及其代谢产物、动物毒素或水生动物的血液及组织加工制成的产品，可用来预防、治疗或诊断特定的疾病。其中，包括抗毒、抗菌、抗病毒的抗病血清；供诊断各类特定疾病的诊断试剂（诊断液）；用于预防传染病发生的疫（菌）苗如草鱼出血病疫苗等。生物制品多为蛋白质，性质不太稳定，一般都怕热，怕光，有些还不可冻结。

免疫激活剂主要是促进机体免疫应答反应（包括特异性免疫应答与非特异性的免疫应答反应等）的一类物质。该类物质大部分为无机化合物和有机化合物，一般均为非生物制品。免疫激活剂按其作用机制可分为两类：一类是改变疫苗应答的物质，促使疫苗产生、增强或延长免疫应答反应，称为佐剂；另一类是非特异性的免疫激活剂，如左旋咪唑，FK－565，葡聚糖等。

鱼药的分类，其目的是为了方便应用。实际上某些药物具多种功用，如石灰和漂白粉既具改良环境的功效，又有消毒的作用。随着药物技术的进步，分类将可能合理地改变。

第二节　鱼药使用注意事项

一、鱼药的生产应用知识

1. 低温时杀虫药选用及注意事项

选用安全的精制敌百虫粉、敌百虫·辛硫磷粉、阿维菌素溶液等 3 种产品在低温时杀虫比较安全，它们均可与渔经高铜（硫酸铜、硫酸亚铁粉 I 型）配合使用，效果优于“老三篇”（晶体敌百虫＋硫酸铜＋硫酸亚铁）。

注意事项：

水温较低，水质较瘦，用量计算要准确；

药物要充分溶解稀释，全池均匀泼洒，以免药物残渣被鱼误吃；

精制敌百虫粉和敌百虫·辛硫磷粉在养虾、蟹、蚌及淡水白鲳等池塘禁用；

禁与碱性药物混用，不能用金属容器溶解及泼洒药物。

2. 高温季节鱼池用药注意事项

高温季节，水温较高，水质变化快，鱼病经常发生，用药较为频繁，且天气变化较频，因施药引起的事故屡有发生，因此，在施药时必须注意以下几个问题。

当鱼池平均水深不到1米，水温在30℃以上时，慎用全池泼洒的方法施药。因为，在这种条件下药物在水体中的反应速度很快，药物毒性较大，否则，容易引起死鱼；

在进行全池泼洒时，要准确计算水体，用药浓度要按常规用药的下限或减半使用较为安全，用药后，应在8小时内有人看管池塘，如一旦发现异常情况，应及时加换新水抢救。

鱼在浮头或刚浮头结束时，不应全池泼洒用药；

药物要充分溶解后才能全池泼洒；

施药要从上风向下风泼洒，增加均匀度；

施药时应避开中午阳光直射，宜在上午9:00～10:00或傍晚进行；

阴雨天气避免用药。

3. 拮抗作用的鱼药

在鱼病防治过程中，使用单一的药物不能达到防治效果时，常将两种或多种药物混用，但并不是所有药物都能混合使用，有些混用后因相互协同作用而加强，称为协同作用，有的混用后相互抵消而减弱，称为拮抗作用。

含氯石灰不能与酸类、福尔马林、生石灰等混用；

硫酸铜不能与氨溶液、碱性溶液、鞣酸及其制剂混用；

敌百虫不能与碱性药物、阿托品等混用；

高锰酸钾不能与有机物、氨及其制剂等混用；

福尔马林不能与含氯石灰、高锰酸钾、甲基蓝等氧化性药物混用；

磺胺类药物不能与酸性液体、生物碱液体、碳酸镁类、含硫氧化物、苯胺类药物等混用等。

（1）菊酯类杀虫剂使用注意事项。水温低于20℃时慎用。鱼苗禁用。溶氧低、水质恶化、天气异常等情况禁用。水深超过2米，按2米计算用药量，并分两次泼洒，中间间隔为6小时。

药物应充分溶解稀释，全池均匀泼洒。不能与碱性药物合用。

（2）有机磷杀虫剂使用注意事项。溶氧低、水质恶化、天气异常等情况禁用。

水深超过2米，按2米计算用药量，并分两次泼洒，中间间隔为2～6小时。水质较廋，透明度超过30厘米时，按低量使用；苗种剂量减半。药物应充分溶解稀释，全池均匀泼洒。不能与碱性药物合用。不能用金属容器溶解及泼洒药物。

（3）氯消毒剂使用注意事项。溶氧低、水质恶化、天气异常等情况慎用。

水质较廋、透明度超过30厘米时，用量酌减；苗种减半使用。

不能与碱性药物合用。不能用金属容器溶解及泼洒药物。

药物应尽可能用较清洁的水充分溶解稀释，并贴近水面均匀泼洒。

二氧化氯和复合亚氯酸钠溶解时应先放水，后放药，并边放边搅拌；严禁先放药后放水，以防爆炸伤人。

包装破损严禁贮运，勿与酸性、易燃物共贮混运，勿受潮。外袋破损应马上销毁。最好现购现用，切勿长期存放于生活场所。

二氧化氯和复合亚氯酸钠应现配现用，溶解后静置10～15分钟，待溶液颜色变成深黄色后泼洒；泼洒时力求贴近水面，尽量避免大风天气泼洒。

有风天气泼洒时，要从上风口开始向下风口泼洒。含氯药剂都有一定的杀藻作用，用后注意增氧。

二、常用鱼药使用注意事项

1. 菊酯类杀虫药

水质清瘦，水温低时（特别是20℃以下），对鲢、鳙、鲫毒性大；如沿池塘边泼洒或稀释倍数较低时，会造成淇河鲫鱼或鲢鳙鱼死亡。

2. 杀虫药或硫酸铜

（敌百虫除外）当水深大于2米，如按面积及水深计算水体药品用量，并且一次性使用，会造成鱼类死亡，概率超过10%。

3. 外用消毒、杀虫药

早春，特别是北方，鱼体质较差，按正常用量用药，会发生鱼类死亡，特别是鲤鱼，死亡概率5%～10%，且一旦造成死亡，损失极大。

4. 阿维菌素溶液

按正常用量或稍微加量或稀释倍数较低或泼洒不均匀，会造成鲢鱼和鲫鱼的死亡。海水贝类在泼洒不均匀的情况下，易导致死亡。

5. 内服杀虫药

早春，如按体重计算药品用量，会造成吃食性鱼类的死亡，概率10%～20%。

6. 水质因素

当水质恶化，或缺氧时，应禁止使用外用消毒、杀虫药。施药后48小时内，应加强对施药对象生存水体的观察，防止造成继发性水体缺氧。

7. 维生素C

不能和重金属盐、氧化性物质同时使用。

8. 大黄流浸膏

易燃物品，使用后注意增氧（苦味健胃药。用于便秘及食欲缺乏）。

9. 硫酸铜

不能和生石灰同时使用。当水温高于30℃时，硫酸铜的毒性增加，硫酸铜的使用剂量不得超过300克/（亩·米），否则，可能会造成鱼类中毒泛塘。烂鳃病、鳃霉病不能使用。

10. 盐酸苯胍

该药若做药饵搅拌不均匀，会造成鱼类中毒死亡，特别是淇河鲫鱼。（主要治疗艾美球虫病）。

11. 季铵盐碘

瘦水塘慎用。

12. 杀藻药物

所有能杀藻的药物在缺氧状态下均不能使用，否则，会加速泛塘。

三、禁用鱼药

根据水产健康养殖的要求，保证让消费者吃到“放心鱼”，我国也对禁用鱼药做了规定，下面简单介绍一下常用鱼药中的禁用种类，便于养殖户在实际生产中参照。

1. 抗菌类药物

在抗菌类药物中，抗生素类中的红霉素、氯霉素、泰乐菌素、杆菌肽锌已被禁止用于鱼病防治及作为饲料药物添加剂。磺胺类中的磺胺噻唑（消治龙）、磺胺咪（磺胺胍）被禁用。喹诺酮类中的环丙沙星已被禁用，恩诺沙星药残已作为限制鳗鱼出口日本的主要因素。另一类抗菌药物硝基呋喃类中的呋喃唑酮（商品名为痢特灵）、呋喃西林（又名呋喃新）、呋喃它酮、呋喃那斯也已被禁用。养殖户在生产过程中可用其他抗菌药物代替。

2. 抗寄生虫药物

在抗寄生虫药物当中，孔雀石绿具有强毒、危害人体健康，有致癌性，已被禁用，在生产中可用亚甲基蓝代替。另一类汞制剂杀虫剂如硝酸亚汞、氯化亚汞、醋酸汞、甘汞（二氧化汞）、吡啶基醋酸汞等各个种类已被禁止使用。拟除虫菊酯中氟氯氰菊酯（又名百树得、百树菊酯）、氟氰戊菊酯被禁用，此类药物虽未全禁，但还是少用为好。另外多种农药如地虫硫磷、六六六、毒杀酚、滴滴涕（DDT）、呋喃丹（克百威）、杀虫脒、双甲脒等被禁用。养殖户应杜绝使用这些种类药物，可用其他杀虫剂代替使用。

3. 其他

其他如清塘药物中五氯酚钠已被明令禁止使用，在实际生产中可用鱼藤酮及市场上的其他药物如清塘净等代替。化学促长剂中喹乙醇早已被禁止使用，性激素类中甲基睾丸酮、丙酸睾酮等制剂；硝基咪唑中的甲基唑、地美硝唑等被禁用。

第三节　正确给药技术

一、选用药物的针对性

任何一种药物都不能包治百病，如果使用不当，不仅不能防治疾病，甚至还可能使疾病加重，造成更大的经济损失。不同的鱼药针对不同的鱼病才能奏效。一般来讲，细菌性疾病如赤皮、肠炎、烂鳃、白头白嘴及其并发性鱼病等，应使用抗菌类药物内服加外治。例如暴发性鱼病，可选用极其具杀菌能力的北京“渔经”牌灭毒净进行泼洒治疗。肠炎病可选取用大蒜素或鱼复宁等内服药。由寄生虫引起的鱼病，如车轮虫病、中华鳋病、锚头鳋病等，则应选用灭虫药物，B 型灭虫精和菌虫杀手或车轮净等，对寄生虫效果特别显著。如果用药不当，细菌性疾病用灭虫药或者寄生虫引起的病用灭菌药，不但起不到效果，还会延误病情。在选择鱼药时，应注意避免长期使用同一种药物来防治某一种或某一类疾病，以免使病原体产生抗药性，从而导致药效减退甚至无效。同时，还应该注意药物的可靠性和安全性，有些药物在生物体内的富集作用很强，如激素、抗生素、硝酸亚汞、福尔马林等，使用这类药物将直接影响到鱼产品的质量和人体的健康，应特别加以注意，使用这类药物要合理的安排休药期或另选副作用和毒性较小、疗效稍差的药物代替。因此，在选用药物时应注意用药的可行性。此外，选择的药物要注意养殖种类对药物的适应性，例如，B 杀可用于鳗鱼、加州鲈等鱼类，而强效杀虫灵只能应用于草鱼、鲤、鲢、鳙、鲫、鲂、鳊等常规鱼类，不能应用于鳜鱼、加州鲈。另外，不同鱼类的不同生长阶段对同一药物的反应亦不相同，如草、鲢等鱼类对硫酸铜较敏感，浓度超 1 毫克/升可致死，而淡水白鲳在其浓度达 5 毫克/升时仍无异常反应；草、鲢等的鱼苗对硫酸铜和漂白粉的敏感性比成鱼大，鱼苗消毒时要慎用。

今后鱼用药物的发展方向为“三效”高效、速效、长效；“三小”毒性小、副作用小、剂量小和无“三致”致畸、致癌、致突变和中草药。有条件宜选用新药，但要从本地实际出发，考虑来源、价格和实际效果等因素，不能盲目选购，要选用正规厂家的产品，以免造成损失。

二、用药量的确定性与合理给药性

因水产养殖动物生活在复杂的水环境中，而水体理化因子如温度、盐度、酸碱度、氨氮和有机质（包括溶解和非溶解态）的含量以及生物密度（生物量）等，都是影响药效的重要因素。一般认为，药效随盐度的升高而降低，而随温度的升高而增强。通常温度每升高 10℃，药力可提高 1 倍左右。水体的酸碱度（pH 值）对不同药物也有不同的影响。酸性药物、阴离子表面活性剂等药物，在碱性水环境中的作用减弱；而碱性药物（如卡那霉素）及阳离子表面活性剂（如新洁尔灭）和磺胺类等，其作用则随水体 pH 值的升高而升高。又如漂白粉在碱性环境中，由于生成的次氯酸易解离成次氯酸根离子（Cl^-），因而作用减弱。除了上述因素外，水体中有机质含量及生物密度也会影响药物效应。有机质的大量出现，通常可减弱多种药物的抗菌效果，尤其是化学消毒剂更为明显。所以，药物的用量应注意以上这些问题。

确定了用药剂量，在计算用药总量时，应根据不同的给药方式分别加以计算，用药剂量是疗效的保证，所以，必须计算准确。

外用药应按水的体积计算，以“毫克/升”或“毫克/升”表示，如1立方米水体含药1克为1毫克/升，亦即1毫克/升。全池泼洒用药的计算，要求池塘水面积丈量准确，计算平均水深时，总测点应不少于10个，求其平均值。药浴用药的计算，要以药浴容器的容水量为准。

内服药一般是按鱼的体重计算，其前提是要准确掌握被治疗鱼类的存塘量。如50千克鱼内服肠炎灵4.5~7.5克；另一种是按饵料含药量计算，如100千克饵料添加肠炎灵300克，根据鱼摄食量投喂，若按鱼体重的3%投饵，相当于每50千克鱼投饵肠炎灵4.5克；如果按5%投饵，相当于每50千克鱼投喂肠炎灵7.5克。当病势严重时，鱼类的摄食量大减，这时应按实际的摄食率，提高饲料中的含药量。以保证吃食鱼能获得足够的治疗药量。至于使用的疗程多少，则应以病情轻重和病程缓急而定，对于病情重、持续时间长的疾病就有必要使用2~3个疗程，否则治疗不彻底，易于复发，同时，也会使病原体产生抗药性。当一种药物未能在一次或一个疗程内治愈时，最好再下一次治疗时改用另一种药物。一般会取得较好的治疗效果。

根据鱼病的种类和药物的性质，采用不同的给药方法。外用药一般是主要发挥局部作用，体内用药除驱肠虫药及治疗肠炎药外主要是发挥吸收作用，这是两种不同的给药方法。为提高疗效给药时，应注意以下几点：

泼洒药物时，应先喂食后泼药。所用药物要充分溶解，经稀释后全池均匀泼洒。对不易溶解的药物要充分搅拌，药渣不要投入鱼池中，以避鱼误食中毒。泼洒应先从上风处开始，逐步向下风处顺风泼洒，以增加药液均匀度。泼洒时要注意安全尽量减少药物对人体的伤害。泼洒的时间，要根据天气变化灵活掌握，使其发挥最佳药效。一般应在晴天11:00前或15:00后用药，雨天停用，阴天药效较差。夏季高温天气应避开炎热的中午，可在9:00前或傍晚进行，要注意清晨鱼浮头或浮头刚结束时，不能用药，当然增氧剂除外。

制作内服药饵时，药物与饲料要混合均匀，同时，注意药物与饲料添加剂间的相互作用，颗粒加工的大小要适口，喂前应先停喂1次或1天，再投喂药饵。病鱼康复后，投饲量应逐渐增加到常量，避免鱼类病体恢复后出现暴食。

另外，当多种鱼病并发时，应根据病情轻重缓急合理用药，一般先治疗危害较大的疾病；也可混合用药，以增加药效，降低成本。

三、鱼药的拮抗性和协同性

在大多数的情况下，联合用药时，也就是两种或两种以上的药物在同一时间内使用，总有1~2种药物的作用受到影响，其产生的协同作用可增强药效，拮抗作用则降低药效，有的还会产生毒性对鱼体造成危害。因此，在联合用药时，要利用药物间的协同作用，避免配伍禁忌。一般来说，不少抗生素类药物连用时也会出现上述协同或拮抗作用。抗菌药物依其作用性质可分为两类：第一类为杀菌抗生素。包括青霉素系列、先锋霉素、氨基甙类、杆菌肽以及多黏霉素等；第二类为抑菌抗生素。包括氯霉素、四环素、红霉素、土霉素以及磺胺等。第一类抗生素之间合用时，杀菌作用有增强或相加的作用。第二类抗生素之间合用时，抑菌作用可相加，但不会出现增强的杀菌效果。第一类与第二类抗生素合用，则可产生拮抗作用。除此外，抗生素类药物与其他药物之间混合使用时，也可能发生相互作用。例如，磺胺类与甲氧苄氨嘧啶（TMP）、新洁尔灭与高锰酸钾、双氧水与冰醋酸、大黄与氨水等可产生协同作用增加药效；而四环素类与抗酸药物中的铝、镁、钙、铁等金属离子可形成螯合物而使肠道难以吸收，从而降低了抗生素的作用。以上几点应特别加以注意。

因为鱼药在使用方法上有它的独特性。所以，绝大多数的外用药，多少都会受到水介质的影响。在多种药物同时使用的情况下，互相之间影响尤为明显。如常用的生石灰，它不仅与硫酸铜、漂白粉和强氯精有拮抗作用，而且也受水中磷或铵氮的影响，同样磷或铵氮也会与生石灰作用而降低肥效，因此，在生产中使用时应前后错开 5 ~ 7 天。而生石灰与敌百虫相遇时，则会起到药物的协同性，能使部分敌百虫变成毒性更强的敌敌畏，这就是我们常用的敌百虫与面碱合剂，可提高药效的根本原因。

还有常用的硫酸铜与硫酸亚铁合剂，也是利用药物间的协同性，来更好地发挥药效，但硫酸铜在碱性水质或与食盐相遇，就会产生药物之间的拮抗性，而影响药效。因此，在多种药物综合防治疾病时，一定要注意它们之间拮抗性和协同性，根据具体情况，来确定药物的使用方法和增减它们的剂量。表 3 - 3 中的药物配制供大家参考。

表 3-3　常用药品配制

类别	药物	配伍药物	结果
青霉素类	氨苄西林钠、阿莫西林、青霉素克	氨茶碱、磺胺类	沉淀、分解失效
头孢菌素类	头孢拉定、头孢氨苄	氨茶碱、磺胺类、红霉素、强力霉素、氟苯尼考	分解失效
		新霉素、庆大霉素、喹诺酮类、硫酸黏杆素	疗效增强
氨基糖苷类	硫酸新霉素、庆大、卡那、链霉素	维生素 C	抗菌减弱
		同类药物	毒性增强
		青霉素类、头孢菌素类、强力霉素、TMP	疗效增强
四环素类	强力霉素、金霉素、土霉素 四环素	同类药物及泰乐菌素、TMP	增强疗效
		氨茶碱	分解失效
		三价阳离子	络合物
氯霉素类	氟苯尼考	强力霉素、新霉素、硫酸粘杆菌素	疗效增强
		氨苄西林钠、头孢拉定、头孢氨苄	降低疗效
		卡那霉素、磺胺类、喹诺酮类、链霉素、呋喃类	毒性增强
大环内酯类	罗红霉素、硫氰酸红霉素 替米考星、阿奇霉素	新霉素、庆大霉素、氟苯尼考	增强疗效
		维生素 C、阿司匹林、头孢菌素类、青霉素类	降低疗效

（续表）

类别	药物	配伍药物	结果
多黏菌素类	硫酸粘杆菌素	卡那霉素、磺胺类、氨茶碱	毒性增强
		阿托品、先锋霉素1、新霉素、庆大	毒性增强
磺胺类	磺胺喹恶啉钠、磺胺嘧啶钠、SMZ、磺胺五甲氧嘧啶、磺胺六甲氧嘧啶	强力霉素、氟苯尼考、头孢氨苄、罗红霉素、替米考星、喹诺酮类	疗效增强
		TMP、新霉素、庆大、卡那	疗效增强
		头孢类、氨苄西林、Ac	疗效降低
洁霉素类	林可霉素、克林霉素	氟苯尼考、红霉素类	毒性增强
		甲硝唑、庆大、新霉素	疗效增强
		青霉素类、头孢菌素类	疗效降低
喹诺酮类	诺氟沙星、环丙沙星、恩诺沙星、左旋氧氟沙星、培氟沙星、二氟沙星、达诺沙星	维生素B、Ac	浑浊失效毒性增强
		头孢氨苄、头孢拉定、氨苄西林、链霉素、新霉素、庆大、磺胺类	疗效增强
		四环素类、氟苯尼考、呋喃类、罗红霉素	疗效降低

（续表）

类别	药物	配伍药物	结果
		氨茶碱	沉淀、分解失效
		金属阳离子（Ca^{2+}、Mg^{2+}、Fe^{2+}、Al^{3+}）	形成不溶的络合物

四、施药预防的重要性

鱼类疾病随着治疗而缓解和消除，鱼进入健康状态，但这并不代表恢复健康的鱼不再发病。在鱼病防治中，应积极贯彻“无病先防，有病早治”、“防重于治”的方针，及时施用预防药物，对确保养殖高产、稳产具有重要意义。

五、药物疗效的判定

（一）患病水产动物用药物后的药物疗效判定

对患病水产动物用药物后的药物疗效，通常可以从如下几个方面进行判定。

1. 死亡数量

在投药后的 3～5 天内，如果选用的药物适当，患病水产动物每天的死亡数量会逐渐下降而显示出药物的治疗效果。若用药 5 天后死亡率仍然未出现下降的趋势，即可判定用药无效。

2. 游动状态

健康的水产动物往往是集群游动，而患病后的水产动物大多是离群独游，或静卧在池底不动。出现了这种症状的水产动物大多已经失去了食欲，一般难以通过药饵获得治疗效果。因此，采用药液浸泡的方式一般只能治愈症状较轻的水产动物，如果选用的药物有效，患病水产动物的游动状态也会逐渐改善。

3. 摄食量

患病后的水产动物摄食量一般都会下降，用药后摄食量应该逐渐恢复到健康时的摄食水平。

4. 症状

不同的疾病具有不同的典型症状，如果用药后其症状得到改善或者消失，即可以判定药物治疗是有效的。

5. 抗体效价的变化

因为患病的水产动物痊愈后，其体内会存在对引起该疾病的病原体的抗体，通过测定这种抗体的效价，不仅可以对病情作出判定，而且也可以了解水产动物患病的历史。

（二）影响药效的常见因素

使用药物防治水产动物疾病过程中，常发生效果不佳，病情更加严重，导致死亡。其原因主要有以下几种：

1. 对病原体的鉴定是否正确

在使用药物之前应特别重视病原体的鉴定。对导致疾病发生原因的病原体不清楚，就有可能导致盲目选择防治药物。选用了完全没有治疗作用的药物，结果必然是治疗失败。而且还使疾病得不到及时治疗，最终导致疾病的大面积暴发。准确地鉴定病原体是药物治疗疾病成功的基础，是获得良好药物疗效的基础，盲目乱投药是防治水产动物疾病的大忌。

2. 对病原体诊断正确而治疗失败

（1）药物是否失效。药物不是久藏不变的物品，各种药物的保质期不仅有一定期限，而且当保存不善时也会失效，如生石灰、漂白粉易受潮。因此，除平时妥善保存外，应在使用前测定其有效成分的含量。

（2）耐药性致病菌引起致病菌的二重感染。最初的致病菌，对抗菌药物敏感已经被消灭，但是，对所用的抗菌药有耐药性的菌株则得以繁殖，引起更为严重的感染或菌群失调。这样的现象虽然不常发生，可是一旦发生后就不易治疗。对于发生二重感染的水产动物，需要再次选择新的病原菌敏感药物，作紧急治疗处理。从患病的水产动物中分离病原菌并进行药物敏感性试验，根据试验结果选择致病菌敏感的药物。特别是对于由于产生 R 因子而形成的多种药物耐性菌，要注意使用第二次选择药物。

（3）投药量、投药时间不足。用药前水体体积与饲料计算和称药量不准；随意减少用药量或者缩短用药时间，结果导致药物在水产动物体内不能达到清除或者消灭致病菌的有效药物浓度，或者未能达到彻底清除病原体所需的维持有效药物浓度的时间，特别是对于只具有抑菌作用的抗菌药物，就不能达到有效治疗疾病的目的。因此，为了获得理想的治疗效果，就必须根据药物使用说明书中规定的用药量与给药方法使用药物。

（三）水产药物的治疗作用和不良反应

药物对动物机体的作用，从疗效上看，可归纳为两类。一类是符合用药目的，能达到防治效果的作用，称治疗作用；另一类是不符合用药目的，对动物机体产生有害的作用，称不良反应。

1. 治疗作用

（1）治疗作用可分为两种。能消除发病原因的称对因治疗，也叫治本，例如，抗生素杀灭体内的病原微生物，解毒药促进体内毒物的消除等；消除病因在治疗学上具有重要意义。如在对水产动物疾病的病原体已明了，可根据病原体采用相应的化学治疗药物杀灭病原微生物和寄生虫以控制传染病。

（2）对症治疗时用药物改善疾病症状，也称治标。在用药治疗疾病时，对病因进行治疗是最佳的处理，但有些疾病，病因尚未明了，为了缓解病情，减少动物死亡，则需根据症状考虑治疗方案。一般来讲，对因治疗比对症治疗更重要，但对一些疑难病例，严重危及水产动物生命的症状，对症治疗的重要性，不亚于对因治疗。如对某些病因不明的突发疾病，导致死亡严重，只能采用对症治疗的药物以及其他的相应措施，缓解病情，减少死亡，控制疾病。

2. 不良反应

（1）副作用。它是药物在治疗疾病时，所产生的与治疗无关的作用，而给机体带来的不良影响，但一般较轻微。有的药物可有几种作用，当治疗上利用某一种作用时，其他作用就成了副作用。如抗生素添加到饲料中，对水产动物既可预防细菌性疾病，还具有促进生长的效果，因此，常被养殖业者广泛使用。但是，它还会引起肠内细菌的耐药性和组织残留等副作用和问题。如果用药恰当，有些药物的副作用可设法纠正。但一般情况下是难以避免的。如用硫酸铜、敌百虫等杀虫药进行遍洒治疗时，虽然虫体被杀灭，但带来的副作用是水产动物产生厌食等副作用的发生。

（2）毒性反应。指用药剂量过大或用药时间过长，使机体发生严重功能紊乱或病理变化，一般是在超过极限时才会发生。有时也可由于患病动物自身的遗传缺陷、病理状态或合用其他药物引起敏感性增加，往往也可出现中毒反应。因服用剂量过大而立即发生的毒性，也称为急性毒性；如因长期使用后逐渐发生的毒性，称为慢性毒性。毒性反应在性质上和程度上都与副作用不同，对每种药物都可出现其特定的中毒症状。药物的毒性反应是可预测的。为此，为了防止毒性反应的发生，应掌握药物的理化特性，了解种类差异、环境因素等。如常用杀虫药物硫酸铜，它对鲤、鲫中毒死亡。同时，有些外用药如卤素类、氧化剂（高锰酸钾）等遇阳光会造成毒性反应或失效。用药期间应注意观察，如有中毒征兆，立即采取措施，避免或减少损失。

（3）过敏反应。指某些个体对药物的敏感性比一般个体高，表现有质的差异。有些过敏反应是遗传因素引起的，称为“特异质”；另一些则是由于首次与药物接触致敏后，再次给药时呈现的特殊反应，其中有免疫机制参加，称“变态反应”。过敏反应只发生在少数个体，而且这种反应即使使用药剂量很少，也可以发生。

（4）变态反应。指机体受药物刺激后所发生的不正常免疫反应。药物如抗生素、磺胺类、碘等分子化学物质，本身不具抗原性，但它们具有半抗原性，能与高分子载体结合完成抗原。这种反应的发生与药剂量无关或关系甚少，如反复应用氯霉素可能引起贫血等。

（5）继发性反应。指药物的治疗作用所引起的不良后果，又可称为治病矛盾。因为养殖动物体内有许多细菌寄生，这些菌群互相制约，维持着平衡的共生状态。如长期使用广谱抗生素时，由于许多的敏感菌株被抑制，而使肠道内菌群间的相对平衡状态受到破坏，致使一些病原产生抗药性后大量繁殖，引起这类病原菌疾病继发性感染，称为二重感染。

养殖池塘或网箱施放药物以后，必须注意观察情况。通常在用药 12 小时之内要有专人值班，密切注意养殖群体动态，如发现异常应及时采取措施，要排水和加注新水并根据所用药物的性质施用相应的解毒药物进行抢救；第二天以后，早晚巡塘，观察并记录用药后发病群体的病情和死亡情况。通常 3 ~6 天内如病情好转，死亡基本停止，说明疗效良好；如虽有死亡，但死亡数明显减少，说明疗效尚好；如死亡数保持治疗前或超过治疗前，说明无效，就应该进一步检查、诊断，分析原因，为继续治疗作出决断。

第六章　淇河鲫鱼常见病害

1. 鲫鱼病毒性出血病

[病原] 鲤疱疹病毒Ⅱ型（CyprinidherpesvirusII，CyHV-2）。

[症状] 病鱼身体发红，侧线鳞以下及胸部尤为明显。鳃盖肿胀，在鳃盖张合的过程中（或鱼体跳跃的过程中），血水会从鳃部流出；病鱼死亡后，鳃盖有明显的出血症状，剪开鳃盖观察，鳃丝肿胀并附有大量黏液；镜检鳃丝发白无血色。病鱼鳍条末梢发白，尾鳍尤为明显，严重时如蛀鳍状。解剖后见肝脏充血（一些个体肝肿胀），脾脏、肾脏充血肿大；肠道发炎、食物少。此外，鲫鱼病毒性出血病通常可并发寄生虫与细菌感染，在显微镜下可观察到车轮虫、指环虫、斜管虫、孢子虫等，在患病鱼腹水中分离到嗜水气单胞菌等。

[防治方法] 在池塘调研过程中发现该病的发生与养殖户大量使用药物预防病虫害，或使用强刺激或强毒性的药物池塘消毒后养殖鱼体质变弱有一定的相关性。因此，在养殖管理过程中必须进行生态养殖，减少药物使用，增强鱼体体质，提高机体免疫力和抗应激能力。在疫病发生时，建议内服维生素 C。对发病过的鱼塘做好晒塘和消毒工作。此外，病毒病防控岗位专家建议以内服天然植物药物为主，配合体外杀虫、杀菌措施，称可获得较好效果。

[预防]

①用生石灰彻底清塘；

②鱼苗下塘前用灭活疫苗浸泡或注射；

③加强饲养管理，适当稀养，改善生态环境，提高鱼体免

疫力。

[外用治疗]

①“利福平+病毒克星”，外用二氧化氯进行水体消毒；

②8%二氧化氯125克/（亩·米）+鱼血停250克/（亩·米）全池泼洒；

③病情较重，第二天用10%聚维铜碘溶液250毫升/（亩·米）或用3%碘附（I）100毫升/（亩·米）泼洒1次。

[内服治疗]

①一般按鱼5%投饲量计，用5%硫氰酸红霉素100克+鱼用多维宝100克拌40千克饲料，一日2次，连用3～5天。

②一般按鱼5%投饲量计，用5%恩诺沙星100克+板蓝根大黄散250克拌40千克饲料，一日两次，连用3～5天。

注意：实践发现有投饵机的塘口最好在下风处也有少量药饵的投喂，这样可以让那些患病稍重没有能力抢食的鱼得到恢复，以最快的速度减少死亡，望养殖户朋友们在内服药的投喂中可以试试。

2. 细菌性败血病（暴发性出血病）

[病原] 鲁克氏耶尔森氏菌、气单胞菌、弧菌。

[流行季节] 从2月底至11月，尤以水温为28℃左右发病最为严重。危害的淡水鱼类有鲫、鳊、鲢、鳙、鲤等。患病率为60%以上，死亡率为10%～80%。

[主要症状] 患病早期，病鱼主要表现为口腔、腹部、鳃盖、眼眶、鳍及鱼体两侧呈轻度充血症状。随着病情的发展，上述体表充血现象加剧，肌肉呈现出血症状，眼眶周围充血，眼球突出，腹部膨大、红肿。鳃丝灰白显示贫血，严重时鳃丝末端腐烂。剖开腹腔，腔内积有黄色或红色腹水，肝、脾、肾肿大，肠壁充血、充气且无食物。

［防治方法］

预防：

①老鱼塘必须清淤，曝晒数天，放养前7～10天带水10厘米，施用生石灰100千克/（亩·米）彻底清塘消毒。

②选择健壮活泼、无病、无伤的鱼种，放养前鲤、鲫用10～20毫克/升的10%聚维铜碘溶液浸洗10～15分钟。

③第一年发病的鱼池，第二年养殖时每20天杀虫消毒1次，用敌百虫·辛硫磷粉150克/（亩·米）全池泼洒杀灭寄生虫。

④内服：鱼血停250克+败血宁250克拌料40千克，每疗程连服3～5天。

［治疗］

方案一：

①该鱼病发生后，治疗时要根据不同的病情（或死鱼情况）选用不同的配方。尽快调好水质，第一天用敌百虫·辛硫磷粉150克/（亩·米）+渔经高铜70毫升/（亩·米）全池泼洒；第二天用三氯异氰脲酸粉30%250克/（亩·米）+鱼血停250克/（亩·米）全池泼洒。

②第二天同时开始内服败血宁250克+5%恩诺沙星粉100克拌40千克料，关键是使鱼尽早吃到药物。由于药饵在水中散失较大，实际用量应先加大2倍使用，以后逐渐降低至常规用量，服药3～5天为一个疗程。

经过7～10天的治疗，该鱼病基本可以治愈。

方案二：

①每亩水面用双黄精华200毫升或二氧化氯150克全池泼洒。

②用醛速杀或中仁金碘全池泼洒，用量为250毫升/（亩·米），连用3天。

③同时用菌克+利福平+维生素K_3粉拌料内服5～7天。即

可治愈。

注意：治疗细菌性败血症时要先杀虫后杀菌。

方案三：

内服“鱼血康宁”（板蓝根、连翘、黄芪、银花、甘草等），每千克米糠拌10～17克的“鱼血康宁”，加适量的水制成能悬浮在水面上的药饵，每天傍晚17:30～19:00投喂一次，连续投喂5～7天。外用杀虫、杀菌药物，病情较轻时，发病当天使用杀虫药“抗暴威”（辛硫磷），用量为50毫升/（亩·米），第二天全池泼洒杀菌药“菌毒克”（戊二醛），用量为100毫升/（亩·米）；若病情严重连续两天泼洒“抗暴威”，第三天泼洒“菌毒克”。

哪些情况可以确诊为细菌性败血症？

在实际生产中，细菌性败血症因鱼体质差，水环境恶劣，感染速度快，容易迅速致死，鱼体反而表现出一种无症状化趋势，因此，给诊断带来了很大的困难。这就要从性病规律上来进行诊断。

①细菌性败血病几乎危害所有淡水养殖鱼类（除草鱼外），故一旦发现池塘大量死亡两个或两个以上品种时（除草鱼外），在排除了中毒、泛塘等情况之外，基本上可以诊断为细菌性败血症。

②淡水鱼类其他鱼病一般不危害野杂鱼，如餐条、麦穗鱼、黄颡鱼等，因此，一旦发现池塘中有这些野杂鱼死亡，而且死亡次序在其他鱼类之前，就基本上可以诊断为细菌性败血症。

③4～5月为鲤鲫鱼大量繁殖季节，这些繁殖季节的鱼体质较弱，容易被感染，如发现鲤鲫鱼大量死亡，也可确诊为细菌性败血症。

[注意事项] 在治疗细菌性败血症时，不可动水，动水会造成发病鱼的大量死亡；不可动网，动网会损伤鱼体，加速病原感

染，从而造成鱼类大批死亡；病死鱼要及时捞除深埋，不能到处乱扔，否则会引起疾病的蔓延；若发病鱼中有一部分发育成熟的雌鲫鱼，所使用的“抗暴威”、“菌毒克”的量不宜过大，否则会加速怀卵雌鲫鱼的大批死亡。

对于细菌败血症的治疗在养殖上已取得一定的成效，但笔者建议广大养殖户要坚持“无病先防，有病早治”，即加强水质管理，定期消毒，强化饲养管理，增强自身抗病能力以及勤观察鱼类动态，一旦发现病情应及早治疗，防止鱼病蔓延。

3. 烂鳃病

［病原］柱状嗜纤维菌（原叫柱状屈挠杆菌）。

［症状］病鱼体色发黑，尤以头部为甚，故又称此病为“乌头瘟”。病鱼游动缓慢，对外界刺激反应迟钝，呼吸困难，食欲减退；鳃片上有泥灰色、白色或蜡黄色斑点，鳃片表面、鳃丝末端黏液增多，并常黏附淤泥，鳃丝肿胀，严重时鳃丝末端缺损；鳃盖骨中央的内表皮常被腐蚀成圆形或不规则的透明小窗，故有“开天窗”之称。

［流行情况］本病为淡水鱼养殖中广泛流行的一种鱼病。主要危害草鱼、青鱼，鲤、鲫、鲢、鲂、鳙也可发生。近年来，名优鱼养殖中，如鳗鲡、鳜鱼、淡水白鲳、加州鲈、斑点叉尾鮰等多有因烂鳃病而引起大批死亡的病例。不论鱼种或成鱼阶段均可发生。该病一般在水温 15℃以上时开始发生，在 15 ~ 30℃范围内，水温越高越易暴发流行。由于致病菌的宿主范围很广，野杂鱼类也都可感染，因此，容易传染和蔓延。本病常与赤皮病和细菌性肠炎病并发。

［预防］

①由于草食性动物的粪便是黏细菌的孳生源，因此，鱼池必须用已发酵的粪肥或者用成品肥料，如中仁速肥宝、肥水膏等。

②菌克 200 ~ 250 克/（亩·米）用热水浸泡半小时以上进

行全池泼洒。

［治疗］

①双黄精华 150～200 毫升/（亩・米），或者 8% 二氧化氯 150～200 克/（亩・米）全池泼洒，连用 2 天。

②利福平 0.1～0.2 毫克/升全池泼洒。

③双黄精华按照 4～5 毫升/千克饲料混饲内服，每天 2 次，连用 3 天。

④10% 恩诺沙星粉 100 克 + 板蓝根大黄散 250 克 + 鱼用多维宝 100 克拌料 40 千克，连喂 6 天，效果很好，兼治肠炎病。

⑤注意水质变化，及时用菌制剂及底质改良剂调节水质。

⑥醛速杀，中仁金碘，二氧化氯，中药消毒制剂“双黄精华”等系列消毒剂进行水体消毒。

⑦全池泼洒五倍子，2～4 毫克/升。

⑧全池泼洒大黄液或乌桕叶，2.5～3.7 毫克/升。

4. *肠炎病*

［病原］点状气单胞菌。

［症状］是肛门红肿，严重时轻压腹部血液或黄色黏液从肛门流出，肠道部分或全部发炎，呈紫红色。发病初期，前肠、后肠充血发红，严重时整个肠道充血发炎、出血，形成败血症。病鱼腹部肿胀，肛门红肿突出，有时可挤出黄色黏液，肛门后拖一粪便团。腹部有时有积水。

［治疗方法］

方案一：

①每亩水面用中仁金碘 200 毫升全池泼洒，连用 2～3 天。

②用利福平 2 克 + 维生素 C 2 克 + 开胃应激灵 2 克/千克饲料，连服 3～5 天，即可治愈。停止死鱼后，每天投药饵 1 次，连用 1 周，否则，会出现病情反复的情况。注意水质变化，及时用菌制剂及底质改良剂调节水环境。

方案二：

①8% 二氧化氯 150～200 克/（亩·米），病重连用 2 天。

②30% 三氯异氰脲酸粉 250～300 克/（亩·米），全池泼洒，连用 2 天。

内服：

①10% 恩诺沙星粉 100 克 + 板蓝根大黄散 250 克 + 鱼用多维宝 100 克拌料 40 千克，连喂 6 天，效果很好。

②磺胺嘧啶或同类药物：每 100 千克鱼体重用 5～10 克拌料投喂，连用 6 天。

③大蒜拌料投喂：每 100 千克鱼体重用 0.5～2 千克拌料投喂，连用 6 天。

5. 赤皮病

赤皮病又称出血性腐败病。

[病原] 荧光假单胞菌。

[流行情况] 传染源是被荧光假单胞菌污染的水体、工具及带菌鱼。鱼的体表完整无损时，病原菌无法侵入鱼的皮肤；只有当鱼因捕捞、运输、放养、鱼体受机械损伤，或冻伤，或体表被寄生虫寄生而受损时，病原菌才能乘虚而入，引起发病。草鱼、青鱼、鲤、鲫、团头鲂等多种淡水鱼均可患此病。在我国各养鱼地区，一年四季都有流行，尤其是在捕捞、运输后以及北方在越冬后，最易暴发流行。

[症状] 病鱼体表出血发炎，鳞片脱落，尤其是鱼体两侧及腹部最为明显；鳍的基部或整个鳍充血，鳍的梢端腐烂，常烂去一段，鳍条间的软组织也常被破坏，使鳍条呈扫帚状，称为“蛀鳍”；在体表病灶处常继发水霉感染。

[治疗方法]

方案一：

①二氧化氯外泼洒，用 100 克/（亩·米）。

②可选用菌克+双黄精华拌料内服5~7天。

③用醛速杀或双黄精华全池泼洒，或者用中仁金碘125毫升/（亩·米）全池泼洒，连用3天。用以上3种方法结合使用，治愈率可达90%以上。

④用利福平2克+维生素C 2克 + 开胃应激灵2克/千克饲料，服3~5天，即可治愈。停止死鱼后，每天投药饵1次，连用1周，否则，会出现病情反复的情况。注意水质变化，及时用菌制剂及底质改良剂调节水质。

⑤全池泼洒五倍子2ppm或漂白粉1ppm。

⑥全池泼洒双链季铵盐0.2~0.5ppm。

方案二：

24%溴氯海因粉用200~300克/（亩·米），第二天用30%三氯异氰脲酸粉250克/（亩·米） +鱼血停250克/（亩·米）或用3%碘附（I）100克/（亩·米）全池泼洒。同时，内服5%恩诺沙星粉100克 +板蓝根大黄散250克+鱼用多维宝100克拌料40千克，一日2次，连用3~5天。

6. 肝胆综合征

[症状] 发病初期，病鱼体表无明显变化，摄食后出现窜游或痉挛，肝脏颜色略淡，轻微贫血。随着病情的发展，病鱼体色逐渐变得晦暗，胸腹部、眼眶、鳃盖、鳍基充血；尤其尾鳍基部充分明显，眼球突出并伴有血丝：解剖观察，病鱼体腔内脂肪大量积累，肝脏不同程度的肿大，颜色变为白色、黄色、土黄色、褐色或局部变成绿色，肝脏失去光泽，质脆、轻压易碎；胆囊明显肿大，胆汁充盈，胆汁颜色变为深绿、黑绿或黄色。病鱼常伴有肠炎、烂鳃等症状。

[病因分析] 通过对发病塘进行详细调查诊断，初步得出该病流行及引起死亡的原因。

（1）饲料因素。近年来随着颗粒饲料的推广应用，养殖户为了降低生产成本，使用蛋白质、糖类、脂肪配比不平衡的饲料，营养成分不全，维生素的含量达不到健康鱼类生长的要求，造成维生素缺乏；在春季，由于水温较低，养殖户为了加快淇河鲫鱼生长，盲目加大投饲量；部分生产厂家在饲料中添加抗生素和喹乙醇，用户在生产过程中对饲料保管不善受潮变质等。上述不同因素均不同程度地对鱼类肝病造成损害，引起肝脏病变。

(2) 环境因素。池塘经过多年使用，养殖户疏于清淤，池底淤泥加厚，池塘变浅，7 月份以前池塘平均水深不足 1 米，池塘条件远远达不到高产精养的要求。而养殖户盲目增加放养量的投饵量，进一步加大池塘负担，水质调节跟不上，导致池塘环境条件恶化，加上养殖户频繁用药，造成池塘中有毒物质积累，使淇河鲫鱼慢性中毒损坏肝脏；在不良环境条件下，淇河鲫鱼新陈代谢下降，自身免疫力减弱，更容易受病原体感染，引起死亡。

［危害］肝胆综合征多发于主养淇河鲫鱼的精养高产塘，主要危害草鱼、淇河鲫鱼鱼种和成鱼，鲤鱼偶有发生。从 4 月底开始引起死亡，同一发病塘鱼类死亡无明显高峰期，但病情持续时间长，且重发病率高；存塘成鱼和大规格鱼种的天然饵料死亡率明显高于小规格鱼种。

［防治方法］适当的放养密度；鱼种放养前严格清塘消毒，并清除过多淤泥；青饲料和颗粒饲料搭配投喂；平时注意添加保肝利胆维生素 C 等免疫增强剂。

［治疗方案］

①发现因该病引起草鱼死亡后，发病塘立即减食 1/3 ~ 1/2，更换饲料 10 ~ 15 天，并在饲料中添加保肝宁、板蓝根大黄散、鱼血停，每天 1 次，连喂 7 天为一疗程，重病塘 10 天后再喂一个疗程。

②全池泼洒 8% 二氧化氯 0. 3 毫克/升或 10% 聚维铜碘溶液和 500 克/（亩 · 米）鱼血停。

③全池泼洒 0.3 克/立方米渔经富氯和 500 克/亩鱼血停。

④重病塘换水 1/2 或更多，换水时注意池水温不超过 3℃，以免引起鱼类应激反应，引起更多的死亡。

⑤减食、投喂药饵、泼洒药物同步进行，泼药 2 天后换水，发病池停止死鱼后逐步恢复投饵量。

肝胆综合病在发病之初病症不明显，常常被养殖户忽视，待肝脏发生严重病变时，肝脏生理机能已遭到破坏，且容易感染其他病症，死亡率较高，因此，应该同其他病一样以预防为主。彻底清塘、清除过多淤泥，合理密养；加强水质管理，定期泼洒生石灰，定期排除老水、加注新水；选用优质饲料，禁止强化、过量投饵；定期投喂保肝宁等药物；防治鱼病时做到对症下药，避免频繁用药、过量滥用药物。

7. 白头白嘴病

[病原] 黏球菌。菌体细长，粗细几乎一致，而长短不一。柔软而易曲绕，无鞭毛，滑行运动。生长繁殖的最适温度为 25℃，pH 值 6.0 ~ 8.0 都能生长。

[病症] 病鱼自吻端到眼前的一段皮肤呈乳白色。唇似肿胀，嘴张闭不灵活，因而造成呼吸困难。口圈周围的皮肤腐烂，稍有絮状物黏附其上，故在塘边观察水面游动的病鱼，可清楚地看到“白头白嘴”的症状。病鱼体瘦发黑，反应迟钝，有气无力地游动，常停留塘边，不久就会出现死亡。

[治疗方法]

①每亩水面用二氧化氯 150 克或中仁金碘 150 毫升全池泼洒 2 ~ 3 天即可。

②用利福平 2 克 + 维生素 C 2 克 + 开胃应激灵 2 克/千克饲料，服 3 ~ 5 天，即可治愈。停止死鱼后，每天投药饵 1 次，连用 1 周，否则，会出现病情反复的情况。注意水质变化，及时用菌制剂及底质改良剂调节水质。

③用大蒜素 100 克拌料 40 千克制成药饵，连喂 7 天。

④用菌消平 100 克拌料 40 千克制成药饵，连喂 5 天。

8. 白皮病

［病原］白皮极毛杆菌。

［病症］开始发病时，尾鳍末端有些发白，随着病情的发展，迅速蔓延到鱼体后半部躯干，蔓延的部分出现白色，故又称白尾病。严重的病鱼尾鳍烂掉或残缺不全，不久病鱼的头部朝下，尾部向上，在水中挣扎游动，不久即死去。

［流行情况］此病传染性大，流行季节以 6 ~ 7 月最盛，因平时操作不慎，碰伤鱼体，病菌乘机侵入，引起该病的流行。一般死亡率在 30% 左右，最高的死亡率可达 45% 以上。该病的病程较短，从发病死亡只要 2 ~ 3 天时间，对鱼威胁较大。

［治疗方法］

①每亩水面用二氧化氯 150 克或中仁金碘 150 毫升全池泼洒 2 ~ 3 天即可。

②注意水质变化，及时用菌制剂及底质改良剂调节水质。

③用鱼血停 100 克 + 鱼大壮 100 克拌饲 40 千克制成药饵，连续投喂 3 ~ 5 天，效果很好。

④用诺氟沙星、盐酸小檗碱预混剂 500 克 + 三黄散 200 克拌饲 40 千克制成药饵，连喂 3 ~ 5 天。

9. 打印病

［病原］点状产气单孢菌点状亚种，革兰氏阴性。

［病症］症灶主要发生在背鳍和腹鳍以后的躯干部分，其次是腹部两侧，少数发生在鱼体前部。发病部分先是出现圆形的红斑，好似在鱼体表皮上加盖的红色印章，随后表皮腐烂，中间部分鳞片脱落，腐烂表皮也崩溃脱落，并露出白色真皮，病灶部位周围的鳞片埋入已腐烂的表皮内，外周的鳞片疏松并充血发炎，形成鲜明的轮廓。在整个病程中后期形成锅底形，严重时甚至肌

肉腐烂，露出骨骼和内脏，病鱼随即死去。

［流行情况］此病已发展成为主要鱼病之一，在鱼的各个发育生长阶段中都可发病，此病在华中、华北较为流行，夏、秋两季流行最盛。

［治疗方法］

①用双黄精华，或用二氧化氯 150 克/（亩·米），或用鱼血停 250 ~ 300 克/（亩·米），连泼洒 2 ~ 3 次，即可治愈。

②注意水质变化，及时用菌制剂及底质改良剂调节水质。

③用利福平 2 克 + 维生素 C 2 克 + 开胃应激灵 2 克/千克饲料，服 3 ~ 5 天，即可治愈。停止死鱼后，每天投药饵 1 次，连用 1 周，否则，会出现病情反复的情况。注意水质变化，及时用菌制剂及底质改良剂调节水质。

10. 疖疮病

［病原］疖疮型点状产气单孢杆菌。

［病症］患病初期鱼体背部皮肤及肌肉组织发炎，随着病情的发展，这些部位出现脓疮，手摸有水肿的感觉，脓疮内部充满含血的浓汁和大量细菌，所以，又名瘤痢病。鱼鳍基部往往充血，鳍条间组织破坏裂开，有时像把烂纸扇，病情严重的鱼肠道也往往充血发炎。

［流行情况］此病在我国各地都可发现，但发病数不多。此病无明显的流行季节，一年四季都可出现。

［治疗方法］

①用双黄精华或者二氧化氯 150 克/（亩·米），连泼洒 2 ~ 3 次。

②30% 三氯异氰脲酸钠粉 200 ~ 250 克/（亩·米），连泼洒 2 天。

［内服］

①同时用菌克、双黄精华、维生素拌料内服，加倍量连服

5～7 天。

②也可选用利福平 2 克＋维生素 C 2 克 ＋ 开胃应激灵 2 克/千克饲料，服 3～5 天，即可治愈。每天投药饵 1 次，连用 1 周，否则，会出现病情反复的情况。注意水质变化，及时用菌制剂及底质改良剂调节水质。

③鱼血停 150 克＋败血宁 250 克＋5% 诺氟沙星粉 100 克拌料 40 千克，投喂 3～5 天。

④10% 恩诺沙星粉 100 克 ＋板蓝根大黄散 250 克＋鱼用多维宝 100 克拌料 40 千克，连喂 3～5 天。

11. 竖鳞病

[病原] 水型点状极毛杆菌，革兰氏阴性。

[病症] 病鱼体表用手摸去有粗糙感；鱼体后部部分鳞片向外张开像松球，鳞的基部水肿，以致鳞片竖起。用手指在鳞片上稍加压力，渗出液就从鳞片基部喷射出来，鳞片也随之脱落，脱鳞处形成红色溃疡，并常伴有鳍基充血，皮肤轻微充血，眼球突出，腹部膨胀等症状。随着病情的发展，病鱼游动迟钝，呼吸困难，身体倒转，腹部向上，这样持续 2～3 天，即陆续死亡。

[流行情况] 此病在我国东北、华中、华东等常出现，鱼因此病死亡率最高的可达 85%。此病的流行与鱼体受伤、水体污浊及鱼体抗病力降低有关。

[治疗方法]

①用双黄精华或者二氧化氯 150 克/（亩·米），连泼洒 2～3 次

②同时用菌克、双黄精华、维生素拌料内服，加倍量连服 5～7 天。

③在捕捞、运输、放养等操作过程中，要避免鱼体受伤，保持养殖水体的水质清新。

④用利福平 2 克＋维生素 C 2 克＋开胃应激灵 2 克/千克饲

料，服3～5天，即可治愈。停止死鱼后，每天投药饵1次，连用1周，否则，会出现病情反复的情况。注意水质变化，及时用菌制剂及底质改良剂调节水质。

⑤10%恩诺沙星粉100克+板蓝根大黄散250克+鱼用多维宝100克拌料40千克，连喂3～5天。

⑥可以选用醛速杀，中仁金碘，二氧化氯，中药消毒制剂“双黄精华”等系列消毒剂进行水体消毒。

12. 水霉病

［病原］水霉和绵霉两属。

［病症］真菌最初寄生时，肉眼看不出病鱼有什么异状，当肉眼看到时，菌丝已在鱼体伤口侵入，并向内外生长，向外生长的菌丝似灰白色棉絮状，故称白毛病。病鱼焦躁不安，常出现与其他固体摩擦现象，以后患处肌肉腐烂，病鱼行动迟缓，食欲减退，最终死亡。在鱼卵孵化过程中，也常发生水霉病。可看到菌丝侵附在卵膜上，卵膜外的菌丝丛生在水中，故有“卵丝病”之称，因其菌丝呈放射状，也有人称之为“太阳籽”。

［流行情况］此类真菌，或多或少地存在于一切淡水水域中。其对温度适应范围广，一年四季都能感染鱼体，全国各地都有流行。各种饲养鱼类，从鱼卵到各龄鱼都可感染。感染一般从鱼体的伤口入侵，夏季和早春更易流行。特别是阴雨天，水温低，极易发生并迅速蔓延，造成鱼死亡。

［治疗方法］

①可选用福尔马林50毫升/（亩·米）全池泼洒。

②再选用二氧化氯150克/（亩·米）全池泼洒。

③也可选用醛速杀200毫升/（亩·米）全池泼洒。

④10%聚维铜碘溶液250毫升/（亩·米）或水霉灵500克/（亩·米）全池泼洒。

⑤8%二氧化氯150克/（亩·米）全池泼洒后，再用鱼血

停250克/（亩·米）全池泼洒，重复2次，有非常好的效果。

⑥注意水质变化，及时用菌制剂及底质改良剂调节水质。

13. 鳃霉病

［病原］属霉菌类的鳃霉。

［病状与诊断］病鱼不摄食，游动迟缓，鳃部呈充血和出血状。由于菌丝体产生的孢子入水中与鱼体接触，附着在鳃上，发育成菌丝。菌丝向组织里不断生长，分枝，似蚯蚓状贯穿组织，并沿着鳃丝血管分支或穿入软骨，破坏组织，堵塞微血管，使血液流动滞塞。鳃丝呈坏疽性崩解，坏死部位腐烂脱落处明显可见缺陷。

［流行与危害］据多年积累的资料表明，此病是急性型的，如环境适宜，在1~2天池塘即出现爆发性急剧死亡，死亡率高达90%以上。每年4~10月流行，尤以5~7月期间为最甚，一般在水质恶化，特别是有机质含量较高，水质肮脏的池塘，更易发生此病。

［治疗方法］

①可选用福尔马林50毫升/（亩·米）全池泼洒。

②或选用二氧化氯150克/（亩·米）全池泼洒。

③也可选用醛速杀250毫升/（亩·米）全池泼洒。

④注意水质变化，水体消毒后两天可选用特效底爽、底改白+黑、粒粒活水菌等环境改良剂，进行水环境改良。

14. 鳃隐鞭虫病

［病原］隐鞭虫属鞭毛虫类。

［流行情况］隐鞭虫寄生在草鱼、青鱼、鲢、鳙、鲤、鲫、团头鲂、鲮、加州鲈、鳜、黄鳝等多种淡水鱼的鳃及皮肤上。大量寄生时，可引起鱼苗、鱼种大批死亡，甚至全池鱼全部死亡。隐鞭虫病主要危害草鱼、鲮、鲤的鱼苗和鱼种；流行季节主要在夏天。鲢、鳙的鳃耙上虽然在冬天常有大量鳃隐鞭虫寄生，但并不引起发病。隐鞭虫病在我国主要养鱼地区均有流行，尤其是江

浙和两广地区，20 世纪 50 年代是主要鱼病之一。由于引起病鱼溶血，所以，死亡率很高，病程较短。

［症状］疾病早期没有明显症状。但当严重时，由于隐鞭虫大量寄生 在鳃上，鳃组织受损，分泌大量黏液，并引起溶血，病鱼呼吸困难，鱼体发黑，游动缓慢，不吃食，以致死亡。诊断病鱼没有特殊症状，所以，必须用显微镜进行检查诊断。

［治疗方法］

①可选用福尔马林 50 毫升/（亩・米）或虫速灭 20 毫升/（亩・米）全池泼洒。

②再选用二氧化氯 150 克/（亩・米）全池泼洒。

③也可选用醛速杀 250 毫升/（亩・米）全池泼洒。

④铜铁合剂，每亩每米水体用量 350 克。

⑤注意水质变化，水体消毒后两天可选用特效底爽、底改白 + 黑、粒粒活水菌等环境改良剂，进行水环境改良。

15. 车轮虫病

［病原］是车轮虫和小轮虫两属中的许多种。

［病状与诊断］病鱼黑瘦，不摄食，体表有一层白翳附着，若为放养 10 天后的鱼苗患此病，显现病鱼烦躁不安，成群沿池边狂游，俗称“跑马病”。此虫寄生鱼苗至夏花鱼种体表时，病鱼的头部和吻周围呈微白色，黏液分泌很多。若仅从病症的表现观察，与黏细菌引起的白头白嘴病有一定程度的相似性。

［流行与危害］车轮虫对不同年龄的各种饲养鱼类，均能感染，但危害最大的是鱼苗和夏花鱼种，可造成大批死亡。全国各养鱼地区均有此病流行，每年 5 ~8 月为此病流行季节。

［治疗方法］

①用车轮净 200 毫升/（亩・米）。

②用硫酸铜和硫酸亚铁 0. 7 千克/（亩・米）（0. 5 千克硫酸铜，0. 2 千克硫酸亚铁）全池泼洒。

③用车轮指环清 150 克/（亩·米）浸泡后全池泼洒。

④渔经高铜溶液 200 毫升 + 0.5% 阿维菌素溶液 20 ~ 25 毫升/（亩·米）全池泼洒。

⑤开胃增食宝 2 ~ 3（亩·米）/袋用水浸泡后，化水全池泼洒，第二天 8% 二氧化氯 150 克/（亩·米）泼洒。

⑥杀虫后用中仁金碘或醛速杀 125 毫升/（亩·米）进行消毒．也可选用二氧化氯 150 克/（亩·米）全池泼洒。注意水质变化，水体消毒后两天可选用特效底爽、底改白 + 黑、粒粒活水菌等环境改良剂，进行水环境改良

16. 小瓜虫病

［病原］多子小瓜虫。

［症状］当虫体大量寄生时，肉眼可见病鱼的体表、鳍条和鳃上，布满白色点状胞囊，严重感染时，由于虫体侵入鱼的皮肤和鳃的表皮组织，引起宿主的病灶部位组织增生，并分泌大量的黏液，形成一层白色薄膜覆盖于病灶表面，同时，鳍条病灶部位遭受破坏出现腐烂。

［流行情况］国内各养鱼地区，尤其是华中和华南地区，都有此病发生．此病是一种流行广、危害大的鱼病。在密养情况下，此病更为猖獗。此虫对所有的饲养鱼类，从鱼苗到成鱼都可寄生，但以对当年鱼种危害最为严重。适宜小瓜虫生长繁殖的水温为 15 ~25℃。当水温低至 10℃以下和高至 28℃以上时，发育迟缓或停止，甚至死亡。因此，此病流行的季节为 3 ~5 月和 8 ~10 月。

［治疗方法］

①车轮净 200 毫升/（亩·米）全池泼洒。

②每亩水深 1 米，用干辣椒 250 克 + 干姜片 100 克混合加水煮沸，全池泼洒。

③杀虫后用中仁金碘或双黄精华 125 毫升/（亩·米）进行水体消毒。注意水质变化，水体消毒后两天可选用特效底爽、底

改白+黑、粒粒活水菌等环境改良剂，进行水环境改良。

17. 斜管虫

[病原] 鲤斜管虫。

[症状] 鲤斜管虫寄生于养殖动物的鳃或皮肤上，大量寄生时，可引起黏液增多，呼吸困难，游动缓慢，常和鳃部其他寄生虫病并发。

[防治方法]

①车轮净200毫升/（亩·米）全池均匀泼洒。

②硫酸铜和硫酸亚铁0.7千克/（亩·米）（0.5千克硫酸铜，0.2千克硫酸亚铁）1亩水面全池泼洒。

③渔经高铜溶液200毫升+40%辛硫磷溶液15~20毫升/（亩·米）全池泼洒。

④杀虫后用中仁金碘125毫升/（亩·米）进行消毒．也可选用二氧化氯150克/（亩·米）全池泼洒。注意水质变化，水体消毒后两天可选用特效底爽、底改白+黑、粒粒活水菌等环境改良剂，进行水环境改良。

18. 杯体虫

[病原] 筒形杯体虫。

[症状] 杯体虫一年四季均可见，主要寄生在鱼体的皮肤和鳃上，大量寄生时病鱼常常成群地在池边缓慢游动，呼吸困难，体表似有一层毛状物，影响鱼体的正常呼吸和生长发育，最后导致鱼体死亡。

[预防和治疗] 在养殖过程中应以预防为主。认真做好养殖水体及工具的消毒工作。预防及治疗方法同车轮虫。

①车轮净200毫升/（亩·米）或选用混养驱虫灵100克/（亩·米）全池泼洒。

②用车轮指环清1亩水面150克浸泡后全池泼洒。

③杀虫后用中仁金碘125毫升/（亩·米）或选用二氧化氯

150 克/（亩·米）进行水体消毒。

19. 指环虫

［病原］病原为指环虫。

［症状］当小鱼种大量被指环虫寄生时，在短时间内可造成大批鱼种死亡。成鱼被指环虫大量寄生时表现为鱼体消瘦，体色发黑，食欲缺乏，呼吸困难，狂躁不安，鳃盖微张，打开鳃盖大多有污物附着，鳃丝上黏液增多，严重时腐烂缺损，呈继发性烂鳃特征。病变性质与寄生持续时间及寄生虫的数量有直接关系，少量寄生时表现为组织增生。大量急性寄生时，由于虫体的中央大钩和边缘小钩分别钩住和黏附在鳃上，并在鳃上爬动，侵入上皮，上皮脱落，引起鳃组织损伤而出血、组织增生，同时，引起细菌性烂鳃病的继发感染，加剧了各器官出现广泛性病变，直至各系统代谢紊乱。急性感染与慢性感染其组织病理表现不同。慢性感染以变性损伤为主，破坏上皮细胞，组织增生，鳃瓣缺损，黏液增多，鳃血管充血、出血，皮细胞增生，使鳃小片融合，严重时鳃小片坏死解体。

［防治方法］治疗过程中除了认真做好养殖管理工作外，可在放养时采取下列预防措施。

方案一：

①用车轮指环清 150 克/（亩·米）浸泡后全池泼洒。

②也可以选用硫酸铜和硫酸亚铁 5∶2（0.5 千克硫酸铜，0.2 千克硫酸亚铁）1 亩水面全池泼洒。

③指环杀星 30～50 毫升/（亩·米），用水稀释 1 000～3 000倍后全池均匀泼洒，注意局部药物浓度不要过高。

④在杀虫后可选用中仁金碘醛速杀 125 毫升/（亩·米）进行消毒。

方案二：

①渔经高铜溶液 200 毫升＋0.5%阿维菌素溶液 20～25 毫升

/（亩·米）全池泼洒。

②开胃增食宝2~3（亩·米）/袋用水浸泡后，化水全池泼洒，第二天8%二氧化氯150克/（亩·米）泼洒。

20. 三代虫

［病原］三代虫。

［症状］严重的病鱼皮肤上有一层灰白色黏液膜，而失去原有光泽，状态不安，常狂游水中；若寄生在鳃上，可导致在鳃上形成血斑，鳃丝边缘呈灰白色，食欲减退，最后窒息死亡。

［流行］三代虫的病原体是三代虫，共有500多个种，我国常见的有2种，即鲩三代虫和秀丽三代虫。主要流行于春季和秋末冬初，繁殖最适宜水温20℃左右。分布甚广，主要危害的是幼鱼，密度过大是发病的主要原因。

［防治方法］

①指环杀星30~50毫升/（亩·米），用水稀释1 000~3 000倍后全池均匀泼洒，注意局部药物浓度不要过高。

②1瓶指环清（250毫升）+1瓶菌虫杀手（100毫升）用于4~6亩/米。

③杀虫后用中仁金碘125毫升/（亩·米）或选用二氧化氯150克/（亩·米）进行水体消毒。

21. 锚头鳋病

［病原］锚头鳋

［症状与流行］主要寄生在鱼体和外界接触的部位上，使周围组织发炎红肿，影响吃食和呼吸，引起死亡。若寄生在口腔中，则鱼嘴一直开着，称“开口病”；若寄生在鳞片和肌肉中，造成鱼体的出血和发炎；老虫阶段寄生部位的鳞片往往有“缺口”，可导致累枝虫和钟虫的寄生，像棉絮一样，又称“蓑衣病”。

此病全国流行较广，秋季流行较为严重，适宜水温20~

25℃，从鱼种到成鱼均可危害，对花白鲢的危害最大，并且可造成鱼种的大批死亡。

［防治方法］

①用生石灰清塘，可杀灭锚头鳋幼虫；

②放养鱼种可用敌百虫溶液浸洗；

③用10～30毫克/升高锰酸钾药浴30～60分钟：高温时，低浓度短时间，低温时，高浓度长时间。

④用鱼虫必克25毫升/（亩·米），用2 000～3 000倍水稀释，全池均匀泼洒。

⑤用30%精制敌百虫粉250～350克/（亩·米）全池泼洒，可以杀死锚头鳋幼虫。一般情况下，如果鱼体感染的锚头鳋多为“幼虫”，可在半个月内连洒2次药，如果多为壮虫，则施药1次，如多为老虫，则可以不施药。

⑥成鱼塘发生锚头鳋病采用全池泼洒法，每亩池塘用1%溴氯菊酯溶液20～30毫升/（亩·米），3～7天后再泼洒第二次，第二次用药量可略小于第一次。

⑦注意水质变化，杀虫后可以选用“二氧化氯”、“中仁金碘”等进行水体消毒。

22. 中华鳋

［病原］中华鳋。

［症状］病鱼焦躁不安，鳃上黏液增多，鳃丝末端发白。中华鳋雌虫用大钩钩在鱼的鳃上，大量寄生时，鳃上缘长了许多白色小蛆，故又名鳃蛆病。大中华鳋仅寄生于草鱼、青鱼和赤眼鳟，鲢中华鳋仅寄生于鲢鳙，病鱼在水面打转或狂游，尾鳍露出水面，故又称翘尾巴病，病鱼身体消瘦，生长受阻乃至死亡。

［预防方法］

①环境　冬捕后或春季雨季到来之前用生石灰消毒，用量25～40克/立方米，这时用药少，可节约投资。

②冬捕后或春季雨季到来之后用常规杀虫药杀虫1次，90%晶体敌百虫0.7克/立方米或新型杀虫剂，用量按说明。

③冬捕后或春季雨季到来之前药浴消毒：用20克/立方米的高锰酸钾浸洗15~20分钟或晶体敌百虫500克/立方米浸洗15分钟。

④放养密度过大或搭配不合理都会使鱼的活动空间相对减少，鱼类过多分泌肾上腺激素，体力下降，从而增加感染和传播的机会。

⑤管理，谨慎操作，避免过多的应激反应，提高鱼自身的抵抗能力。

【治疗方法】

①鱼虫必克20毫升/（亩·米），用2 000~3 000倍水稀释，全池均匀泼洒。

②也可选用水蛛立杀每30毫升/（亩·米），用2 000~3 000倍水稀释，全池均匀泼洒。

③注意水质变化，杀虫后可以选用“二氧化氯”“中仁金碘”等进行水体消毒配合。

23. 鱼鲺

［病原］鱼鲺。

［症状］主要寄生在鱼的体表及鳃。由于鲺腹面有许多倒刺，在鱼体上不断爬动，再加上刺的刺伤，大颚撕破体表，使鱼的体表形成很多伤口，出血使病鱼呈现极度不安，急剧狂游和跳跃，严重影响食欲。

［防治方法］

①用生石灰清塘。

②放养鱼种可用敌百虫溶液浸洗。

③用10~30毫克/升高锰酸钾药浴30~60分钟：高温时，低浓度短时间，低温时，高浓度长时间。

④鱼虫必克 20 毫升/（亩·米），用 2 000 ~ 3 000倍水稀释全池均匀泼洒。

⑤也可选用水蛛立杀每 30 毫升/（亩·米），用 2 000 ~ 3 000倍水稀释，全池均匀泼洒。

⑥鱼虫净 0. 01 ~0. 15 毫克/升对水全池遍洒。

⑦注意水质变化，杀虫后可以选用二氧化氯、中仁金碘等水体进行消毒。

24. 碘泡虫

［病原］鳃碘泡虫。

［病症］鱼鳃被野鲤碘泡虫大量侵袭，形成许多灰白色瘤状胞囊，在鲤鱼种的鳃弓上，寄生大量的野鲤碘泡虫胞囊，使鱼致死。

［治疗］

①外用孢杀灵 25，用 2 000 ~ 3 000倍水稀释全池均匀泼洒。必要时，一日 1 次连用 2 次。

②内服复方驱虫散 2 克/千克饲料每天 2 次，连用 5 ~7 天。

③注意水质变化，杀虫后可以选用“二氧化氯”“中仁金碘”等进行水体消毒。

25. 鱼波豆虫

［病原］由漂游鱼波豆虫引起的鱼病。虫体侧面观呈卵形或椭圆形，腹面观呈汤匙形。腹面有 1 条纵的口沟，从口沟端长出 2 条大致等长的鞭毛。圆形胞核位于虫体中部，胞核后有 1 个伸缩胞。

［病症］鱼波豆虫是侵袭皮肤和鳃的寄生虫，当皮肤上大量寄生时用肉眼仔细观察，可辨认出暗淡的小斑点。皮肤上形成一层蓝灰色黏液，被鱼波豆虫穿透的表皮细胞坏死，细菌和真菌容易侵入，引起溃疡。感染的鳃小片上皮细胞坏死、脱落，使鳃器官丧失了正常功能，呼吸困难。病鱼丧失食欲，游泳迟钝，鳍条

折叠，漂浮水面，不久便死亡。

【流行情况】此病在全国各地均有发现，多半出现在面积小、水质较脏的池塘和水族缸中。青、草、鲢、鳙、鲤、鲫、金鱼等都可感染，主要危害小鱼，可在数天内突然大批死亡。2龄鱼也常大量感染，对鱼的生长发育有一定影响，而患病的亲鱼，则可把病传给同池孵化的鱼苗。主要流行季节为冬末夏初。

[防治方法]

①鱼种过冬前，用硫酸铜溶液浸洗鱼体，每立方米水用药8克，浸洗20~30分钟。

②病鱼池每立方米水体用0.7克硫酸铜与硫酸亚铁合剂（5∶2）全池遍洒。

26. 黏孢子虫

黏孢子虫指粘孢子纲（Exospore）的一大类原虫，发现于我国淡水鱼的种类已有100多种，几乎每种鱼都有寄生，可侵袭鱼体内外各种组织和器官，为鱼类最常见的寄生虫。

[病原] 黏孢子虫的每个孢子有1~7块（多为2块）几丁质壳片，两壳连接处叫缝线，缝线由于粗厚或突起呈脊状，称缝脊。有缝脊的一面称缝面，无缝脊的一面称壳面。大多数种类的缝脊是直的，少数弯曲成“S”状。每个孢子内有1~7个（典型种类为2个）呈球形、梨形或瓶形的极囊，通常位于孢子前端，有的种类位于孢子两端。极囊内有一根呈螺旋状盘曲的极丝。孢子内除极囊外充满胞质，胞质中有两个胚核，有的种类还有一个嗜碘泡。

黏孢子虫的生活史，尚无一致的结论。

【症状】黏孢子虫在鱼体寄生、繁殖和形成胞囊，导致寄生组织器官的损伤，破坏其正常机能，引起相应的症状，影响鱼的生长发育，甚至死亡。一般以寄生在鳃、肠和神经系统的种类危害较大。现将重要的种类及所引起的鱼病列举如下。

（1）疯狂病。由鲢碘泡虫（Myxomatous draggin 克）寄生于白鲢的神经系统和感觉器官引起。病鱼体色暗淡，极度消瘦，头大尾小，尾上翘；离群独游，急游打转，常跳出水面，复又钻入水中，如此反复多次而终至死亡。有的侧向一边游泳打转，失去平衡感觉和摄食能力而亡。慢性病鱼呈波浪形旋转运动，形似极度疲乏，无力游泳，食欲减退，消瘦。解剖病鱼可见肠内无食物，肝、脾萎缩，有的腹腔积水，鳔后室常萎缩成颗粒状，肌肉暗淡无光泽。从鱼苗至成鱼均可患此病，死亡率高。

（2）饼形碘泡虫病。由饼形碘泡虫（M. Stuart）寄生于草鱼的肠道引起。病鱼体色发黑，腹部膨大，不摄食，鱼体消瘦而死。解剖病鱼可见前肠粗大，肠管呈白色糜烂状，发病快，死亡率高。该虫还可侵袭鲤鱼肌肉，病鲤鱼体表高低不平，消瘦，严重时死亡。

（3）野鲤碘泡虫病。由野鲤碘泡虫（M. koi）寄生于鲮、鲤、鲫鱼的体表、鳍和鳃等处引起。病鱼苗的体表和鳃瓣上有许多白色点状或块状的胞囊，鱼体消瘦发黑，游动无力，可引起鱼苗大批死亡。

（4）异形碘泡虫病。由异形碘泡虫（M. Sparidae）寄生于鲢、鳙鱼的鳃上引起。病鱼离群独游，消瘦，头大尾小，体表失去光泽，鳃瓣上有很多针尖大小的白色胞囊。

（5）单极虫病。单极虫指单极虫属（Cellophanes）的黏孢子虫，我国已发现 10 种左右，常见的致病种类如鲮单极虫（T. Hirohito）和鲫单极虫（T. Riemannian），特别喜欢侵袭鲤和鲫鱼的皮肤，在鳞片下形成瘤状胞囊。病鱼消瘦，体色较黑，竖鳞。

（6）水臌病。由变异黏体虫（Myxoma varia）寄生于白鲢所引起。虫体侵袭白鲢的各器官组织，形成白色胞囊，尤以腹腔的胞囊最多。病鱼瘦弱，腹部膨大，游动缓慢，平衡能力差。解剖病鱼可见体内各脏器间充塞有大量白色胞囊。

[诊断] 剪取患部组织或刮取胞囊内容物镜检。

[预防方法]

①及早捞出病鱼，并深埋于远离鱼池处。

②产卵池、孵化池和鱼种池应有独立的水源，不能和病鱼池水源相通。

③每亩用125千克生石灰清塘。

④渔场的用具、渔具等应经常清洁消毒。

⑤冬片鱼种在放养前采用500毫克/升的高锰酸钾溶液浸洗30分钟。

⑥白链鱼苗、鱼种阶段，每半月遍洒5毫克/升粉剂敌百虫，可防治白链疯狂病。

⑦鱼花下塘第3天开始，每天每万尾鱼用盐酸圜氯胍0.2克拌饲投喂，连用7天。

[治疗方法]

①用1‰的90%晶体敌百虫浸洗3～10分钟；同时，全池遍洒晶体敌百虫，使池水成0.2～0.3毫克/升浓度；对鲮鱼黏孢子虫病有一定疗效。

②每万尾鱼苗用盐酸圜氯胍1.5～2克拌饲投喂，连续用药7～8天。

③对寄生于鳃瓣上的黏孢子虫，用2%食盐水浸洗30分钟，每天1次，连续2次。

总之，黏孢子虫病目前尚无理想的防治方法，需进一步研究。

27. 绦虫病

[病原体] 舌形绦虫和双线绦虫的裂头蚴，虫体肉质肥厚，呈白色长带状，俗称“面条虫”。

[症状] 病鱼腹部膨大，严重时失去平衡，侧游上浮或腹部

朝上。剖开鱼腹，可见腹部腹腔内充满大量白色长带状虫，内脏受压、受损，严重萎缩，失去生殖能力，病鱼极度消瘦，严重贫血而死。

［流行与危害］终末寄主是鸥鸟，细镖水蚤是第一中间寄主，鱼是第二中间寄主，由于至今尚无有效治疗方法，因此，该病有日益严重的趋势，引起病鱼慢性死亡，持续时间长，发病塘的鱼产量很低。主要危害鲫、鲢、鳙、草鱼、大银鱼、鲤等多种淡水鱼。

［防治方法］

①0.4 毫克/升 90% 精制敌百虫全池泼洒，杀灭中间寄主及幼虫。

②90% 精制敌百虫 50 克和面粉 0.5 千克混合做成药饵，每天 1 次，连续投喂 6 天。

③每万尾鱼种用南瓜子 250 克研成粉末拌匀在 0.5 千克饲料内，每天 1 次，连续 3 天。

28. 嗜子宫线虫病

［病原体］嗜子宫线虫，雌虫细长，寄生在鲤、红鲤的鳞囊内，鲫鱼的尾鳍内，乌鳢、斑鳢的背鳍、臀鳍、尾鳍内呈血红色，故俗称“红线虫”；雄虫寄生在上述鱼的腹腔和鳔内，比雌虫小很多，呈白色。

［症状］病鱼被雌虫寄生的部位，可以看到血红色的细长线虫，寄生处鳞片竖起，寄生部位充血、发炎。

［流行与危害］主要危害 1 龄以上的鲤鱼，全国各地都有发生，亲鲤因患此病影响性腺发育，严重时往往不能成熟，从而使鱼致病，在 6 月之后，雌虫完成繁殖后死亡，因此，在鱼体表看不到寄生了。

［防治方法］

①用生石灰清塘，杀灭幼虫及中间寄主（萨氏中镖水蚤）。

②用碘酒或1%高锰酸钾涂抹病鱼体表病灶处，注意在涂药时病鱼的头部应比尾部稍高，以防药液淌入鳃中，损坏鳃组织。

③30%精制敌百虫粉250~350克/亩米，全池泼洒。

29. 棘头虫病

［病原体］崇明长棘吻虫及鲤长棘吻虫。虫体长10毫米以上，肉眼可见。

［症状］主要寄生在鲤鱼肠第一、第二弯的前面，大量寄生时，肠壁外开成许多大小结节，可引起内脏粘连，有时虫体可穿破肠壁，引起内脏损坏或体壁溃烂。病鱼吃食减少，严重时不吃食，肠内有许多黄色黏液，体重仅为健康鱼的50%左右，夏花鱼种被3只棘吻虫寄生时，肠管被堵，肠壁被胀得很薄，从肠壁外面就可看到里面的虫体。

［流行与危害］全国各地养殖区都有，危害夏花鲤鱼至成鱼，夏花鲤鱼被3只虫寄生时就会引起死亡。

［诊断］根据症状及流行情况，剖开肠壁，发现肠内有大量棘头虫寄生，并用显微镜检查，就可确诊。

［防治方法］

①用生石灰或漂白粉彻底清塘杀灭塘中虫卵及中间寄主。

② 清除塘底淤泥，并做护坡，只要淤泥彻底，就可达到或基本达到预防目的。

③发病地区，鲤鱼鱼种在鱼种池中专池培育，不要套养在成鱼池中，以防传播。

④每千克鱼每天用0.6毫升四氯化碳拌饲，连续投喂6天。

⑤用2%的吡喹酮预混剂，一次量，每1千克饲料，1~2克，每天1次，连用3次。

⑥6%阿苯达唑粉，一次量，每1千克饲料4克，拌饲投喂，1日1次，连用3天。

30. 饥饿

饥饿是绝对性营养缺乏病。其病因是完全得不到食物，或者食物提供不足或鱼种放养过密得不到相应的食饵，或者同一品种鱼类放养规格大小相差悬殊，竞争饵料造成的结果。

饥饿的鱼体通常体色比正常的深、肉质较软，完全由于饥饿死亡是很少的。因鱼类一般具有很强的耐饥力，即使体背瘦若刀状，游泳不平衡，也可耐受数年，所以，家庭养金鱼常常不是饿死，而是吃食过多撑胀造成死亡的。

不同鱼类品种对饥饿的反应不同。人们养殖草鱼，在缺食情况下常游于池边，结队成群地冲击池岸觅食，甚至有冲击食岸草使池塘四周水质极度混浊；鲤鱼饥饿时则可冲破岸土，扰乱池底更甚；黑鱼饿食时还可捕食青蛙、水蛇，人们如伸手捕捉还可咬人手指不放。青、草、鲢、鳙、鲤鳊等夏花鱼种培育时缺饵，使这些鱼种结队成群围绕鱼池逛游不止，如跑马观花状，俗称“跑马病”。由于长时的逛游造成鱼种体质消瘦，以致易感染病菌死亡。

［防治方法］

①要定时定位投饵，而且饵料足、营养成分齐全。

②放养鱼种不能过密，同一品种时规格要整齐，避免抢食中弱者受欺挨饿。

③沿池塘周围，用芦席等隔断鱼种群游路线，并堆放一些豆饼料，以诱鱼吃食，防治跑马病的疗效颇好。同时，也可相应地分出部分大规格鱼种于其他池中单养也较好。

31. 营养失调和营养不良病

众所周知，各种鱼类均需要配备全价饲料，特别以人工养殖鱼、虾类为甚。饵料中的蛋白质缺乏多种氨基酸则引起生长缓慢、体质减弱。如缺乏一种色氨酸会使鱼、虾体弯曲，或脊柱凸出，发生畸形。糖类是鱼虾类的良好热源，每克糖氧化时释放

16.7 千焦的能量，可以增强鱼类的活动能量。但是过多糖量也常引起内脏脂肪积累，导致肝脏细胞变化和糖原沉积过多病，严重时引起鱼类脂肪肝病。鲤鱼饲料中脂肪一般不宜超过 5% 左右。若饵料中缺乏脂肪或含脂量颇低，鱼类生长则缓慢，又易引起鳍烂，体表色素暗淡，失去光泽等疾病。维生素是鱼虾饲料中必需物质，若缺乏这类物质就会造成代谢失调，生长停滞，甚至致病死亡。例如，鲤鱼、鳗鱼缺乏维生素 B_1，表现生长缓慢，食欲缺乏，运动失调，鱼鳍充血，鳃及皮肤血管扩张、充血或淤血；缺乏维生素 B_2 则易发生肝、胰出血病。据美国科学院（1977）报道，暖水性鱼类可溶性维生素 A 缺乏病，表现腹腔水肿，眼球突出，肾出血，生长缓慢；维生素 E 缺乏症表现腹腔水肿，肝内浸润类脂物、肝、脾肾中出现黄色素，心包水肿，红细胞脆弱症；维生素 K 缺乏症则发生贫血、凝血时间延长等症状。

无机盐及微量元素钙、镁、钾、钠、磷、硒、铁、碘等是鱼体内组织的不可缺少的成分，它在提高饲料利用率，维持细胞渗透压，增加骨质、增强抗病力及促进生长方面，具有相当重要的作用。例如，缺磷时，鲤鱼血液水平下降，头骨变形，肋骨、胸骨钙化异常；缺镁时表现生长缓慢，游动迟缓，易受惊厥，死亡率高。

[防治方法] 必须根据鱼类食性提供全价的配合饲料。选择饵料时，必须新鲜，同时，选用质优的饵料添加剂，如北京渔经生物技术有限责任公司生产的鲤鱼、草鱼、鲫鱼、虾类、蟹类添加剂。

32. 气泡病

养鱼池中施肥过多，而且肥料未经发酵分解，在缺氧情况下分解释放出甲烷、二氧化碳、硫化氢等气泡；或由于水体中含藻类很多，经过强烈阳光照射时，藻类光合作用放出氧气，使水呈过饱和状态，或在苗种运输过程中人工送气过多等，均会引起鱼苗误吞这些小气泡，使鱼体上浮、游动不正常，严重时引起大量死亡。

［防治方法］主要防止水体中气体过饱和，不要施入未经发酵的肥料，平时必须严格控制投饵量及施肥量；同时，要保持水质新鲜，不使浮游植物繁殖过多；鱼苗运输也不要进行急剧的送气，如发现有气泡病，应该进行换水或注入新水，可防止病情恶化，病情轻者在清水中能排出气泡，使鱼恢复健康。池塘中泼洒食盐水，也可减轻病情。

33. 水蜈蚣敌害

水蜈蚣又称水夹子，是江苏、浙江、湖北、云南等省渔村龙虱科几种昆虫幼虫的统称。它对鱼苗危害大，一尾水蜈蚣一夜可咬死鱼苗15尾，因此，常因水蜈蚣大量繁殖而对鱼类造成严重危害。

［防治方法］

①用强效杀虫灵0.3毫克/升全池泼洒，效果很好。

②放苗前用生石灰清塘，可以杀死水中水蜈蚣及其母体龙虱。

34. 泛池

水中由于严重缺乏氧气而引起池鱼几乎全部死亡，这种现象叫泛池。

泛池主要发生在夏秋闷热季节的静水池中，尤其在雷雨前气压很低，水中氧气减少，雷雨后池水的表层温度低，底层高，引起池水对流，使池底腐殖质翻起，加速分解，消耗大量氧气，致使大批鱼类窒息死亡。泛池一般发生在黎明前，这是因为水中藻类在白天进行光合作用，吸入二氧化碳，放出氧气，但在晚上则相反，因藻类呼吸消耗大量氧气，故在黎明前水中氧气是一天中最低的时刻，相差可达数十倍。

［防治方法］

①冬季清塘时，应挖去塘底过多淤泥，以免影响水质。

②根据气候和水质状况进行施肥和投饵，残饵应及时去除。

③高产塘应安装增氧机，定时开机增氧；在闷热的夏秋季，应加强巡塘工作，适当减少投饵量，加注新水，定期施用好水素，可避免泛池。

④发现鱼类浮头，如无增氧机或注水不方便的水体，应立即进行化学增氧，如使用渔经公司生产的高效增氧剂——高氧和颗粒氧，每亩水面用量每次 300 ~ 500 克，将药剂泼洒于鱼类浮头处。若鱼类浮头严重，并视浮头情况，隔 1 ~ 2 小时后，再泼洒 1 次。直至天明太阳出来，鱼类浮头完全消失为止。

⑤发现鱼类浮头，应立即灌注新水。进水口应铺以木板或芦席等不使水直接冲入池底，以免把池底淤泥冲起。有必要时还要将鱼转塘。

35. 鸟类敌害

许多鸟类喜栖于水滨生活，它们不仅猎取鱼、虾类为食物，而且有些水鸟是鱼类寄生虫的终宿主，通过把寄生虫卵随同粪便排入水中，造成疾病的传播，例如，鸥鸟，不仅以捕鱼和昆虫等为生，而且还常传播寄生虫卵，造成对养殖苗种的危害。

［防治方法］一般过去用猎枪或鸟枪击杀，或装置诱捕器捕捉，现今法所不容，只好预防。在鱼池上布网片，以防鸟类飞进啄鱼；消灭中间寄主螺类和水中虫蚴。

第七章　常见相似鱼病的辨别与防治

1. 肠出血型草鱼出血病与细菌性肠炎病

发病早期两者外观症状极为相似，病鱼体色发黑，体表轻微充血或出血，离群独游，游动缓慢，食欲减退，剖开鱼腹，两者均见肠壁充血。不同之处在于活检时前者肠壁弹性较好，肠腔内黏液较少，镜检可见肠腔内有大量红细胞及成片脱落的上皮细胞；而后者肠壁弹性较差，肠腔内黏液较多，镜检发现肠腔内红细胞较少，有部分坏死脱落的上皮细胞。

2. 鳃霉病、细菌性烂鳃病与寄生虫性烂鳃病

三者外观症状基本相似，病鱼体色发黑，尤以头部为甚，鳃上黏液增多，鳃丝肿胀，严重时鳃丝末端缺损，软骨外露。发病晚期三者易区别，细菌性烂鳃病，鳃盖内表皮组织发炎充血，中间部分腐烂成不规则的“开天窗”，其余二者无。如无“开天窗”或处于发病早期，则要借助显微镜加以鉴别，若鳃丝腐烂发白带黄色，尖端软骨外露，并粘有污泥或黏液，见有大量细长、滑行的杆菌，酶免疫测定呈阳性反应，可确诊为细菌性烂鳃病。镜检若寄生虫数量多，则为寄生虫性烂鳃病，若鳃丝末端挂着似蝇蛆一样的白色小虫，常为中华鳋病；鳃部分泌大量的黏液则为隐鞭虫、口丝虫、车轮虫、斜管虫、三代虫或指环虫病。鳃片颜色比正常鱼的白，并略带有红色小点，则为鳃霉病，镜检可见病原体的菌丝进入鳃小片组织或血管和软骨中生长。

3. 细菌性白头嘴病与车轮虫病

前者病鱼体色发黑，漂浮在岸边，头顶和嘴的周围发白，严

重时发生腐烂，且常发生于鱼苗期和夏花阶段；后者鱼体大部分或全身呈白色。

4. 病毒性肠炎与细菌性肠炎及鲩内变形虫病的鉴别

这3种病病鱼肠道均呈红色。其中，病毒引起的还兼有口腔、肌肉、鳃盖、鳍条等充血，肠黏膜一般不腐烂脱落；细菌性肠炎没有口腔肌肉充血，肠道黏膜往往溃烂化脓，乳黄色的腹水很多；鲩内变形虫病症状相似于细菌性肠炎，但一般只表现于后肠部。

5. 具白点症状的鱼病的鉴别

具白点症状的鱼病常见有白皮病、打粉病（白鳞病）、痘疮病、小瓜虫病以及微孢子虫病。

打粉病：若背鳍、尾鳍及背部先后出现白点，随病情加剧白点数目逐渐增多，最终白点遍及全身，使整个体表好似涂了一层白色粉末，此是打粉病。

白皮病：白点只出现在背鳍基部或尾柄处，随病情发展也只是白点本身的面积扩大，最终表现为背鳍至臀鳍为界的整个后部皮肤呈现白色。

微孢子虫：病鱼死后2～3小时观察其发病部分，有白点。

小瓜虫病：病鱼白点间有充血的红斑，病鱼死后2～3小时观察其发病部位，没有白点。

痘疮病：白点变厚增大，色泽由原来的乳白色渐转变为石蜡状。

6. “鳃盖张开”状鱼病的鉴别

车轮虫病：有典型的白头白嘴、鳃丝鲜红等症状。

指环虫病：鳃部明显水肿，鳃丝呈暗蓝色。

7. “肠壁膨大”状鱼病的鉴别

球虫病、侧殖吸虫病、许氏绦虫病、九江头槽绦虫病、刺棘虫病以及鲤长棘吻虫病等，均有不同程度的肠壁膨大或肠道堵塞等症状。

侧殖吸虫病和九江头槽绦虫病分别有闭口不吃食物和口张不吃食的明显症状的区别。球虫主要寄生于青鱼，许氏绦虫和鲤长棘吻虫只寄生于鲤鱼；但后者一般是寄生于前肠，严重时肠管发炎、肿胀和溃疡，肠壁穿孔。刺棘虫病主要危害草鱼。

8. 鳞片隆起症状鱼病的鉴别

主要有鲤鱼嗜子宫线虫病、鱼波豆虫病和竖鳞病。前者鳞片隆起的程度较大，虫体寄生部位的皮肤肌肉充血发炎；中者镜检鳞囊液可见鱼波豆虫；后者病鱼鳞片竖起如松果球状，鳞片基部水肿呈半透明小囊状，挤则出水。

9. “急躁不安”、“狂游”、“跳跃”现象的鱼病鉴别

该类鱼病包括疯狂病、中华鳋病、鲺病、锚头鳋病及复口吸虫病等。

（1）疯狂病和中华鳋病。主要危害鲢鱼、鳙鱼。前者病鱼具有脊柱向背部方向弯曲、整个尾部极度上翘而露出水面、呈波浪形旋转运动、一时沉入水底、一时露出水面的特征；后者脊柱不弯曲、尾鳍仅上叶露出水面，且病鱼仅在水体表面打转或狂游。

（2）大中华鳋病和鲢中华鳋病。前者寄生于草鱼、青鱼的鳃部，病鱼跳跃不安；后者寄生于鲢鱼、鳙鱼鳃部，病鱼一般不跳跃。

（3）中华鳋病与鲺病。两者均有跳跃现象，但只要掀开鳃盖观察就可发现前者鳃丝末端挂有许多白色小蛆状物，群众称为“鳃蛆病”，后者无此症状。

（4）锚头鳋病及复口吸虫病。两者同样呈现病鱼急躁不安的现象，但前者严重感染时鱼体似披蓑衣；后者还表现为在水面不安地挣扎，有时头朝下、尾朝上，严重时，具眼球脱落成瞎眼等症状。

10. 池边聚集周游或头撞岸边鱼病的鉴别

这可能是跑马病、泛池或是由小三毛金藻引起的鱼类中毒。前者仅是绕池周游，驱之难散；泛池一般发生在无风、闷热，气温上升，气压下降，打雷不下雨或雷阵雨的情况下，在半夜以后发生，全池鱼类均浮在水面，用口张着呼吸，或横卧水面或头撞岸边，呈奄奄一息状态；小三毛金藻病往往有大部分鱼类狂游乱窜，一般池鱼向池的四隅集中、驱之才散，病情严重时，池鱼几乎都集中排列在池边水面附近，头朝向岸边，静止不动。

11. “乌头瘟”的鉴别

包括青、草鱼肠炎病和细菌性鳃病。其共同症状是体色发黑，头部乌黑。区别在于前者腹部肿胀且有红斑，手摸柔软，肛门红肿，轻压腹部有乳黄色黏液流出；后者鳃盖内表皮往往充血。值得注意的是，这两种病往往在同一鱼体上发生。

第八章　淇河鲫鱼无公害养殖生产

一、无公害水产生产的概念与意义

（一）无公害水产品及相关概念

1. 无公害水产品与无公害水产品生产

（1）无公害水产品。是指产地环境、生产过程和产品质量符合国家标准和规范要求，经认证合格获得认证证书并允许使用无公害水产品标志的水产品。

（2）无公害水产品生产。是指按照无公害产地环境要求，选择适宜的生产基地，按照规定的生产技术规范，综合运用相应的水产品生产技术，并协调运用其他相关技术措施，进行无公害水产品的生产经营活动。

2. 无公害水产品与无公害农产品、绿色食品、有机食品之间的区别

无公害水产品包含于无公害农产品之中，它们的特点是：产地必须具备良好的生产环境；对产品进行全程质量控制；严格按照无公害食品生产对投入产品的要求和操作规格要求进行生产；产品中有毒有害物质量或残留量控制在国家或行业标准规定的安全允许范围内；对产地或产品实行认证管理。

绿色食品则是遵循可持续发展原则，按照绿色食品标准生产，经专门机构认定、许可使用绿色食品标志的无污染、安全、优质营养食品。绿色食品原料产地必须具备良好的生态环境，即各种有害物质的残留量符合有关标准规定，生产加工中不使用任

何有害化学合成物质或限量使用限定的化学合成物质，按特定的操作规程进行生产、加工、产品质量等经检验符合特定产品标准。

有机食品，又称天然食品或生态食品，其生产原料来自有机农业生产体系，并按照有机农业和有机食品生产、加工标准进行生产和加工，生产和加工过程中不使用任何人工合成的农药、化肥、促进生长剂、兽药、鱼药、添加剂等物质，不采用辐射处理，也不使用基因工程生物及其产品，所生产出的产品经有机产品认证机构认证合格并颁发正式证书的食品。

无公害农产品和绿色食品、有机食品都属于安全食品，但它们的质量标准水平、认证体系和生产方式有所不同，就其质量标准而言，有机食品要求最高，绿色食品居中，无公害农产品较低。

（二）无公害水产品生产的意义

提高水产品质量安全水平，发展无公害水产品生产，是适应新阶段渔业结构调整的重要内容，也是提高水产品市场竞争能力的一项重要措施，对于保护消费者合法权益和增加渔民收入都具有十分重要意义。

1. 人们食用安全和社会发展的需要

当前，我国进入了全面建设小康社会的新时期，随着经济的全面发展和城乡人民生活水平的提高，人们对水产品的需求也将从数量消费型向质量消费型过渡，不仅要求品种结构多样化、多元化，而且要求营养、安全、卫生。有易于身体健康。这样就要求生产者要按照无公害水产品的有关规定、要求和标准进行生产，以使生产出的水产品具有安全、卫生、营养、优质的内在本质。

2. 有利于水产品的出口和提高市场竞争力

水产品是我国重要的出口农产品之一，随着我国加入 WTO，水产品在国际市场上的竞争越来越激烈，各国对水产品的进口都制定了大量的、严格的标准，可以说非无公害产品在国际市场上很难被接受。因此，只有进行无公害水产品生产，提高水产品及其加工品的质量，才能增强我国水产品在国际市场上的竞争能力，实现水产品出口的可持续发展。

3. 保护和改善农业生态环境

进行水产品无公害生产，要求产地环境必须符合“无公害生产”的要求。如果产地的水源、土壤、空气等受到严重污染，就失去了无公害水产品升生产的基本条件。因此要创建和保持无公害水产品生产基地，就要求生产者必须采取措施保护和改善农业生产环境，并尽可能减少化学合成品的施用，以减少有害化学物质在环境中的排放和污染。

4. 推动水产科技进步

无公害水产品是高科技的物化产品，其生产本身就有承载和促进科技进步的作用。通过发展无公害水产品生产，不仅可以改变传统落后和分散的养殖模式，促进水产品生产的规模化、集约化和规范化，而且可以促进水产业与农、林、牧等产业的结合以及产前、产中、产后的协调发展，从而水产业走向依靠科技进步和提高养殖者科学文化素质发展的道路。

5. 提高养殖效益，增加养殖者的收入

进行水产品无公害生产，由于尽量减少了鱼药、农药、化肥的使用量，并且使各种资源有效利用，因此，可使生产成本得到一定降低，而且由于无公害水产品是高质量的食品，按照市场优质优价的原则，其生产价格要比一般产品高，这样就提高了养殖者的经济效益，从而增加了养殖者的收入。

二、无公害水产品产地环境要求与认定

1. 基本要求

无公害水产品产地应具备生态环境良好，周围无污染源、水源充足。水质良好，进排水方便、日照充足、饲料资源丰富，交通方便等条件。并具备一定的生产规模。在养殖区域内及上风向、水源上游，没有对产地环境构成威胁的农业废弃物、医疗机构污水及废弃物、城市垃圾和生活污水等污染源等条件。

2. 水质要求

水源水质要符合国家 GB 11607—1989 渔业水质标准的有关规定，并且水源充足，引用方便等。养殖用水水质符合 NY 5051—2001《无公害食品，淡水养殖用水水质》的要求。

3. 环境空气质量要求

无公害水产地环境的空气应清新，产地周围不应有空气污染源，不得有有害气体排放，尤其是在养殖地的上风口不得有空气污染源，以保持大气质量的相对稳定。

4. 底质要求

（1）底质无工业废弃物和生活垃圾，无大型动物碎屑和动物尸体。

（2）底质无异色，异臭，自然结构。

（3）底质有害有毒物质的最高限量应符合表 3 -4 的要求

表 3 -4　底质有害有毒物质的最高限量

序号	项目	指标≤毫克/千克（湿重）
1	总汞	0.2
2	镉	0.5
3	铜	30
4	锌	150
5	铅	50

续表

序号	项目	指标≤毫克/千克（湿重）
6	铬	50
7	砷	20
8	滴滴涕	0.02
9	六六六	0.5

三、无公害鱼类对营养与饲料的要求

1. 对营养的要求

鱼类在其生命的全过程中需要蛋白质、脂肪、糖类、维生素和无机盐等五大类营养物质，这些营养物质参与构成鱼体组织和生理活动，如果缺乏其中一种或多种营养物质的供应不平衡，将会导致鱼生长缓慢，容易发病、甚至引起鱼类死亡等。因此，生产上要了解鱼类对各种营养的需要，科学选用和配制饲料，才能保证鱼儿健康，正常生长。

2. 饲料安全要求

鱼类无公害养殖所用饲料应对鱼类无毒无害，不对水环境造成污染，并且以其养出的鱼产品对人类的健康无危害。所以，加工鱼用饲料所用的原料应符合各类原料标准的规定，不得使用受潮、发霉、生虫、腐败变质的及受到石油、农药、有害金属等污染的原料，若用皮革粉应经过脱铬、脱毒处理；大豆原料应经过高温破坏蛋白酶抑制因子的处理；鱼粉的质量应符合 SC3501 的规定；鱼油质量应符合 SC/T3502 中二级精制鱼油的要求；使用的饲料、辅料（添加剂）应符合《饲料卫生标准》（CB13078—2001）的规定，配合饲料的安全指标限量应符合《无公害食品—鱼用配合饲料安全限量》（NY5072—2002）的要求。并不得在饲料中添加国家禁止使用的药物或添加剂，如已烯雌酚、喹乙醇等，也不得在饲料中长期添加抗菌的药物等。

四、无公害养殖病害防治及鱼药使用要求

科学用药原则

（1）基本原则。鱼药的使用应以不危害人类健康和破坏生态环境为基本原则。

（2）预防为主、防治结合。鱼类病害一旦发生，治疗难度较大，有的甚至无法治疗，所以，必须坚持预防为主、防治结合的原则，从消除病原体、改善养殖环境、科学投喂、增强鱼类自身免疫力，防止机械损伤等方面着手，从健康养殖的角度来考虑，积极采取综合预防措施，以减少疾病的发生，若发现病害要及时进行正确治疗。

（3）不使用国家禁用鱼药。应严格遵照国家和有关部门的有关规定，坚决不使用禁用鱼药和未经取得生产许可证，批准文号和没有生产执行标准的鱼药。

（4）积极推行“三效”和“三小”鱼药。所谓“三效”，即高效、速效、长效，三小即毒性小、副作用小、用量小。提倡使用水产专用鱼药、生物源鱼药和渔用生物制品。

（5）防止滥用和盲目用药。施药前首先要确诊所患何种疾病，病因是什么，发病程度如何，然后进行对症下药，防止滥用鱼药和增大用药量，增加用药次数、延长用药时间。

（6）不可长期单一用药。长期使用一种药物防治鱼病，易使鱼类产生耐药性，从而降低治疗效果。因此，即使治疗同一种鱼病，也应注意应用作用相似的不同药物轮换使用。

（7）注意药物之间的拮抗性和协同性。两种或两种以上药物同时使用时，应考虑能否混用。如化学药品与微生物制剂混用会是药效大为降低；硫酸铜和硫酸亚铁混用，则可使药效增强。从而提高鱼病的防治效果。

（8）注意鱼药内服外用的结合。同时，采取内服和外用的

措施防治病害，可起到较好的治疗效果。尤其是细菌性鱼病，鱼药内服和外用结合，效果更好。

（9）慎用抗生素。在防治鱼类病害时，要慎用抗生素，必须用时要有针对性，并且不可长期和过量的使用。

（10）大力提倡使用中草药防治鱼病。中草药具有来源广泛、药效长、毒副作用小，不易形成药物残留等优点，是鱼类无公害养殖中鱼药使用的重要方向。

（11）积极使用生物型鱼药。积极使用微生物制剂，渔用疫苗等生物性鱼药，不仅能够提高养殖对象的抗病力，促进生长，减少疾病的发生，而且还具有无残留、无毒性和改善水体水质的作用。

（12）注意混合感染的用药治疗。生产中常发生两种以上疾病或病虫害同时发生，要注意综合用药治疗。当养殖的鱼类同时发生细菌性疾病和寄生虫病时，则要交替使用杀菌和灭虫鱼药，一般是先用杀虫药灭虫，后用杀菌药灭菌。

（13）注意用药量和用药时间。应根据水体体积或鱼体重量以及每种鱼对药物的适用情况等，确定适宜的用药量，不要随意增大或减少使用量。全池泼洒药物，一般在晴天 10:00 或 15:00～16:00，于上风头泼洒，内服药饵一般在停食 1 天后投喂。

（14）严格遵守售前休药制度。休药期的长短，应确保上市鱼类药物的残留量符合 NY 5070—2002 的要求。

五、禁用药物

（1）农业部公告第 176 号《禁止在饲料和动物饮用水中使用的药品目录》。

（2）农业部公告第 193 号《食品动物禁用的兽药及其他化合物清单》。

（3）无公害水产品禁用鱼药。中华人民共和国农业行业标准NY 5071—2002《无公害食品 渔用药物使用准则》中规定，严禁使用高毒、高残留或具有三致毒性（致癌、致畸、致突变）的鱼药；并且严禁使用对水域环境有严重破坏而又难以修复的鱼药；严禁直接向养殖水域泼洒抗生素；严禁将新近开发的人用新药作为鱼药的主要或次要成分。

六、无公害水产品的质量标准

（1）感官要求

鲜、活鱼要求体形匀称，无畸形，鳞片、鳍完整或较完整，鳞片不易脱落，体表黏液透明，体色正常，无病害状，鳃丝清晰，鲜红或暗红色，无寄生虫，无污物，无明显鳃部病症，黏液不浑浊。眼球饱满，黑白分明或稍变红。气味呈本种鱼类固有气味，无异味。肌肉紧密，有弹性，内脏清晰可辨，无腐烂。

（2）有毒有害物质限量指标

鲜活水产品中有毒有害物质的限量，应按照中华人民共和国国家标准 NY 5073—2001《无公害食品-水产品中有毒有害物质限量》规定执行。

（3）鱼药残留限量

水产品中鱼药残留限量应按 NY 5070—2002《无公害食品-水产品中有毒有害物质限量》之规定执行。

（4）微生物及致病寄生虫出现指标

GB 18406. 4—2001《农产品安全质量无公害水产品质量要求》中规定：细菌总数小于或等于 10 6 个/克，大肠菌群小于或等于 30 个/100 克，致病菌（沙门氏菌、李斯特菌、副溶血性弧菌）不得检出。

此外，致病寄生虫卵（曼氏双槽蚴，阔节裂头蚴、颚口蚴），也不得检出。

七、无公害水产品的认证方法

无公害水产品必须通过认证，才能称无公害水产品。根据《无公害农产品管理办法》规定，无公害农产品的认证机构，必须由国家认证认可监督管理委员会批准，并获得国家认证认可监督管理委员会授权认可机构的资格认证后，方可从事无公害农产品的认证活动。

申请无公害水产品的单位或个人，应当向认证机构提交书面申请。书面申请内容包括：

（1）申请人的姓名（名称）、地址、电话号码。

（2）产品品种、产地的区域范围和生产规模。

（3）无公害水产品的生产计划。

（4）产地环境说明。

（5）无公害水产品质量控制措施。

（6）有关专业技术和管理人员的资质证明材料。

（7）保证执行无公害水产品标准和规范的声明。

（8）无公害水产品产地认定证书。

（9）生产过程记录档案。

（10）认证机构要求提供的其他材料。

认证机构收到证明申请之后，对申请材料进行审核。申请材料符合要求的，认证机构即可以根据需要对现场进行检查。材料审核符合要求的，或者材料审核和现场检查符合要求的（限于需要对现场进行检查时）认证机构即要通知申请人要在具有资质资格的检验机构对产品进行检测。承担产品检测任务的机构，根据检测结果出具产品检测报告。认证机构对材料审核、现场检查（限于要求对现场进行检查时）和产品检测结果符合要求的，发放无公害水产品认证证书。认证机构颁证后，报农业部和国家认证认可监督管理委员会备案，并由农业部和国家认证认可监督管理委员会予以公告。获得无公害水产品认证证书的单位或者个人，可以在证书规定的产品包装、检验、广告、说明书上使用无公害水产品标志。

附　　录

附录一　河南省地方标准——淇河鲫

一、范围

本标准规定了淇河鲫（Carassius auratus gibelio var. Qihe）的主要生物学性状、生长与繁殖、生化指标、遗传学特性及其检测方法。

本标准适用于淇河鲫的种质鉴定。

二、规范性引用文件

下列文件对于本文件的应用是必不可少的。凡是注日期的引用文件，仅所注日期的版本适用于本文件。凡是不注日期的引用文件，其最新版本（包括所有的修改单）适用于本文件。

GB/T 18654.1　养殖鱼类种质检验　第1部分：检验规则。

GB/T 18654.2　养殖鱼类种质检验　第2部分：抽样方法。

GB/T 18654.3　养殖鱼类种质检验　第3部分：性状测定。

GB/T 18654.4　养殖鱼类种质检验　第4部分：年龄与生长的测定。

GB/T 18654.6　养殖鱼类种质检验　第6部分：繁殖性能的测定。

GB/T 18654.12　养殖鱼类种质检验　第12部分：染色体组型分析。

三、学名与分类

（一）学名

淇河鲫（Carassius auratus gibelio var. Qihe）。

（二）分类位置

鲤形目（Cypriniformes），鲤科（Cyprinidae），鲤亚科（Cyprininae），鲫属（Carassius）。

四、主要生物学性状

（一）外部形态特征

1. 外形

体高而侧扁，背腹部圆。头短小。吻钝，口端位。无须。眼中等大，位于头侧上方。背鳍外缘平直，背鳍与臀鳍都具有硬刺，最后一根硬刺后缘锯齿粗且稀。同龄雄鱼，体型较雌鱼小。体型最大特点是背脊厚，呈滚圆状，尾柄高大于尾柄长。淇河鲫的外部形态，见附图1。

2. 体色

体色随环境不同在淇河中有3种颜色：一是在有温泉段的河流中背部两侧呈金黄色；二是在清水水草多段背部两侧呈黑灰色；三是在浑水段背部两侧呈银灰色、腹部呈白色。池塘养殖的淇河鲫背部两侧呈灰黑色，腹部呈白色。

3. 可数性状

左侧第一鳃弓外侧鳃耙数：44～56。

侧线鳞鳞式：$29\frac{6}{6}33$。侧线鳞多数为29～31。

背鳍鳍式：D. iii，15～19。

臀鳍鳍式：A. iii，5。

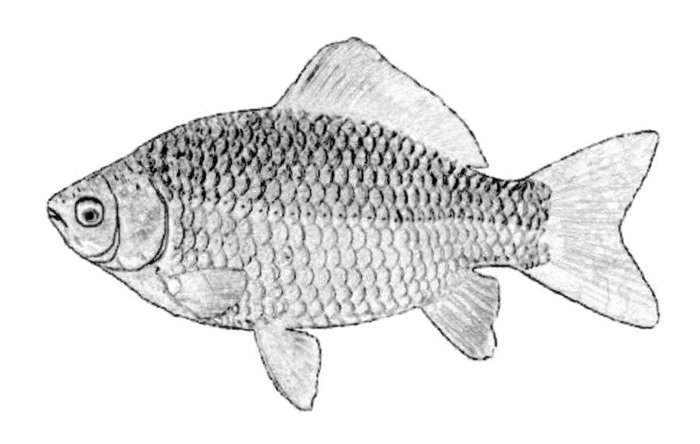

附图 1　淇河鲫外形

可量性状

对于体长 90～200 毫米，体重 24～353 克 的淇河鲫个体，实测可量性状比例变动值，见附表 1。

附表 1　淇河鲫可量性状比例变动值

项目	平均值	变动范围
全长/体长	1.28 ±0.03	1.20～1.33
体长/体高	2.61 ±0.08	2.47～2.78
体长/头长	3.88 ±0.15	3.63～4.17
体长/尾柄长	7.29 ±0.24	6.88～7.64
头长/吻长	4.44 ±0.19	4.12～4.77
头长/眼径	3.94 ±0.17	3.63～4.29
头长/眼间距	1.98 ±0.11	1.82～2.17
尾柄长/尾柄高	0.82 ±0.07	0.68～0.94
体长/体宽	5.14 ±0.16	4.88～5.41

（二）内部构造

1. 鳔

鳔分 2 室，后室较前室大，后室末端尖，呈锥状。

2. 脊椎骨

脊椎骨总数：4 +28 ~30。

3. 下咽齿

咽齿 1 行。齿式为 4/4。

4. 腹膜

腹膜为黑色。

五、生长与繁殖

（一）生长

1. 淇河鲫不同年龄组的体长和体重

淇河鲫不同年龄组的实测体长和体重，见附表 2。

附表 2　不同年龄组鱼的体长与体重实测值

项目	年龄 a/龄		
	1	2	3
体长/毫米	90 ~ 112	120 ~ 173	160 ~ 195
体重/克	28 ~ 53	61 ~ 186	180 ~ 288

2. 淇河鲫的体长与体重关系式

体长与体重的关系式，见式（1）

W =0. 0315L3. 0629　　　　（1）

式中：

W——鱼体体重，克；

L——鱼体体长，厘米。

（二）繁殖

性成熟年龄：雌、雄鱼均为 1 龄。

性成熟个体性腺每年成熟 1 次，分批产卵，卵具黏性，沉性卵。

繁殖水温：16～28℃，适宜水温 18～24℃。

怀卵量：不同年龄组个体怀卵量见，见附表 3。

附表 3　不同年龄组个体怀卵量

项目	年龄 a/龄			
	1	2	3	4
体重/克	25～54	62～149	120～237	263～361
绝对怀卵量 a/粒	4288～11655	9903～25799	21857～56496	43243～83504
相对怀卵量 b/（粒/克）	110～236	123～254	132～285	139～311

六、生化遗传学特性

肾脏中乳酸脱氢酶（LDH）同工酶酶带电泳图，见附图 2a。

肾脏中乳酸脱氢酶（LDH）同工酶酶带扫描图，见附图 2b。

肾脏 LDH 同工酶各谱带的相对活性和迁移率，见附表 4。

附表 4　肾脏 LDH 同工酶各谱带相对活性和迁移率

（单位：%）

酶　带	LDH1	LDH2	LDH3	LDH4	LDH5
相对活性	7.6	18.7	23.1	25.5	25.1
相对迁移率	63.3	60.7	57.8	54.9	53.1

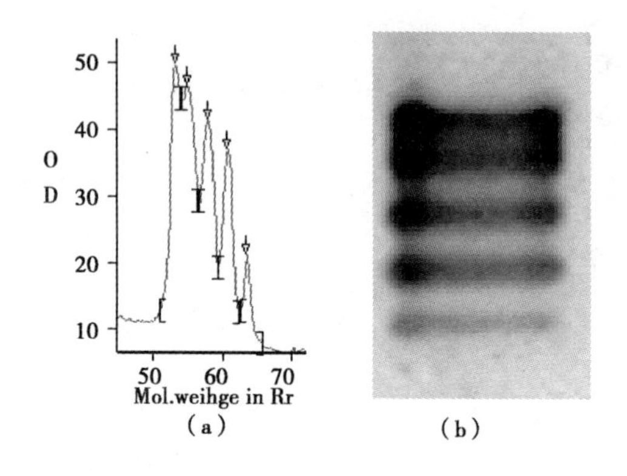

附图 2　肾脏中 LDH 同工酶酶带电泳图和扫描图

七、遗传学特性

体细胞染色体数 3n 约为 150。核型公式：3n = 33m + 42sm + 36st + 39t，　染色体臂数（NF）：225。

淇河鲫染色体组型，见附图 3。

八、检测方法

1. 抽样

按 GB/T 18654.2 的规定执行。

2. 性状测定

按 GB/T 18654.3 的规定执行。

3. 年龄测定

取鳞片为材料，方法按　GB/T 18654.4 的规定执行

4. 繁殖性能的测定

怀卵量的测定按 GB/T 18654.6 中的规定执行。

5. 生化遗传分析

（1）样品制备。取活鱼擦干鱼体表水分，断尾放血，迅

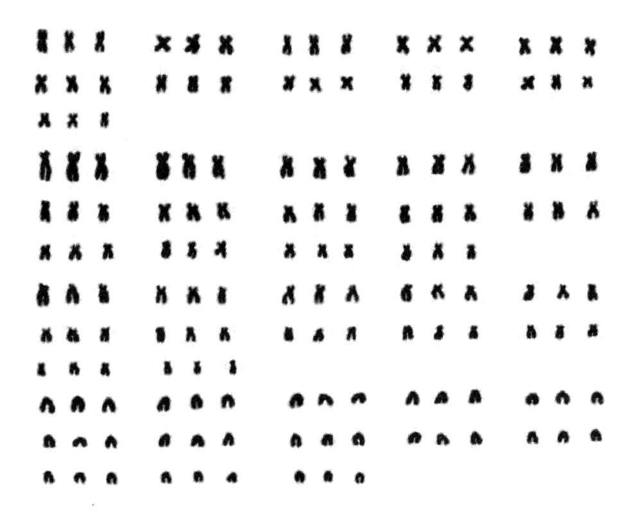

附图3　淇河鲫的染色体核型

速解剖取肾脏组织，用4 ℃生理盐水洗净，加入10倍体积的预冷磷酸盐缓冲液（pH值=7.4），在预冷的玻璃匀浆器中充分匀浆。所得匀浆液在4 ℃条件下，5 000转/分钟 离心10分钟，吸取上清液按加入1倍体积的甘油放入-25 ℃冰箱中保存备用。

（2）电泳方法。采取不连续聚丙烯酰胺凝胶垂直平板电泳。电泳在4 ℃冰箱内进行，在100~200伏稳压下电泳约2小时，分离胶浓度为7%，浓缩胶浓度为4%，缓冲系统为三羟甲基氨基甲烷（Tris）—甘氨酸系统。

（3）染色和固定。电泳结束后取出凝胶，放在LDH酶活性染色液里，37 ℃水浴保温20分钟，即显出清晰的蓝色酶带。染色后用去离子水漂洗3次，在7%乙酸中固定，然后进行拍照。

（4）凝胶成像分析。用凝胶成像软件对电泳图谱进行分析，计算出各区带的相对活性。

6. 染色体检测

按 GB/T 18654. 12 的规定执行。

九、检验规则与综合判定

按照 GB/T 18654. 1 的规定执行。

附录二　国家渔业水质标准

为贯彻执行中华人民共和国《环境保护法》《水污染防治法》《海洋环境保护法》和《渔业法》，防止和控制渔业水域水质污染，保证鱼、贝、藻类正常生长、繁殖和水产品的质量，特制定本标准。

一、主题内容与适用范围

本标准适用鱼虾类的产卵场、索饵、越冬场、洄游通道和水产增养殖区等海、淡水的渔业水域。

二、引用标准（附表5）

附表5　引用标准

GB5750	生活饮用水标准检验法		
GB6920	水质	pH值的测定	玻璃电极法
GB7467	水质	六价铬的测定	二碳酰二肼分光光度法
GB7468	水质	总汞测定	冷原子吸收分光光度法
GB7469	水质	总汞测定	高锰酸钾－过硫酸钾消除法 双硫腙分光光度法
GB7470	水质	铅的测定	双硫腙分光光度法
GB7471	水质	镉的测定	双硫腙分光光度法
GB7472	水质	锌的测定	双硫腙分光光度法
GB7474	水质	铜的测定	二乙基二硫代氨基 甲酸钠分光光度法
GB7475	水质	铜、锌、 铅、镉的测定	原子吸收分光光度法
GB7479	水质	铵的测定	纳氏试剂比色法
GB7481	水质	氨的测定	水杨酸分光光度法
GB7482	水质	氟化物的测定	茜素磺酸锆目视比色法
GB7484	水质	氟化物的测定	离子选择电极法
GB7485	水质	总砷的测定	二乙基二硫代氨基 甲酸银分光光度法

续表

GB5750		生活饮用水标准检验法	
GB7486	水质	氰化物的测定	第一部分：总氰化物的测定
GB7488	水质	五日生化需氧量（BOD5）稀释与接种法	
GB7489	水质	溶解氧的测定	碘量法
GB7490	水质	挥发酚的测定	蒸馏后4－氨基安替比林分光光度法
GB7492	水质	六六六、滴滴涕的测定	气相色谱法
GB8972	水质	五氯酚的测定	气相色谱法
GB9803	水质	五氯酚钠的测定	藏红T分光光度法
GB11891	水质	凯氏氮的测定	
GB11901	水质	悬浮物的测定	重量法
GB11910	水质	镍的测定	丁二铜肟分光光度法
GB11911	水质	铁、锰的测定	火焰原子吸收分光光度法
GB11912	水质	镍的测定	火焰原子吸收分光光度法

三、渔业水质要求

（1）渔业水域的水质，应符合渔业水质标准（附表6）。

附表6　渔业水质标准　　（单位：毫克/升）

项目序号	项目	标准值
1	色、臭、味	不得使鱼、虾、贝、藻类带有异色、异臭、异味
2	漂浮物质	水面不得出现明显油膜或浮沫
3	悬浮物质	人为增加的量不得超过10，而且悬浮物质沉积于底部后，不得对鱼、虾、贝类产生有害的影响
4	pH值	淡水6.5～8.5，海水7.0～8.5
5	溶解氧	连续24小时中，16小时以上必须大于5，其余任何时候不得低于3，对于鲑科鱼类栖息水域冰封期其余
6	生化需氧量	任何时候不得低于4 不超过5，冰封期不超过3
7	（五天、20℃）	
8	总大肠菌群	不超过5 000个/升（贝类养殖水质不超过500个/升）
9	汞	≤0.0005
10	镉	≤0.005
11	铅	≤0.05
12	铬	≤0.1
13	铜	≤0.01
14	锌	≤0.1
15	镍	≤0.05
16	砷	≤0.05
17	氰化物	≤0.005
18	硫化物	≤0.2
19	氟化物（以F－计）	≤1
20	非离子氨	≤0.02
21	凯氏氮	≤0.05
22	挥发性酚	≤0.005
23	黄磷	≤0.001
24	石油类	≤0.05
25	丙烯腈	≤0.5
26	丙烯醛	≤0.02
27	六六六（丙体）	≤0.002
28	滴滴涕	≤0.001
29	马拉硫磷	≤0.005
30	五氯酚钠	≤0.01
31	乐果	≤0.1
32	甲胺磷	≤1
33	甲基对硫磷	≤0.0005
	呋喃丹	≤0.01

（2）各项标准数值系指单项测定最高允许值。

（3）标准值单项超标，即表明不能保证鱼、虾、贝正常生长繁殖，并产生危害，危害程度应参考背景值、渔业环境的调查数据及有关渔业水质基准资料进行综合评价。

四、渔业水质保护

（1）任何企、事业单位和个体经营者排放的工业废水、生活污水和有害废弃物，必须采取有效措施，保证最近渔业水域的水质符合本标准

（2）未经处理的工业废水、生活污水和有害废弃物严禁直接排入鱼、虾类的产卵场、索饵场、越冬场和鱼、虾、贝、藻类的养殖场及珍贵水生动物保护区。

（3）严禁向渔业水域排放含病原体的污水；如需排放此类污水，必须经过处理和严格消毒。

五、标准实施

（1）本标准由各级渔政监督管理部门负责监督与实施，监督实施情况，定期报告同级人民政府环境保护部门。

（2）在执行国家有关污染物排放标准中，如不能满足地方渔业水质要求时，省、自治区、直辖市人民政府可制定严于国家有关污染排放标准的地方污染物排放标准，以保证渔业水质的要求，并报国务院环境保护部门和渔业行政主管部门备案。

（3）本标准以外的项目，若对渔业构成明显危害时，省级渔政监督管理部门应组织有关单位制订地方补充渔业水质标准，报省级人民政府批准，并报国务院环境保护部门和渔业行政主管部门备案。

（4）排污口所在水域形成的混合区不得影响鱼类洄游通道。

六、水质监测

（1）本标准各项目的监测要求，按规定分析方法（附表 7）进行监测。

（2）渔业水域的水质监测工作，由各级渔政监督管理部门组织渔业环境监测站负责执行。

①渔业水质检验方法为农牧渔业部 1983 年颁布。

②测得结果为总氨浓度，然后按表 A1、表 A2 换算为非离子浓度。

地面水水质监测检验方法为中国医学科学院卫生研究所 1978 年颁布。

附表 7 渔业水质分析方法

序号	项 目	测 定 方 法	试验方法标准编号
3	悬浮物质	重量法	GB11901
4	pH 值	玻璃电极法	GB6920
5	溶解氧	碘量法	GB7489
6	生化需氧量	稀释与接种法	GB7488
7	总大肠菌群	多管发酵法滤膜法	GB5750
8	汞	冷原子吸收分光光度法	GB7468
		高锰酸钾－过硫酸钾消解双解腙分光光度法	GB7469
9	镉	原子吸收分光光度法 双硫腙分光光度法	GB7475 GB7471
10	铅	原子吸收分光光度法 双硫腙分光光度法	GB7475 GB7470
11	铬	二苯碳酰二肼分光光度法（高锰酸钾氧化）	GB7467
12	铜	原子吸收分光光度法 二乙基二硫代氨基甲酸钠分光光度法	GB7475 GB7474

续表

序号	项　目	测　定　方　法	试验方法标准编号
13	锌	原子吸收分光光度法 双硫腙分光光度法	GB7475 GB7472
14	镍	火焰原子分光光度法 丁二铜 分光光度法	GB11912 GB11910
15	砷	二乙基二硫代氨基甲酸银分光光度法	GB7485
16	氰化物	异烟酸－吡啶啉酮比色法 吡啶－巴比妥酸比色法	GB7486
17	硫化物	对二甲氨基苯胺分光光度法 1）	
18	氟化物	茜素磺酸锆目视比色法 离子选择电极法	GB7482 GB7484
19	非离子氨 2）	钠式试济比色法 水杨酸分光光度法	GB7479 GB7481
20	凯氏氮		GB11891
21	挥发性酚	蒸溜后 4－氨基安替比林分光光度法	GB7490
22	黄磷		
23	石油类	紫外分光光度法 1）	
24	丙烯腈	高锰酸钾转化法 1）	
25	丙烯醛	4－己基间苯二酚分光光度法 1）	
26	六六六（丙体）	气相色谱法	GB7492
27	滴滴涕	气相色谱法	GB7492
28	马拉硫磷	气相色谱法 1）	
29	五氯酚钠	气相色谱法 红藏济分光光度法	GB8972 GB9803
30	乐果	气相色谱法 3）	
31	甲胺磷		
32	甲基对硫磷	气相色谱法 3）	
33	呋喃丹		

附录三　无公害食品　淡水养殖用水水质标准

农产品安全质量无公害水产品产地环境要求

一、范围

GB/T 18407 的本部分规定了无公害水产品的产地环境、水质要求和检验方法。本部分适用于无公害水产品的产地环境的评价。

二、规范性引用文件

下列文件中的条款通过 GB/T 18407 的本部分的引用而成为本部分的条款。

凡是注日期的引用文件，其随后所有的修改单（不包括勘误的内容）或修订版均不适用于本部分，然而，鼓励根据本部分达成协议的各方研究是否可使用这些文件的最新版本。

凡是不注日期的引用文件，其最新版本适用于本部分。

GB/T 8170 数值修约规则 GB11607—1989 渔业水质标准。

GB/T 14550 土壤质量 六六六和滴滴涕的测　气相色谱法。

GB/T 17134 土壤质量 总砷的测定　二乙基二硫代氨基甲酸银分光光度法。

GB/T 17136 土壤质量 总汞的测定　冷原子吸收分光光度法。

GB/T 17137 土壤质量 总铬的测定　火焰原子吸收分光光度法。

GB/T 17138 土壤质量铜、锌的测定　火焰原子吸收分光光度法。

GB/T 17141 土壤质量铅、镉的测定　石墨炉原子吸收分光光度。

三、要求

1. 产地要求

(1) 养殖地应是生态环境良好，无或不直接受工业“三废”及农业、城镇生活、医疗废弃物污染的水（地）域。

(2) 养殖地区域内及上风向、灌溉水源上游，没有对产地环境构成威胁的（包括工业“三废”、农业废弃物、医疗机构污水及废弃物、城市垃圾和生活污水等）污染源。

2. 水质要求

水质质量应符合 GB11607 的规定

3. 底质要求

(1) 底质无工业废弃物和生活垃圾，无大型植物碎屑和动物尸体。

(2) 底质无异色、异臭，自然结构。

(3) 底质有害有毒物质最高限量应符合附表 8 的规定。

附表 8　底质有害有毒物质最高限量

项目	指标 毫克/千克（保温）
总汞　≤	0.2
镉　≤	0.5
铜　≤	30
锌　≤	150
铅　≤	50
铬　≤	50
砷　≤	20
滴滴涕　≤	0.02
六六六　≤	0.5

四、检验方法

1. 水质检验

按 GB 11607 规定的检验方法进行。

2. 底质检验

（1）总汞按 GB/T 17136 的规定进行。

（2）铜、锌按 GB/T 17138 的规定进行。

（3）铅、镉按 GB/T 17141 的规定进行。

（4）铬按 GB/T 17137 的规定进行。

（5）砷按 GB/T 17134 的规定进行。

（6）六六六、滴滴涕按 GB/T 14550 的规定进行。

五、评价原则

（1）无公害水产品的生产环境质量必须符合 GB/T 18407 的本部分的规定。

（2）取样方法依据不同产地条件，确定按相应的国家标准和行业标准执行。

（3）检验结果的数值修约按 GB/T 8170 执行。

附录四　NY　5070—2002　无公害食品水产品中鱼药残留限量

一、范围

本标准规定了无公害水产品中鱼药及通过环境污染造成的药物残留的最高限量。

本标准适用于水产养殖品及初级加工水产品、冷冻水产品，其他水产加工品可以参照使用。

二、规范性引用文件

下列文件中的条款通过本标准的引用而成为本标准的条款。凡是注日期的引用文件，其随后所有的修改单（不包括勘误的内容）或修订版均不适用于本标准，然而，鼓励根据本标准达成协议的各方研究是否可使用这些文件的最新版本。凡是不注日期的引用文件，其最新版本适用于本标准。

NY 5029—2001　无公害食品—猪肉。

NY 5071　无公害食品—渔用药物使用准则。

SC/T 3303—1997　冻烤鳗。

SN/T 0197—1993　出口肉中喹乙醇残留量检验方法。

SN 0206—1993　出口活鳗鱼中噁喹酸残留量检验方法。

SN 0208—1993　出口肉中十种磺胺残留量检验方法。

SN 0530—1996　出口肉品中呋喃唑酮残留量的检验方法—液相色谱法。

三、术语和定义

下列术语和定义适用于本标准。

1. 渔用药物（fishery drugs）

用以预防、控制和治疗水产动、植物的病、虫、害，促进养殖品种健康生长，增强机体抗病能力以及改善养殖水体质量的一切物质，简称“鱼药”。

2. 鱼药残留（residues of fishery drugs）

在水产品的任何食用部分中鱼药的原型化合物或/和其代谢产物，并包括与药物本体有关杂质的残留。

3. 最高残留限量（maximum residue Limit，MRL）

允许存在于水产品表面或内部（主要指肉与皮或/和性腺）的该药（或标志残留物）的最高量/浓度（以鲜重计，表示为：微克/千克或毫克/千克）。

四、要求

1. 鱼药使用

水产养殖中禁止使用国家、行业颁布的禁用药物，鱼药使用时按 NY 5071 的要求进行。

2. 水产品中鱼药残留限量要求

水产品中鱼药残留限量要求，见附表 9。

附表 9　水产品中鱼药残留限量

药物类别		药物名称		指标（MPL）/（微克/千克）
		中文	英文	
抗生素类	四环素类	金霉素	chlortetracycline	100
		土霉素	Oxytetracycline	100
		四环素	Tetracycline	100
	氯霉素类	氯霉素	Chloramphenicol	不得检出

（续表）

药物类别	药物名称		指标（MPL）/（微克/千克）
	中文	英文	
磺胺类及增效剂	磺胺嘧啶	Sulfadiazine	100（以总量计）
	磺胺甲基嘧啶	Sulfamerazine	
	磺胺二甲基嘧啶	Sulfadimidine	
	磺胺甲噁唑	sulfamethoxazole	
	甲氧苄啶	Trimethoprim	50
喹诺酮类	噁喹酸	Oxilinic acid	300
硝基呋喃类	呋喃唑酮	Furazolidone	不得检出
其他	己烯雌酚	Diethylstilbestrol	不得检出
	喹乙醇	Olaquindox	不得检出

五、检测方法

1. 金霉素、土霉素、四环霉

金霉素测定按 NY 5029—2001 中附录 B 规定执行，土霉素、四环素按 SC/T 3303—1997 中附录 A 规定执行。

2. 氯霉素

氯霉素残留量的筛选测定方法按本标准中附录 A 执行，测定按 NY 5029—2001 中附录 D（气相色谱法）的规定执行。

3. 磺胺类

磺胺类中的磺胺甲基嘧啶、磺胺二甲基嘧啶的测定按 SC/T 3303 的规定执行，其他磺胺类按 SN/T 0208 的规定执行。

4. 噁喹酸

噁喹酸的测定按 SN/T 0206 的规定执行。

5. 呋喃唑酮

呋喃唑酮的测定按 SN/T 0530 的规定执行。

6. 己烯雌酚

己烯雌酚残留量的筛选测定方法按本标准中附录 B 规定执行。

7. 喹乙醇

喹乙醇的测定按 SN/T 0197 的规定执行。

六、检验规则

（一）检验项目

按相应产品标准的规定项目进行。

（二）抽样

1. 组批规则

同一水产养殖场内，在品种、养殖时间、养殖方式基本相同的养殖水产品为一批（同一养殖池，或多个养殖池）；水产加工品按批号抽样，在原料及生产条件基本相同下，同一天或同一班组生产的产品为一批。

2. 抽样方法

（1）养殖水产品。随机从各养殖池抽取有代表性的样品，取样量，见附表 10。

附表 10　取样量

生物数量/（尾、只）	取样量/（尾、只）
500 以内	2
500 ~ 1 000	4
1 001 ~ 5 000	10
5 001 ~ 10 000	20
≥10 001	30

（2）水产加工品。每批抽取样本以箱为单位，100 箱以内取 3 箱，以后每增加 100 箱（包括不足 100 箱）则抽 1 箱。

按所取样本从每箱内各抽取样品不少于 3 件，每批取样量不少于 10 件。

（三）取样的样品的处理

采集的样品应分成两等份，其中，一份作为留样。从样本中取有代表性的样品，装入适当容器，并保证每份样品都能满足分析的要求；样品的处理按规定的方法进行，通过细切、绞肉机绞碎、缩分，使其混合均匀；鱼、虾、贝、藻等各类样品量不少于 200 克。各类样品的处理方法如下。

（1）鱼类。先将鱼体表面杂质洗净，去掉鳞、内脏，取肉（包括脊背和腹部）肉和皮一起绞碎，特殊要求除外。

（2）龟鳖类。去头、放出血液，取其肌肉包括裙边，绞碎后进行测定。

（3）虾类。洗净后，去头、壳，取其肌肉进行测定。

（4）贝类。鲜的、冷冻的牡蛎、蛤蜊等要把肉和体液调制均匀后进行分析测定。

（5）蟹。取肉和性腺进行测定。

混匀的样品，如不及时分析，应置于清洁、密闭的玻璃容器，冰冻保存。

（四）判定规则

按不同产品的要求所检的鱼药残留各指标均应符合本标准的要求，各项指标中的极限值采用修约值比较法。超过限量标准规定时，允许加倍抽样将此项指标复验一次，按复验结果判定本批产品是否合格。经复检后所检指标仍不合格的产品则判为不合格品。

1. 附录 A（规范性附录）氯霉素残留的酶联免疫测定法

（1）适用范围。本方法适用于测定水产品肌肉组织中氯霉素的残留量。

（2）原理。利用抗体抗原反应。微孔板包被有针对兔免疫球蛋白（I 克克）（氯霉素抗体）的羊抗体，加入氯霉素抗体、氯霉素标记物、标准和样品溶液。游离氯霉素与氯霉素酶标记物竞争氯霉素抗体，同时氯霉素抗体与羊抗体连接。没有连接的酶标记物在洗涤步骤中被洗去。将酶基质（过氧化尿素）和发色剂（四甲基联苯胺）加入到孔中并孵育；结合的酶标记物将无色的发色剂转化成蓝色的产物。加入反应停止液后使颜色由蓝变为黄，在 450 纳米处测量，吸光度与样品的氯霉素浓度成反比。

（3）检测限。筛选方法的检测下限为 1 微克/千克。

（4）仪器。

①离心机。

②微孔酶标仪（450 纳米）。

③旋转蒸发仪。

④混合器。

⑤移液器。

⑥50 微升，100 微升，450 微升微量加液器等。

（5）药品和试剂。除非另有说明，在分析中仅使用确认为分析纯的试剂和蒸馏水或去离子水或相当纯度的水。

①乙酸乙酯。

②乙腈。

③正己烷。

④磷酸盐缓冲液（PBS）（pH 值 7.2）：0.55 克磷酸二氢钠（$NaH_2PO_4 \cdot H_2O$），2.85 克磷酸氢二钠（$Na_2HPO_4 \cdot 2H_2O$），9 克氯化钠（NaCl）加入蒸馏水至 1 000 毫升。

（6）标准溶液。分别取标准浓缩液 50 升用 450 升缓冲液 1

（试剂盒提供）稀释并混均匀，制成0纳克/升、50纳克/升、450纳克/升、1 350纳克/升、4 050纳克/升的标准溶液。

（7）样品提取和纯化。

①取5.0克粉碎的鱼肉样品（样品先去脂肪组织），与20毫升乙腈水溶液（86 + 16）混合10分钟，15℃离心10分钟（4 000转/分钟）。

②取3毫升上清液与3毫升蒸馏水混合，加入4.5毫升乙酸乙酯混合10分钟，15℃离心10分钟（4 000转/分钟）。

③将乙酸乙酯层转移至另一瓶中继续干燥，用1.5毫升缓冲液1溶液干燥的残留物，加入1.5毫升正己烷混合。

④完全除去正己烷层（上层），取50微升水箱进行分析。

（8）样品测定程序

①将足够标准和样品所用数量的孔条插入微孔架，记录下标准和样品的位置，每一样品和标准做两个平行试验。

②加入50升稀释了的酶标记物到微孔底部，再加入50升的标准或处理好的样品液到各自的微孔中。

③加入50升稀释了的抗体溶液到每一个微孔底部充分混合，在室温孵育2小时。

④倒出孔中的液体，将微孔架倒置在吸水纸上拍打（每行拍打3次）以保证完全除去孔中的液体，然后用250升蒸馏水充入孔中，再次倒掉微孔中的液体，再重复操作两次。

⑤加入50升基质、50升发色试剂到微孔中，充分混合并在室温、暗处孵育30分钟。

⑥加入100升反应停止液到微孔中，混合好，以空气为空白，在450纳米处测量吸光度值（注意：必须在加入反应停止液后60分钟内读取吸光度值）。

（9）结果。所获得的标准和样品吸光度值的平均值除以第一个标准（0标准）的吸光度值再乘以100，得到以百分比给出的吸光度值，以式（A.1）表示：

$$E(\%) = \frac{A}{A_0} \times 100 \qquad (A.1)$$

式中：

E——吸光度值,%；

A——标准或样品的吸光度值；

A0——0 标准的吸光度值。

以计算的标准值绘成一个对应氯霉素浓度（纳克/升）的半对数坐标系统曲线图，校正的曲线在50 纳克/升 ~ 1 350纳克/升的范围内应成为线性，相对应的每一个样品的浓度，可以从曲线上读出。乘出稀释倍数即可得到样品中氯霉素的实际浓度（纳克/千克）。

2. 附录 B（规范性附录）己烯雌酚（DES）残留的酶联免疫测定法

（1）适用范围。本方法适用于测定水产品肌肉等可食组织中己烯雌酚的残留量。

（2）原理。测定的基础是利用抗体抗原反应。微孔板包被有针对兔 I 克克（DES 抗体）的羊抗体，加入 DES 抗、标准和样品溶液。DES 与 DES 抗体连接，同时，DES 抗体与羊抗体连接。洗涤步骤后，加入 DES 酶标记物，DES 酶标记物与孔中未结合的 DES 抗体结合，然后在洗涤步骤中除去未结合的 DES 酶标记物。将酶基质和发色剂（四甲基联苯胺）加入到孔中并孵育；结合的酶标记物将无色的发色剂转化为蓝色的产物。加入反应停止液后使颜色由蓝变为黄，在 450 纳米处没量，吸光度与样品的己烯雌酚浓度成反比。

（3）检测限。己烯雌酚检测的下限为 1 微克/千克。

①仪器。微孔酶标仪（450 纳米）。

②离心机。

③37℃恒温箱。

④移液器。

⑤50 微升，100 微升，450 微升微量加液器。

⑥RIDA C18 柱等。

（4）试剂和标准溶液。除非另有说明，在分析中仅使用确认为分析纯的试剂和蒸馏水或去离子水或相当纯度的水。

①叔丁基甲基醚。

②石油醚。

③二氯甲烷。

④6 mol/L 磷酸。

⑤乙酸钠缓冲液等。

⑥提供的 DES 标准液为直接使用液，浓度为 0、12.5 ×10 -9 摩尔/升、25 × 10 - 9 摩尔/升、50 × 10 - 9 摩尔/升、100 × 10 -9 摩尔/升、200 ×10 -9 摩尔/升。

（5）样品处理。

①取 5.0 克肌肉（除去脂肪组织），用 10 毫升 pH 值为 7.2 的 67 米 · 摩尔/升磷酸缓冲液研磨后，用 8 毫升叔丁基甲基醚提取研磨物，强烈振荡 20 分钟；离心 10 分钟（4 000 转/分钟）；移去上清液，用 8 毫升叔丁基甲基醚重复提取沉淀物。

②将两次提取的醚相合并，并且蒸发；用 1 毫升甲醇（70%）溶解干燥的残留物；用 3 毫升石油醚洗涤甲醇溶液（研磨 15 秒，短时间离心，吸除石油醚）。

③蒸发甲醇溶液，用 1 毫升二氯甲烷溶解后，再用 3 毫升 1 摩尔/升的氢氧化钠（NaOH）溶液提取；然后 300 升 6 摩尔/升磷酸中和提取液，用 RIDA C18 柱进行纯化。

（6）测定程序（室温 20 ~24℃条件下操作）。

①将足够标准和样品所用数量的孔条插入微孔架，标准和样品做两个平行实验，记录下标准和样品的位置。

②加入 20 升的标准和处理好的样品到各自的微孔中，标准和样品做两个平行实验。

③加入 50 升稀释后的 DES 抗体到每一个微孔中，充分混合并在 2 ~8℃孵育过夜（注意：在第二天早上继续进行实验之前，微孔板应在室温下放置 30 分钟以上，稀释用缓冲液也应回到室温，因此，最好将缓冲液放在室温下过夜）。

④倒出孔中的液体，将微孔架倒置在吸水纸上拍打（每行拍打 3 次）以保证完全除去孔中的液体，用 250 升蒸馏水充入孔中，再次倒掉微孔中液体，再重复操作 2 次。

⑤加入 5 升稀释的酶标记物到微孔底部，室温孵育 1 小时。

⑥倒出孔中的液体，将微孔架倒置在吸水纸上拍打（每次拍打 3 次）以保证完全除去孔中的液体，用 250 升蒸馏水充入孔中，再次倒掉微孔中液体，再重复操作一次。

⑦加入 50 升基质和 50 升发色试剂到微孔中，充分混合并在室温暗处孵育 15 分钟。

⑧加入 100 升反应停止液到微孔中，混合好在 450 纳米处测量吸光度值（可选择 >600 纳米的参比滤光片），以空气为空白，必须在加入停止液后 60 分钟内读取吸光度值。

（7）结果。所获得的标准和样品吸光度值的平均值除以第一个标准（0 标准）的吸光度值再乘以 100，得到以百分比给出的吸光度值，以式（B. 1）表示：

$$E\ (\%) = \frac{A}{A_0} \times 100 \qquad \text{(B. 1)}$$

式中：

E——吸光度值，%；

A——标准或样品的吸光度值；

A_0——0 标准的吸光度值。

以计算的标准值绘成一个对应 DES 浓度（纳克/升）的半对

数坐标系统曲线图，校正的曲线在 25～200 纳克/升的范围内应成为线性，相对应的每一个样品的浓度，可以从曲线上读出。乘以稀释倍数即可得到样品中 DES 的实际浓度（纳克/千克）。

附录五 无公害食品 渔用药物使用准则

一、范围

本标准规定了渔用药物使用的基本原则、渔用药物的使用方法以及禁用鱼药。本标准适用于水产增养殖中的健康管理及病害控制过程中的鱼药使用。

二、规范性引用文件

下列文件中的条款通过本标准的引用而成为本标准的条款。凡是注日期的引用文件，其随后所有的 修改单（不包括勘误的内容）或修订版均不适用于本标准，然而，鼓励根据本标准达成协议的各方研究是 否可使用这些文件的最新版本。凡是不注日期的引用文件，其最新版本适用于本标准。NY 5070 无公害食品水产品中鱼药残留限量 NY 5072 无公害食品 渔用配合饲料安全限量

三、术语和定义

下列术语和定义适用于本标准。

1. 渔用药物（fishery drugs）

用以预防、控制和治疗水产动植物的病、虫、害，促进养殖品种健康生长，增强机体抗病能力以及改善养殖水体质量的一切物质，简称“鱼药”。

2. 生物源鱼药（biogenic fishery medicines）

直接利用生物活体或生物代谢过程中产生的具有生物活性的物质或从生物体提取的物质作为防治水产动物病害的鱼药。

3. 渔用生物制品（fishery biopreparate）

应用天然或人工改造的微生物、寄生虫、生物毒素或生物组织及其代谢产物为原材料，采用生物学、分子生物学或生物化学等相关技术制成的、用于预防、诊断和治疗水产动物传染病和其他有关疾病的生 物制剂。它的效价或安全性应采用生物学方法检定并有严格的可靠性。

4. 休药期（withdrawal time）

最后停止给药日至水产品作为食品上市出售的最短时间。

四、渔用药物使用基本原则

（1）渔用药物的使用应以不危害人类健康和不破坏水域生态环境为基本原则。

（2）水生动植物增养殖过程中对病虫害的防治，坚持“以防为主，防治结合”。

（3）鱼药的使用应严格遵循国家和有关部门的有关规定，严禁生产、销售和使用未经取得生产许可证、批准文号与没有生产执行标准的鱼药。

（4）积极鼓励研制、生产和使用“三效”（高效、速效、长效）、“三小”（毒性小、副作用小、用量小）的鱼药，提倡使用水产专用鱼药、生物源鱼药和渔用生物制品。

（5）病害发生时应对症用药，防止滥用鱼药与盲目增大用药量或增加用药次数、延长用药时间。

（6）食用鱼上市前，应有相应的休药期。休药期的长短，应确保上市水产品的药物残留限量符合 NY 5070 要求。

（7）水产饲料中药物的添加应符合 NY 5072 要求，不得选用国家规定禁止使用的药物或添加剂，也不得在饲料中长期添加抗菌药物。

五、渔用药物使用方法

各类渔用药物的使用方法，见附表11。

附表11　各类渔用药物的使用方法

鱼药名称	用途	用法与用量	休药期/天	注意事项
氧化钙（生石灰）calcii oxydum	用于改善池塘环境，清除敌害生物及预防部分细菌性鱼病	带水清塘：200～250毫克/升（虾类：350～400毫克/升）全池泼洒：20～25毫克/升（虾类：15～30毫克/升）		不能与漂白粉、有机氯、重金属盐、有机络合物混用
漂白粉 bleaching powder	用于清塘、改善池塘环境及防治细菌性皮肤病、烂鳃病、出血病	带水清塘：20毫克/升 全池泼洒：1.0～1.5毫克/升	≥5	1. 勿用金属容器盛装。2. 勿与酸、铵盐、生石灰混用
二氯异氰尿酸钠 sodium dichloroisocyanurate	用于清塘及防治细菌性皮肤溃疡病、烂鳃病、出血病	全池泼洒：0.3～0.6毫克/升	≥10	勿用金属容器盛装
三氯异氰尿酸 trichloroisocyanuric acid	用于清塘及防治细菌性皮肤溃疡病、烂鳃病、出血病	全池泼洒：0.2～0.5毫克/升	≥10	1. 勿用金属容器盛装。2. 针对不同的鱼类和水体的pH值，使用量应适当增减

（续表）

鱼药名称	用途	用法与用量	休药期/天	注意事项
二氧化氯 chlorine dioxide	用于防治细菌性皮肤病、烂鳃病、出血病	浸浴：20～40，5～10分钟全池泼洒：0.1～0.2毫克/升，严重时0.3～0.6毫克/升。	≥10	1. 勿用金属容器盛装。2. 勿与其他消毒剂混用
二溴海因 dibromo dimethvl hvdantoin	用于防治细菌性，和病毒性疾病	全池泼洒：0.2～0.3毫克/升		
氯化钠（食盐）sodium chioride	用于防治细菌、真菌或寄生虫疾病	浸浴：1%～3%，5～20分钟		
硫酸铜（蓝矾、胆矾、石胆）copper sulfate	用于治疗纤毛虫、鞭毛虫等寄生性原虫病	浸浴：8毫克/升海水鱼类：8～10毫克/升。15～30分钟全池泼洒：0.5～0.7毫克/升海水鱼类：0.7～1.0毫克/升		1. 常与硫酸亚铁合用。2. 广东鲂慎用。3. 勿用金属容器盛装。4. 使用后注意池塘增氧。5. 不宜用于治疗小瓜虫病
硫酸亚铁（硫酸低铁、绿矾、青矾）ferrous sulphate	用于治疗纤毛虫、鞭毛虫等寄生性原虫病	全池泼洒：0.2毫克/升（与硫酸铜合用）		1. 治疗寄生性原虫病时需与硫酸铜合用。2. 乌鳢慎用
高锰酸钾（锰酸钾、灰锰氧、锰强灰）potas sium perman ganate	用于杀灭锚头鳋浸浴：10～20毫克/升，15～30分钟	全池泼洒：4～7毫克/升		1. 水中有机物含量高时药效降低2. 不宜在强烈阳光下使用

（续表）

鱼药名称	用途	用法与用量	休药期/天	注意事项
四烷基季铵盐络合碘（季铵盐含量为50%）	对病毒、细菌、纤毛虫、藻类有杀灭作用	全池泼洒：0.3毫克/升（虾类相同）		勿与碱性物质同时使用。2. 勿与阴性离子表面活性剂混用。3. 使用后注意池塘增氧。4. 勿用金属容器盛装
大蒜 crownt streacle，garlic	用于防治细菌性肠炎	拌饵投喂：10～30克/千克体重，连用4～6天（海水鱼类相同）		
大蒜素粉（含大蒜素10%）	用于防治细菌性肠炎	0.2克/千克体重，连用4～6天（海水鱼类相同）		
大黄 medicinal rhubarb	用于防治细菌性肠炎、烂鳃	全池泼洒：2.5～4.0毫克/升（海水鱼类相同）拌饵投喂：5～10克/千克体重，连用4～6天（海水鱼类相同）		投喂时常与黄芩、黄柏合用（三者比例为5∶2∶3）。
黄芩 raikai skullcap	用于防治细菌性肠炎、烂鳃、赤皮、出血病	拌饵投喂：2～4克/千克体重，连用4～6天（海水鱼类相同）		投喂时需与大黄、黄柏合用（三者比例为2∶5∶3）。
黄柏 amur corktree	用于防治细菌性肠炎、出血	拌饵投喂：3～6克/千克体重，连用4～6天（海水鱼类相同）		投喂时需与大黄、黄芩合用（三者比例为3∶5∶2）。
五倍子 chinese sumac	用于防治细菌性烂鳃、赤皮、白皮、疖疮	全池泼洒：2～4毫克/升（海水鱼类相同）		

（续表）

鱼药名称	用途	用法与用量	休药期/天	注意事项
穿心莲 common andrographis	用于防治细菌性肠炎、烂鳃、赤皮	全池泼洒：15～20毫克/升 拌饵投喂：10～20克/千克体重，连用4～6天		
苦参 lightyellow sophora	用于防治细菌性肠炎，竖鳞	全池泼洒：1.0～1.5毫克/升 拌饵投喂：1～2克/蛞体重，连用4～6天		
土霉素 oxytetracycline。	用于治疗肠炎病、弧菌病	拌饵投喂：50～80毫克/千克体重，连用4～6天（海水鱼类相同，虾类：50～80毫克/妇体重，连用5～10天）	≥30（鳗鲡）≥21（鲶鱼）	勿与铝、镁离子及卤素、碳酸氢钠、凝胶合用
嘿喹酸 oxolinic acid	用于治疗细菌性肠炎病、赤鳍病，香鱼、对虾弧菌病，鲈鱼结节病，鲱鱼疖疮病	拌饵投喂：10～30毫克/千克体重，连用5～7天（海水鱼类：1～20毫克/千克体重；对虾：6～60毫克/千克体重，连用5天）	≥25（鳗鲡）≥21（鲤鱼、香鱼）≥16（其他鱼类）	用药量视不同的疾病有所增减

（续表）

鱼药名称	用途	用法与用量	休药期/天	注意事项
磺胺嘧啶（磺胺嘧啶）sulfadiazine	用于治疗鲤科鱼类的赤皮病、肠炎病，海水鱼链球菌病	拌饵投喂：100 毫克/千克体重，连用5 天（海水鱼类相同）		1. 与甲氧苄氨嘧啶（TMP）同用，可产生增效作用 2. 第一天药量加倍
磺胺甲嘿唑（新诺明、新明磺）sulfamethoxazole	用于治疗鲤科鱼类的肠炎病	拌饵投喂：100 毫克/千克体重，连用5～7 天≥30		1. 不能与酸性药物同用 2. 与甲氧苄氨嘧啶（TMP）同用，可产生增效作用3. 第一天药量加倍
磺胺间甲氧嘧啶（制菌磺、磺胺－6－甲氧嘧啶）sulfamonomethoxine	用于治疗鲤科鱼类的竖鳞病、赤皮病及弧菌病	拌饵投喂：50～100 毫克/千克体重，连用4～6 天≥37（鳗鲡）		1. 与甲氧苄氨嘧啶（TMP）同用，可产生增效作用 2. 第一天药量加倍
氟苯尼考 florfenicol	用于治疗鳗鲡爱德华氏病、赤鳍病	拌饵投喂：10.0 毫克/天。妇体重，连用4～6 天	≥7（鳗鲡）	
聚维酮碘（聚乙烯吡咯烷酮碘、皮维碘、PVP一1、伏碘）（有效碘1.0%）povidone-iodine	用于防治细菌性烂鳃病、弧菌病、鳗鲡红头病。并可用于预防病毒病：如草鱼出血病、传染性胰腺坏死病、传染性造血组织坏死病、病毒性出血败血症	全池泼洒：海、淡水幼鱼、幼虾：0.2～0.5 毫克/升海、淡水成鱼、成虾：1～2 毫克/升鳗鲡：2～4 毫克/升 浸浴：草鱼种：30 毫克/升，15～20 分钟 鱼卵：30～50 毫克/升（海水鱼卵：25～30 毫克/升），5～15 分钟		1. 勿与金属物品接触。2. 勿与季铵盐类消毒剂直接混合使用

注：1. 用法与用量栏未标明海水鱼类与虾类的均适用于淡水鱼类

2. 休药期为强制性

六、禁用鱼药

严禁使用高毒、高残留或具有三致毒性（致癌、致畸、致突变）的鱼药。严禁使用对水域环境有严重破 坏而又难以修复的鱼药，严禁直接向养殖水域泼洒抗生素，严禁将新近开发的人用新药作为鱼药的主要 或次要成分。

禁用鱼药，见附表12。

附表12　禁用鱼药

药物名称	化学名称（组成）	别 名
地虫硫磷 fonofos	0-2 基一 S 苯基二硫代磷酸乙酯	大风雷
六六六 BHC（HCH）benzem. bexachloridge	1，2，3，4，5，6，六氯环已烷	
林丹 lindane。gammaxare'gamma-BHC gamma-HCH	γ-1，2，3，4，5，6-六氯环已烷	丙体六六六
毒杀芬 camphechlor（Il-SO）	八氯莰烯	氯化莰烯
滴滴涕 DDT	2，2 一双（对氯苯甚）-1，1，1-三氯乙烷	
甘汞 calomel	氯化汞	
硝酸亚汞 mercurous nitrate	硝酸亚汞	
醋酸汞 mercuric acetate	醋酸汞	
呋喃丹 carbofuran	2，3-二氢一 2，2-二甲基-7-苯并呋喃基一甲基氨基甲酸酯	克百威、大扶农
杀虫脒 chlordimeform	N-（2-甲基-4-氯苯基）N′，N′-二甲基甲脒盐酸盐	克死螨
双甲脒 amtraz	1，5-双-（2，4-二甲基苯基-3-甲基-1，3，5-三氮戊二烯一1，4	二甲苯胺脒

（续表）

药物名称	化学名称（组成）	别 名
氟氯氰菊酯 cyfluthrin	d-氰基-3-苯氧基-4-氟苄基（1R，3R）-3-（2，2-二氯乙烯基）-2，2-二甲基环丙烷羧酸酯	百树菊酯、百树得
氟氰戊菊酯 flucyth" nate	（R，S）-a-氰基-3-苯氧苄基-（R，S）-2-（4-二氟甲氧基）-3-甲基丁酸酯	保好江乌 氟氰菊酯
五氯酚钠 PCP-Na	五氯酚钠	
孔雀石绿 malachite green	$C_{23}H_{25}CIN_2$	碱性绿、盐基块绿、孔雀绿

附录六　禁止在饲料和动物饮用水中使用的药物品种目录

中华人民共和国农业部公告第176号

为加强饲料、兽药和人用药品管理，防止在饲料生产、经营、使用和动物饮用水中超范围、超剂量使用兽药和饲料添加剂，杜绝滥用违禁药品的行为，根据《饲料和饲料添加剂管理条例》《兽药管理条例》《药品管理法》的有关规定，现公布《禁止在饲料和动物饮用水中使用的药物品种目录》，并就有关事项公告如下。

（1）凡生产、经营和使用的营养性饲料添加剂和一般饲料添加剂，均应属于《允许使用的饲料添加剂品种目录》（农业部第105号公告）中规定的品种及经审批公布的新饲料添加剂，生产饲料添加剂的企业需办理生产许可证和产品批准文号，新饲料添加剂需办理新饲料添加剂证书，经营企业必须按照《饲料和饲料添加剂管理条例》第十六条、第十七条、第十八条的规定从事经营活动，不得经营和使用未经批准生产的饲料添加剂。

（2）凡生产含有药物饲料添加剂的饲料产品，必须严格执行《饲料药物添加剂使用规范》（农业部168号公告，以下简称《规范》）的规定，不得添加《规范》附录二中的饲料药物添加剂。凡生产含有《规范》附录一中的饲料药物添加剂的饲料产品，必须执行《饲料标签》标准的规定。

（3）凡在饲养过程中使用药物饲料添加剂，需按照《规范》规定执行，不得超范围、超剂量使用药物饲料添加剂。使用药物饲料添加剂必须遵守休药期、配伍禁忌等有关规定。

（4）人用药品的生产、销售必须遵守《药品管理法》及相关法规的规定。未办理兽药、饲料添加剂审批手续的人用药品，不得直接用于饲料生产和饲养过程。

（5）生产、销售《禁止在饲料和动物饮用水中使用的药物品种目录》所列品种的医药企业或个人，违反《药品管理法》第四十八条规定，向饲料企业和养殖企业（或个人）销售的，由药品监督管理部门按照《药品管理法》第七十四条的规定给予处罚；生产、销售《禁止在饲料和动物饮用水中使用的药物品种目录》所列品种的兽药企业或个人，向饲料企业销售的，由兽药行政管理部门按照《兽药管理条例》第四十二条的规定给予处罚；违反《饲料和饲料添加剂管理条例》第十七条、第十八条、第十九条规定，生产、经营、使用《禁止在饲料和动物饮用水中使用的药物品种目录》所列品种的饲料和饲料添加剂生产企业或个人，由饲料管理部门按照《饲料和饲料添加剂管理条例》第二十五条、第二十八条、第二十九条的规定给予处罚。其他单位和个人生产、经营、使用《禁止在饲料和动物饮用水中使用的药物品种目录》所列品种，用于饲料生产和饲养过程中的，上述有关部门按照谁发现谁查处的原则，依据各自法律法规予以处罚；构成犯罪的，要移送司法机关，依法追究刑事责任。

（6）各级饲料、兽药、食品和药品监督管理部门要密切配合，协同行动，加大对饲料生产、经营、使用和动物饮用水中非法使用违禁药物违法行为的打击力度。要加快制定并完善饲料安全标准及检测方法、动物产品有毒有害物质残留标准及检测方法，为行政执法提供技术依据。

（7）各级饲料、兽药和药品监督管理部门要进一步加强新闻宣传和科普教育。要将查处饲料和饲养过程中非法使用违禁药物列为宣传工作重点，充分利用各种新闻媒体宣传饲料、兽药和人用药品的管理法规，追踪大案要案，普及饲料、饲养和安全使用兽药知识，努力提高社会各方面对兽药使用管理重要性的认识，为降低药物残留危害，保证动物性食品安全创造良好的外部环境。

中华人民共和国农业部
中华人民共和国卫生部
国家药品监督管理局
二〇〇二年二月九日

附件：

禁止在饲料和动物饮用水中使用的药物品种目录

一、肾上腺素受体激动剂

（1）盐酸克仑特罗（Clenbuterol Hydrochloride）。中华人民共和国药典（以下简称药典）2000年二部：P605。β2肾上腺素受体激动药。

（2）沙丁胺醇（Salbutamol）。药典2000年二部：P316。β2肾上腺素受体激动药。

（3）硫酸沙丁胺醇（SalbutamolSulfate）。药典2000年二部：P870。β2肾上腺素受体激动药。

（4）莱克多巴胺（Ractopamine）。一种β兴奋剂，美国食品和药物管理局（FDA）已批准，中国未批准。

（5）盐酸多巴胺（Dopamine Hydrochloride）。药典2000年二部：P591。多巴胺受体激动药。

（6）西马特罗（Cimaterol）。美国氰胺公司开发的产品，一种β兴奋剂，FDA未批准。

（7）硫酸特布他林（Terbutaline Sulfate）。药典2000年二部：P890。β2肾上腺受体激动药。

二、性激素

（8）己烯雌酚（Diethylstibestrol）。药典2000年二部：P42。雌激素类药。

（9）雌二醇（Estradiol）。药典2000年二部：P1005。雌激素类药。

（10）戊酸雌二醇（EstradiolValerate）。药典2000年二部：P124。雌激素类药。

（11）苯甲酸雌二醇（EstradiolBenzoate）。药典2000年二部：P369。雌激素类药。中华人民共和国兽药典（以下简称兽药典）2000年版一部：P109。雌激素类药。用于发情不明显动物的催情及胎衣滞留、死胎的排除。

（12）氯烯雌醚（Chlorotrianisene）。药典2000年二部：P919。

（13）炔诺醇（Ethinylestradiol）。药典2000年二部：P422。

（14）炔诺醚（Quinestrol）。药典2000年二部：P424。

（15）醋酸氯地孕酮（Chlormadinone acetate）。药典2000年二部：P 1 037。

（16）左炔诺孕酮（Levonorgestrel）。药典2000年二部：P107。

（17）炔诺酮（Norethisterone）。药典2000年二部：P420。

（18）绒毛膜促性腺激素（绒促性素）（Chorionic gonadotrophin）。药典2000年二部：P534。促性腺激素药。兽药典2000年版一部P146。激素类药。用于性功能障碍、习惯性流产及卵巢囊肿等。

（19）促卵泡生长激素（尿促性素主要含卵泡刺激FSHT和黄体生成素LH）（Menotropins）。药典2000年二部：P321。促性腺激素类药。

三、蛋白同化激素

(20) 碘化酪蛋白 (Iodinated Casein)。蛋白同化激素类，为甲状腺素的前驱物质，具有类似甲状腺素的生理作用。

(21) 苯丙酸诺龙及苯丙酸诺龙注射液 (Nandrolone phenylpropionate)。药典2000年二部：P365。

四、精神药品

(22)(盐酸) 氯丙嗪 (Chlorpromazine Hydrochloride)。药典2000年二部：P676。抗精神病药。兽药典2000年版一部：P177。镇静药。用于强化麻醉以及使动物安静等。

(23) 盐酸异丙嗪 (Promethazine Hydrochloride)。药典2000年二部：P602。抗组胺药。兽药典2000年版一部：P164。抗组胺药。用于变态反应性疾病，如荨麻疹、血清病等。

(24) 安定 (地西泮) (Diazepam)。药典2000年二部：P214。抗焦虑药、抗惊厥药。兽药典2000年版一部：P61。镇静药、抗惊厥药。

(25) 苯巴比妥 (Phenobarbital)。药典2000年二部：P362。镇静催眠药、抗惊厥药。兽药典2000年版一部：P103。巴比妥类药。缓解脑炎、破伤风、士的宁中毒所致的惊厥。

(26) 苯巴比妥钠 (Phenobarbital Sodium)。兽药典2000年版一部：P105。巴比妥类药。缓解脑炎、破伤风、士的宁中毒所致的惊厥。

(27) 巴比妥 (Barbital)。兽药典2000年版一部：P27。中枢抑制和增强解热镇痛。

(28) 异戊巴比妥 (Amobarbital)。药典2000年二部：P252。催眠药、抗惊厥药。

(29) 异戊巴比妥钠 (Amobarbital Sodium)。兽药典2000年

版一部：P82。巴比妥类药。用于小动物的镇静、抗惊厥和麻醉。

（30）利血平（Reserpine）。药典 2000 年二部：P304。抗高血压药。

（31）艾司唑仑（Estazolam）。

（32）甲丙氨脂（Meprobamate）。

（33）咪达唑仑（Midazolam）。

（34）硝西泮（Nitrazepam）。

（35）奥沙西泮（Oxazepam）。

（36）匹莫林（Pemoline）。

（37）三唑仑（Triazolam）。

（38）唑吡旦（Zolpidem）。

（39）其他国家管制的精神药品。

五、各种抗生素滤渣

（40）抗生素滤渣。该类物质是抗生素类产品生产过程中产生的工业三废，因含有微量抗生素成分，在饲料和饲养过程中使用后对动物有一定的促生长作用。但对养殖业的危害很大，一是容易引起耐药性；二是由于未做安全性试验，存在各种安全隐患。

附录七　食品动物禁用的兽药及其化合物清单

中华人民共和国农业部公告第193号

为保证动物源性食品安全，维护人民身体健康，根据《兽药管理条例》的规定，农业部制定了《食品动物禁用的兽药及其他化合物清单》（以下简称《禁用清单》），现公告如下：

（1）《禁用清单》序号1～18所列品种的原料药及其单方、复方制剂产品停止生产，已在兽药国家标准、农业部专业标准及兽药地方标准中收载的品种，废止其质量标准，撤销其产品批准文号；已在我国注册登记的进口兽药，废止其进口兽药质量标准，注销其《进口兽药登记许可证》。

（2）截至2002年5月15日，《禁用清单》序号1～18所列品种的原料药及其单方、复方制剂产品停止经营和使用。

（3）《禁用清单》序号19～21所列品种的原料药及其单方、复方制剂产品不准以抗应激、提高饲料报酬、促进动物生长为目的在食品动物饲养过程中使用（附表13）。

附表13　食品动物禁用的兽药及其他化合物清单

序号	兽药及其他化合物名称	禁止用途	禁用动物
1	β-兴奋剂类：克仑特罗 Clenbuterol、沙丁胺醇 Salbutamol、西马特罗 Cimaterol 及其盐、酯及制剂	所有用途	所有食品动物
2	性激素类：己烯雌酚 Diethylstilbestrol 及其盐、酯及制剂	所有用途	所有食品动物
3	具有雌激素样作用的物质：玉米赤霉醇 Zeranol、去甲雄三烯醇酮 Trenbolone、醋酸甲孕酮 Mengestrol，Acetate 及制剂	所有用途	所有食品动物
4	氯霉素 Chloramphenicol 及其盐、酯（包括：琥珀氯霉素 Chloramphenicol Succinate）及制剂	所有用途	所有食品动物

（续表）

序号	兽药及其他化合物名称	禁止用途	禁用动物
5	氨苯砜 Dapsone 及制剂	所有用途	所有食品动物
6	硝基呋喃类：呋喃唑酮 Furazolidone、呋喃它酮 Furaltadone、呋喃苯烯酸钠 Nifurstyrenate sodium 及制剂	所有用途	所有食品动物
7	硝基化合物：硝基酚钠 Sodium nitrophenolate、硝呋烯腙 Nitrovin 及制剂	所有用途	所有食品动物
8	催眠、镇静类：安眠酮 Methaqualone 及制剂	所有用途	所有食品动物
9	林丹（丙体六六六）Lindane	杀虫剂	所有食品动物
10	毒杀芬（氯化烯）Camahechlor	杀虫剂、清塘剂	所有食品动物
11	呋喃丹（克百威）Carbofuran	杀虫剂	所有食品动物
12	杀虫脒（克死螨）Chlordimeform	杀虫剂	所有食品动物
13	双甲脒 Amitraz	杀虫剂	水生食品动物
14	酒石酸锑钾 Antimonypotassiumtartrate	杀虫剂	所有食品动物
15	锥虫胂胺 Tryparsamide	杀虫剂	所有食品动物
16	孔雀石绿 Malachitegreen	抗菌、杀虫剂	所有食品动物
17	五氯酚酸钠 Pentachlorophenolsodium	杀螺剂	所有食品动物
18	各种汞制剂包括：氯化亚汞（甘汞）Calomel，硝酸亚汞 Mercurous nitrate、醋酸汞 Mercurous acetate、吡啶基醋酸汞 Pyridyl mercurous acetate	杀虫剂	所有食品动物
19	性激素类：甲基睾丸酮 Methyltestosterone、丙酸睾酮 Testosterone Propionate、苯丙酸诺龙 Nandrolone Phenylpropionate、苯甲酸雌二醇 Estradiol Benzoate 及其盐、酯及制剂	促生长	所有食品动物
20	催眠、镇静类：氯丙嗪 Chlorpromazine、地西泮（安定）Diazepam 及其盐、酯及制剂、	促生长	所有食品动物
21	硝基咪唑类：甲硝唑 Metronidazole、地美硝唑 Dimetronidazole 及其盐、酯及制剂、	促生长	所有食品动物

注：食品动物是指各种供人食用或其产品供人食用的动物

二〇〇二年四月九日

附录八　无公害食品 水产品中有毒有害物质限量

一、范围

本标准规定了无公害水产品中重金属、有害元素、农药残量、生物毒素限量的要求、试验方法、检验规则。

本标准适用于捕捞及养殖的鲜、活水产品。

二、规范性引用文件

下列文件中的条款通过本标准的引用而成为本标准的条款。凡是注日期的引用文件，其随后所有的修改单（不包括勘误的内容）或修订版均不适用于本标准，然而，鼓励根据本标准达成协议的各方研究是否可使用这些文件的最新版本。凡是不注日期的引用文件，其最新版本适用于本标准。

GB/T 5009. 11 食品中总砷的测定方法。

GB/T 5009. 12 食品中铅的测定方法。

GB/T 5009. 13 食品中铜的测定方法。

GB/T 5009. 15 食品中镉的测定方法。

GB/T 5009. 17 食品中总汞的测定方法。

GB/T 5009. 18 食品中氟的测定方法。

GB/T 5009. 19 食品中六六六、滴滴涕残留量的测定方法。

GB/T 5009. 45 — 1996 水产品卫生标准的分析方法。

GB/T 9675 海产食品中多氯联苯的测定方法。

GB/T 12399 食品中硒的测定。

GB/T 14962 食品中铬的测定方法。

SN 0294 出口贝类腹泻性贝类毒素检验方法。

SN 0352 出口贝类麻痹性贝类毒素检验方法。

三、要求

水产品中有毒有害物质的限量，见附表 14。

附表 14　水产品中有毒有害物质限量

项目	指标
汞（以 Hg 计），毫克/千克	≤1.0（贝类及肉食性鱼类）
	≤0.5（其他水产品）
甲基汞（以 Hg 计），毫克/千克	≤0.5（所有水产品）
砷（以 As 计），毫克/千克	≤0.5（淡水鱼）
无机砷（以 As 计），毫克/千克	≤1.0（贝类、甲壳类、其他海产品）
	≤0.5（海水鱼）
铅（以 Pb 计），毫克/千克	≤1.0（软体动物）
	≤0.5（其他水产品）
镉（以 Cd 计），毫克/千克	≤1.0（软体动物）
	≤0.5（甲壳类）
	≤0.1（鱼类）
铜（以 Cu 计），毫克/千克	≤50（所有水产品）
硒（以 Se 计），毫克/千克	≤1.0（鱼类）
氟（以 F 计），毫克/千克	≤2.0（淡水鱼类）
铬（以 Cr 计），毫克/千克	≤2.0（鱼贝类）
组胺，毫克/100 克	≤100（鲐●鱼类）
	≤30（其他海水鱼类）
多氯联苯（PCBs），毫克/千克	≤0.2（海产品）
甲醛	不得检出（所有水产品）
六六六，毫克/千克	≤2（所有水产品）
滴滴涕，毫克/千克	≤1（所有水产品）
麻痹性贝类毒素（DSP），微克/千克	≤80（贝类）
腹泻性贝类毒素（DSP），微克/千克	不得检出（贝类）

四、试验方法

1. 汞的测定

按 GB/T 5009.17 中的规定执行。

2. 甲基汞的测定

按 GB/T 5009.45 中的规定执行。

3. 砷的测定

按 GB/T 5009.11 中的规定执行。

4. 无机砷的测定

按 GB/T 5009.45 中的规定执行。

5. 铅的测定

按 GB/T 5009.12 中的规定执行。

6. 镉的测定

按 GB/T 5009.15 中的规定执行。

7. 铜的测定

按 GB/T 5009.13 中的规定执行。

8. 硒的测定

按 GB/T 12399 中的规定执行。

9. 氟的测定

按 GB/T 5009.18 中的规定执行。

10. 铬的测定

按 GB/T 14962 中的规定执行。

11. 组胺的测定

按 GB/T 5009.45—1996 中 4.4 的规定执行。

12. 多氯联苯的测定

按 GB/T 9675 中的规定执行。

13. 甲醛的测定

按本标准附录 A 的规定执行。

14. 六六六、滴滴涕的测定

按 GB/T 5009.19 中的规定执行。

15. 麻痹性贝类毒素的测定

按 SN 0352 中的规定执行。

16. 腹泻性贝类毒素的测定

按 SN 0294 中的规定执行。

五、检验规则

（一）组批规则与抽样方法

1. 组批规则

同一水产养殖场内，品种、养殖时间、养殖方式基本相同的养殖水产品为一批。

2. 抽样方法

（1）鲜、活水产品取样量，见附表 15。

附表 15　鲜、活水产品取样量

批量尾或只	取样量尾或只
<500	2
501～1 000	4
1 001～5 000	10
5 001～10 000	20
≥10 000	30

（2）鲜、活水产品取样方法。将鲜、活水产品（鱼、甲鱼、蟹、对虾等）洗净体表，取肌肉（或可食部分），样品总量不得少于 200 克。其中，鱼洗净，取样部位为背部肌肉、腹部肌肉及鱼皮；虾洗净，去头、去皮、去肠腺（大型虾）后取肌肉；蟹洗净，去皮，取肌肉及生殖腺；甲鱼洗净，取可食部分；贝类洗净、去壳，取可食部分。

（二）判定规则

（1）水产品中所检的各项有毒有害物质指标均应符合标准要求。

（2）所检指标中有一项不符合标准规定时，允许加倍抽样将此项指标复验一次，按复验结果判定本批产品是否合格。

六、附录 A（规范性附录）水产品中甲醛的测定

（一）鉴别方法

1. 试剂

（1）12%氢氧化钠（NaOH）溶液。称取 12 克氢氧化钠固体，溶于 100 毫升水中。

（2）1%间苯三酚溶液。称取 1 克间苯三酚，溶于 100 毫升 12%氢氧化钠（NaOH）溶液中。

2. 检验步骤

（1）称取 5 克样品切碎或研碎，加入 10 毫升蒸馏水浸泡 30 分钟。

（2）取 5 毫升浸泡液，加入 1 毫升 1%间苯三酚溶液，观察显色反应。注意显色反应时间较快，溶液不宜放置过久。

3. 检验结果

（1）溶液呈橙红色，检出甲醛，甲醛含量高。

（2）溶液呈浅红色，检出甲醛，甲醛含量低。

（3）溶液不变色，甲醛未检出。

（二）气相色谱测定法

1. 仪器

气相色谱仪、电热恒温水浴箱、80 毫升具塞顶空瓶、1.0 毫

升注射进样器。

2. 样品处理

（1）液体样品。直接取液体样品5毫升，置于80毫升具塞顶空瓶内，加纯水15毫升，混匀。立即用垫有聚四氟乙烯薄膜的反口橡皮塞塞好，置恒温水浴箱中，60℃恒温平衡40分钟。在保温情况下，用1.0毫升注射进样器，从瓶塞处取1.0毫升上部气体，注入色谱仪，测其峰面积定量。

（2）固体样品。取具代表性固体样品5克，粉碎均浆后置于80毫升具塞顶空瓶内，加纯水15毫升，混匀。以下步骤同液体样品。

3. 色谱条件

氢火焰检测器（FID）、克DX—101色谱柱（1.5米×4毫米），柱温160℃，检测器温度220℃，进样品180℃，载气流速20毫升/分钟，补充气压力15千帕。

4. 精密度和回收率实验

取一份液体样品，均匀分成8份，做精密度实验。另取8份液体样品，分别加入10毫克/升的甲醛溶液1.0毫升做回收率试验。

附录九　NY 5072—2002　无公害食品渔用配合饲料安全限量

一、范围

本标准规定了渔用配合饲料安全限量的要求、试验方法、检验规则。

本标准适用于渔用配合饲料的成品，其他形式的渔用饲料可参照执行。

二、规范性引用文件

下列文件中的条款通过本标准的引用而成为本标准的条款。凡是注日期的引用文件，其随后所有的修改单（不包括勘误的内容）或修订版均不适用于本标准，然而，鼓励根据本标准达成协议的各方研究是否可使用这些文件的最新版本。凡是不注日期的引用文件，其最新版本适用于本标准。

GB/T 5009.45—1996　水产品卫生标准的分析方法。

GB/T 8381—1987　饲料中黄曲霉素 B_1 的测定。

GB/T 9675—1988　海产食品中多氯联苯的测定方法。

GB/T 13080—1991　饲料中铅的测定方法。

GB/T 13081—1991　饲料中汞的测定方法。

GB/T 13082—1991　饲料中镉的测定方法。

GB/T 13083—1991　饲料中氟的测定方法。

GB/T 13084—1991　饲料中氰化物的测定方法。

GB/T 13086—1991　饲料中游离棉酚的测定方法。

GB/T 13087—1991　饲料中异硫氰酸酯的测定方法。

GB/T 13088—1991　饲料中铬的测定方法。

GB/T 13089—1991　饲料中噁唑烷硫酮的测定方法。

GB/T 13090—1999　饲料中六六六、滴滴涕的测定方法。

GB/T 13091—1991　饲料中沙门氏菌的检验方法。

GB/T 13092—1991　饲料中真菌的检验方法。

GB/T 14699. 1—1993　饲料采样方法。

GB/T 17480—1998　饲料中黄曲霉毒素 B1 的测定　酶联免疫吸附法。

NY 5071　无公害食品—渔用药物使用准则。

SC 3501—1996　鱼粉。

SC/T 3502　鱼油。

《饲料药物添加剂使用规范》中华人民共和国农业部公告第 168 号。

《禁止在饲料和动物饮用水中使用的药物品种目录》中华人民共和国农业部公告第 176 号。

《食品动物禁用的兽药及其他化合物清单》中华人民共和国农业部公告第 193 号。

三、要求

1. *原料要求*

（1）加工渔用饲料所用原料应符合各类原料标准的规定，不得使用受潮、发霉、生虫、腐败变质及受到石油、农药、有害金属等污染的原料。

（2）皮革粉应经过脱铬、脱毒处理。

（3）大豆原料应经过破坏蛋白酶抑制因子的处理。

（4）鱼粉的质量应符合 SC 3501 的规定。

（5）鱼油的质量应符合 SC/T 3502 中二级精制鱼油的要求。

（6）使用的药物添加剂种类及用量应符合 NY 5071、《饲料药物添加剂使用规范》《禁止在饲料和动物饮用水中使用的药物品种目录》《食品动物禁用的兽药及其他化合物清单》的规定；若有新的公告发布，按新规定执行。

2. 安全指标

渔用配合饲料的安全指标限量应符合附表16规定。

附表16　渔用配合饲料的安全指标限量

项目	限量	适用范围
铅（以Pb计）/（毫克/千克）	≤5.0	各类渔用配合饲料
汞（以Hg计）/（毫克/千克）	≤0.5	各类渔用配合饲料
无机砷（以As计）/（毫克/千克）	≤3	各类渔用配合饲料
镉（以Cd计）/（毫克/千克）	≤3	海水鱼类、虾类配合饲料
	≤0.5	其他渔用配合饲料
铬（以Cr计）/（毫克/千克）	≤10	各类渔用配合饲料
氟（以F计）/（毫克/千克）	≤350	各类渔用配合饲料
游离棉酚/（毫克/千克）	≤300	温水杂食性鱼类、虾类配合饲料
	≤150	冷水性鱼类、海水鱼类配合饲料
氰化物/（毫克/千克）	≤50	各类渔用配合饲料
多氯联苯/（毫克/千克）	≤0.3	各类渔用配合饲料
异硫氰酸酯/（毫克/千克）	≤500	各类渔用配合饲料
噁唑烷硫酮/（毫克/千克）	≤500	各类渔用配合饲料
油脂酸价（KOH）/（毫克/克）	≤2	渔用育苗配合饲料
	≤6	渔用育成配合饲料
	≤3	鳗鲡育成配合饲料
黄曲霉毒素B1/（毫克/千克）	≤0.01	各类渔用配合饲料
六六六/（毫克/千克）	≤0.3	各类渔用配合饲料
滴滴涕/（毫克/千克）	≤0.2	各类渔用配合饲料
沙门氏菌/（cfu/25克）	不得检出	各类渔用配合饲料
真菌/（cfu/克）	≤3×104	各类渔用配合饲料

四、检验方法

1. 铅的测定

按 GB/T 13080—1991 规定进行。

2. 汞的测定

按 GB/T 13081—1991 规定进行。

3. 无机砷的测定

按 GB/T 5009.45—1996 规定进行。

4. 镉的测定

按 GB/T 13082—1991 规定进行。

5. 铬的测定

按 GB/T 13088—1991 规定进行。

6. 氟的测定

按 GB/T 13083—1991 规定进行。

7. 游离棉酚的测定

按 GB/T 13086—1991 规定进行。

8. 氰化物的测定

按 GB/T 13084—1991 规定进行。

9. 多氯联苯的测定

按 GB/T 9675—1988 规定进行。

10. 异硫氰酸酯的测定

按 GB/T 13087—1991 规定进行。

11. 噁唑烷硫酮的测定

按 GB/T 13089—1991 规定进行。

12. 油脂酸价的测定

按 SC 3501—1996 规定进行。

13. 黄曲霉毒素 B1 的测定

按 GB/T 8381—1987、GB/T 17480—1998 规定进行，其中，

GB/T 8381—1987 为仲裁方法。

14. 六六六、滴滴涕的测定

按 GB/T 13090—1991 规定进行。

15. 沙门氏菌的检验

按 GB/T 13091—1991 规定进行。

16. 真菌的检验

按 GB/T 13092—1991 规定进行，注意计数时不应计入酵母菌。

五、检验规则

1. 组批

以生产企业中每天（班）生产的成品为一检验批，按批号抽样。在销售者或用户处按产品出厂包装的标示批号抽样。

2. 抽样

渔用配合饲料产品的抽样按 GB/T 14699. 1—1993 规定执行。

批量在 1 吨以下时，按其袋数的 1/4 抽取。批量在 1 吨以上时，抽样袋数不少于 10 袋。沿堆积立面以“×”形或“W”形对各袋抽取。产品未堆垛时应在各部位随机抽取，样品抽取时一般应用钢管或铜制管制成的槽形取样器。由各袋取出的样品应充分混匀后按四分法分别留样。每批饲料的检验用样品不少于 500 克。另有同样数量的样品作留样备查。

作为抽样应有记录，内容包括：样品名称、型号、抽样时间、地点、产品批号、抽样数量、抽样人签字等。

3. 判定

（1）渔用配合饲料中所检的各项安全指标均应符合标准要求。

（2）所检安全指标中有一项不符合标准规定时，允许加倍抽样将此项指标复验一次，按复验结果判定本批产品是否合格。经复检后所检指标仍不合格的产品则判为不合格品。

附录十　饲料药物添加剂使用规范

中华人民共和国农业部公告第168号

为加强兽药的使用管理，进一步规范和指导饲料药物添加剂的合理使用，防止滥用饲料药物添加剂，根据《兽药管理条例》的规定，现发布《饲料药物添加剂使用规范》（以下简称《规范》），并就有关事项通知如下，请各地遵照执行。

一、凡农业部批准的具有预防动物疾病、促进动物生长作用，可在饲料中长时间添加使用的饲料药物添加剂（品种收载于附录一），其产品批准文号须用“药添字”。生产含有“附录一”所列品种成分的饲料，必须在产品标签中标明所含兽药成分的名称、含量、适用范围、停药期规定及注意事项等。

二、凡农业部批准的用于防治动物疾病，并规定疗程，仅是通过混饲给药的饲料药物添加剂，包括预混剂或散剂，品种收载于附录二，其产品批准文号须用“兽药字”，各畜禽养殖场及养殖户须凭兽医处方购买、使用，所有商品饲料中不得添加“附录二”中所列的兽药成分。

三、除本《规范》收载品种及农业部今后批准允许添加到饲料中使用的饲料药物添加剂外，任何其他兽药产品一律不得添加到饲料中使用。

四、兽用原料药不得直接加入饲料中使用，必须制成预混剂后方可添加到饲料中。

五、各地兽药管理部门要对照本《规范》于10月底前完成本辖区饲料药物添加剂产品批准文号的清理整顿工作，印有原批准文号的产品标签、包装可使用至2001年12月底。

六、凡从事饲料药物添加剂生产、经营活动的，必须履行有关的兽药报批手续，并接受各级兽药管理部门的管理和质量监督，违者按照兽药管理法规进行处理。

七、本《规范》自发布之日起执行。原我部《关于发布〈允许作饲料药物添加剂的兽药品种及使用规定〉的通知》（农牧发〔1997〕8 号）和《关于发布〈饲料添加剂允许使用品种目录〉的通知》（农牧发〔1994〕7 号）同时废止。

二〇〇一年六月四日

饲料药物添加剂使用规范

1. 二硝托胺预混剂（Dinitolmide Premix）

[有效成分] 二硝托胺。

[含量规格] 每 1 000克中含二硝托胺 250 克。

[适用动物] 鸡。

[作用与用途] 用于禽球虫病。

[用法与用量] 混饲。每 1 000千克饲料添加本品 500 克。

[注意] 蛋鸡产蛋期禁用；休药期 3 天。

注：摘自 2000 年版《中国兽药典》。

2. 马杜霉素铵预混剂（Maduramicin Ammonium Premix）

[有效成分] 马杜霉素铵。

[含量规格] 每 1 000克中含马杜霉素 10 克。

[适用动物] 鸡。

[作用与用途] 用于鸡球虫病。

[用法与用量] 混饲。每 1 000千克饲料添加本品 500 克。

[注意] 蛋鸡产蛋期禁用；不得用于其他动物；在无球虫病时，含百万分之六以上马杜霉素铵盐的饲料对生长有明显抑制作用，也不改善饲料报酬；休药期 5 天。

[商品名称] 加福、抗球王。

注：摘自《进口兽药质量标准》（1999 年版）和《兽药质量标准》（第一册）。

3. 尼卡巴嗪预混剂（Nicarbazin Premix）

［有效成分］尼卡巴嗪。

［含量规格］每1 000克中含尼卡巴嗪200克。

［适用动物］鸡。

［作用与用途］用于鸡球虫病。

［用法与用量］混饲。每1 000千克饲料添加本品100～125克。

［注意］蛋鸡产蛋期禁用；高温季节慎用；休药期4天。

［商品名称］杀球宁。

注：摘自《进口兽药质量标准》（1999年版）。

4. 尼卡巴嗪、乙氧酰胺苯甲酯预混剂（Nicarbazin and Ethopabate Premix）

［有效成分］尼卡巴嗪和乙氧酰胺苯甲酯。

［含量规格］每1 000克中含尼卡巴嗪250克和乙氧酰胺苯甲酯16克。

［适用动物］鸡。

［作用与用途］用于鸡球虫病。

［用法与用量］混饲。每1 000千克饲料添加本品500克。

［注意］蛋鸡产蛋期和种鸡禁用；高温季节慎用；休药期9天。

［商品名称］球净。

注：摘自《进口兽药质量标准》（1999年版）。

5. 甲基盐霉素预混剂（Narasin Premix）

［有效成分］甲基盐霉素。

［含量规格］每1 000克中含甲基盐霉素100克。

［适用动物］鸡。

［作用与用途］用于鸡球虫病。

［用法与用量］混饲。每1 000千克饲料添加本品600～

800 克。

[注意] 蛋鸡产蛋期禁用；马属动物禁用；禁止与泰妙菌素、竹桃霉素并用；防止与人眼接触；休药期 5 天。

[商品名称] 禽安。

注：摘自《进口兽药质量标准》(1999 年版)。

6. 甲基盐霉素、尼卡巴嗪预混剂 (Narasin and Nicarbazin Premix)

[有效成分] 甲基盐霉素和尼卡巴嗪。

[含量规格] 每 1 000克中含甲基盐霉素 80 克和尼卡巴嗪 80 克。

[适用动物] 鸡。

[作用与用途] 用于鸡球虫病。

[用法与用量] 混饲。每 1 000 千克饲料添加本品 310 ~ 560 克。

[注意] 蛋鸡产蛋期禁用；马属动物忌用；禁止与泰妙菌秦、竹桃霉素并用；高温季节慎用；休药期 5 天。

[商品名称] 猛安。

注：摘自《进口兽药质量标准》(1999 年版)。

7. 拉沙洛西钠预混剂 (Lasalocid Sodium Premix)

[有效成分] 拉沙洛西钠。

[含量规格] 每 1 000克中含拉沙洛西 150 克或 450 克。

[适用动物] 鸡。

[作用与用途] 用于鸡球虫病。

[用法与用量] 混饲。每 1 000 千克饲料添加 75 ~ 125 克 (以有效成分计)。

[注意] 马属动物禁用；休药期 3 天。

[商品名称] 球安。

注：摘自《进口兽药质量标准》(1999 年版)。

8. 氢溴酸常山酮预混剂（Halofuginone Hydrobromide Premix）

［有效成分］氢溴酸常山酮。
［含量规格］每 1 000克中含氢溴酸常山酮 6 克。
［适用动物］鸡。
［作用与用途］用于防治鸡球虫病。
［用法与用量］混饲。每 1 000千克饲料添加本品 500 克。
［注意］蛋鸡产蛋期禁用；休药期 5 天。
［商品名称］速丹。
注：摘自《进口兽药质量标准》（1999 年版）。

9. 盐酸氯苯胍预混剂（Robenidine Hydrochloride Premix）

［有效成分］盐酸氯苯胍。
［含量规格］每 1 000克中含盐酸氯苯胍 100 克。
［适用动物］鸡、兔。
［作用与用途］用于鸡兔球虫病。
［用法与用量］混饲。每 1 000千克饲料添加本品，鸡 300 ~ 600 克，兔 1 000 ~ 1 500克。
［注意］蛋鸡产蛋期禁用。休药期鸡 5 天，兔 7 天。
注：摘自 2000 年版《中国兽药典》。

10. 盐酸氨丙啉、乙氧酰胺苯甲酯预混剂（Amprolium Hydrochloride and Ethopabate Premix）

［有效成分］盐酸氨丙啉和乙氧酰胺苯甲酯。
［含量规格］每 1 000 克中含盐酸氨丙啉 250 克和乙氧酰胺苯甲酯 16 克。
［适用动物］家禽。
［作用与用途］用于禽球虫病。
［用法与用量］混饲。每 1 000千克饲料添加本品 500 克。
［注意］蛋鸡产蛋期禁用；每 1 000千克饲料中维生素 B_1 大

于10克时明显拮抗；休药期3天。

[商品名称] 加强安保乐。

注：摘自2000年版《中国兽药典》，其中 [注意] 中“每1 000千克饲料中维生素 B_1 大于10克时明显拮抗”摘自《进口兽药质量标准》(1999年版)。

11. 盐酸氨丙啉、乙氧酰胺苯甲酯、磺胺喹噁啉预混剂 (Amprolium Hydrochloride、Ethopabate and Sulfaquinoxaline Premix)

[有效成分] (盐酸氨丙啉、乙氧酰胺苯甲酯和磺胺喹噁啉)。

[含量规格] 每1 000克中含盐酸氨丙啉200克、乙氧酰胺苯甲酯10克和磺胺喹噁啉120克。

[适用动物] 家禽。

[作用与用途] 用于禽球虫病。

[用法与用量] 混饲。每1 000千克饲料添加本品500克。

[注意] 蛋鸡产蛋期禁用；每1 000千克中维生素 B_1 大于10克时明显拮抗；休药期7天。

[商品名称] 百球清。

注：同：“盐酸氨丙啉和乙氧酰胺苯甲酯预混剂”。

12. 氯羟吡啶预混剂 (Clopidol Premix)

[有效成分] 氯羟吡啶。

[含量规格] 每1 000克中含氯羟吡啶250克。

[适用动物] 家禽和兔。

[作用与用途] 用于禽、兔球虫病。

[用法与用量] 混饲。每1 000千克饲料添加本品，鸡500克，兔800克。

[注意] 蛋鸡产蛋期禁用；休药期5天。

注：摘自2000年版《中国兽药典》。

13. 海南霉素钠预混剂（Hainanmycin Sodium Premix）

［有效成分］海南霉素钠。

［含量规格］每1 000克中含海南霉素10克。

［适用动物］鸡。

［作用与用途］用于鸡球虫病。

［用法与用量］混饲。每1 000千克饲料添加本品500～750克。

［注意］蛋鸡产蛋期禁用；休药期7天。

注：摘自《兽药质量标准》（第一册）。

14. 赛杜霉素钠预混剂（Semduramicin Sodium Premix）

［有效成分］赛杜霉素钠。

［含量规格］每1 000千克中含赛杜霉素50克。

［适用动物］鸡。

［作用与用途］用于鸡球虫病。

［用法与用量］混饲。每1 000千克饲料添加本品500克。

［注意］蛋鸡产蛋期禁用；休药期5天。

［商品名称］禽旺。

注：摘自《进口兽药质量标准》（1999年版）。

15. 地克珠利预混剂（Diclazuril Premix）

［有效成分］地克珠利。

［含量规格］每1 000克中含地克珠利2克或5克。

［适用动物］畜禽。

［作用与用途］用于畜禽球虫病。

［用法与用量］混饲。每1 000千克饲料添加1克（以有效成分计）。

［注意］蛋鸡产蛋期禁用。

注：摘自《进口兽药质量标准》（1999年版）和《兽药质量标准》（第二册）。

16. 复方硝基酚钠预混剂（Compound Sodium Nitrophenolate Premix）

［有效成分］邻硝基苯酚钠、对硝基苯酚钠、5-硝基愈创木酚钠、磷酸氢钙和硫酸镁。

［含量规格］每1 000克中含邻硝基苯酚钠0.6克、对硝基苯酚钠0.9克、5-硝基愈创木酚钠0.3克、磷酸氢钙898.2克和硫酸镁100克。

［适用动物］虾、蟹。

［作用与用途］主用于虾、蟹等甲壳类动物的促生长。

［用法与用量］混饲。每1 000千克饲料添加本品5～10千克。

［注意］休药期7天。

［商品名称］爱多收。

注：摘自《进口兽药质量标准》（1999年版）。

17. 氨苯砷酸预混剂（Arsanilic Acid Premix）

［有效成分］氨苯砷酸。

［含量规格］每1 000克中含氨苯砷酸100克。

［适用动物］猪、鸡。

［作用与用途］用于促进猪、鸡生长。

［用法与用量］混饲。每1 000千克饲料添加本品1 000克。

［注意］休药期5天。

注：摘自《兽药质量标准》（第一册）。

18. 洛克沙胂预混剂（Arsanilic Acid Premix）

［有效成分］洛克沙胂。

［含量规格］每1 000克中含洛克沙胂50克或100克。

［适用动物］猪、鸡。

［作用与用途］用于促进猪、鸡生长。

［用法与用量］混饲。每1 000千克饲料添加本品50克（以

有效成分计）。

［注意］蛋鸡产蛋期禁用；休药期 5 天。

注：摘自《兽药质量标准》（第二册）。

19. 莫能菌素钠预混剂（Monensin Sodium Premix）

［有效成分］莫能菌素钠。

［含量规格］每 1 000 克中含莫能菌素 50 克或 100 克或 200 克。

［适用动物］牛、鸡。

［作用与用途］用于鸡球虫病和肉牛促生长。

［用法与用量］混饲。鸡，每 1 000 千克饲料添加 90～110 克；肉牛，每头每天 200～360 毫克。以上均以有效成分计。

［注意］蛋鸡产蛋期禁用；泌乳期的奶牛及马属动物禁用；禁止与泰妙菌素、竹桃霉素并用；搅拌配料时禁止与人的皮肤、眼睛接触；休药期 5 天。

［商品名称］瘤胃素、欲可胖。

注：摘自《进口兽药质量标准》（1999 年版）和《兽药质量标准》（第一册）。

20. 杆菌肽锌预混剂（Bacitracin Zinc Premix）

［有效成分］杆菌肽锌。

［含量规格］每 1 000 克中含杆菌肽 100 克或 150 克。

［适用动物］牛、猪、禽。

［作用与用途］用于促进畜禽生长。

［用法与用量］混饲。每 1 000 千克饲料添加，犊牛 10～100 克（3 月龄以下）、4～40 克（6 月龄以下），猪 4～40 克（4 月龄以下），鸡 4～40 克（16 周龄以下）。以上均以有效成分计。

［注意］休药期 0 天。

注：摘自 2000 年版《中国兽药典》。

21. 黄霉素预混剂（Flavomycin Premix）

［有效成分］黄霉素。

［含量规格］每1 000克中含黄霉素40克或80克。

［适用动物］牛、猪、鸡。

［作用与用途］用于促进畜禽生长。

［用法与用量］混饲。每1 000千克饲料添加，仔猪10～25克，生长、育肥猪5克，肉鸡5克，肉牛每头每天30～50毫克。以上均以有效成分计。

［注意］休药期0天。

［商品名称］富乐旺。

注：摘自《进口兽药质量标准》（1999年版）。

22. 维吉尼亚霉素预混剂（Virginiamycin Premix）

［有效成分］维吉尼亚霉素。

［含量规格］每1 000克中含维吉尼亚霉素500克。

［适用动物］猪、鸡。

［作用与用途］用于促进畜禽生长。

［用法与用量］混饲。每1 000千克饲料添加本品，猪20～50克，鸡10～40克。

［注意］休药期1天。

［商品名称］速大肥。

注：摘自《进口兽药质量标准》（1999年版）。

23. 喹乙醇预混剂（Olaquindox Premix）

［有效成分］喹乙醇。

［含量规格］每1 000克中含喹乙醇50克。

［适用动物］猪。

［作用与用途］用于猪促生长。

［用法与用量］混饲。每1 000千克饲料添加1 000～2 000克。

［注意］禁用于禽；禁用于体重超过 35 千克的猪；休药期 35 天。

注：摘自 2000 年版《中国兽药典》。

24. 那西肽预混剂（Nosiheptide Premix）

［有效成分］那西肽。

［含量规格］每 1 000克中含那西肽 2.5 克。

［适用动物］鸡。

［作用与用途］用于鸡促进生长。

［用法与用量］混饲。每 1 000千克饲料添加本品 1 000克。

［注意］休药期 3 天。

注：摘自《兽药质量标准》（第二册）。

25. 阿美拉霉素预混剂（Avilamycin Premix）

［有效成分］阿美拉霉素。

［含量规格］每 1 000克中含阿美拉霉素 100 克。

［适用动物］猪、鸡。

［作用与用途］用于猪和肉鸡的促生长。

［用法与用量］混饲。每 1 000千克饲料添加本品，猪 200 ~ 400 克（4 月龄以内），100 ~ 200 克（4 ~ 6 月龄），肉鸡 50 ~ 100 克。

［注意］休药期 0 天。

［商品名称］效美素。

注：摘自部颁进口兽药质量标准。

26. 盐霉素钠预混剂（Salinomycin Sodium Premix）

［有效成分］盐霉素钠。

［含量规格］每 1 000克中含盐霉素 50 克、60 克、100 克、120 克、450 克、500 克。

［适用动物］牛、猪、鸡。

［作用与用途］用于鸡球虫病和促进畜禽生长。

［用法与用量］混饲。每1 000千克饲料添加，鸡50～70克；猪25～75克；牛10～30克。以上均以有效成分计。

［注意］蛋鸡产蛋期禁用；马属动物禁用；禁止与泰妙菌素、竹桃霉素并用；休药期5天。

［商品名称］优素精、赛可喜。

注：摘自《进口兽药质量标准》（1999年版）。

27. 硫酸黏杆菌素预混剂（Colistin Sulfate Premix）

［有效成分］硫酸黏杆菌素。

［含量规格］每1 000克中含黏杆菌素20克或40克或100克。

［适用动物］牛、猪、鸡。

［作用与用途］用于革兰氏阴性杆菌引起的肠道感染，并有一定的促生长作用。

［用法与用量］混饲。每1 000千克饲料添加，犊牛5～40克，仔猪2～20克，鸡2～20克。以上均以有效成分计。

［注意］蛋鸡产蛋期禁用；休药期7天。

［商品名称］抗敌素。

注：摘自《进口兽药质量标准》（1999年版）。

28. 牛至油预混剂（Oregano Oil Premix）

［有效成分］5-甲基-2-异丙基苯酚和2-甲基-5-异丙基苯酚。

［含量规格］每1 000克中含5-甲基-2-异丙基苯酚和2-甲基-5-异丙基苯酚25克。

［适用动物］猪、鸡。

［作用与用途］用于预防及治疗猪、鸡大肠杆菌、沙门氏菌所致的下痢，促进畜禽生长。

［用法与用量］混饲。每1 000千克饲料添加本品，用于预防疾病，猪500～700克，鸡450克；用于治疗疾病，猪1 000～1 300克，鸡900克，连用7天；用于促生长，猪、鸡50～

500 克。

［商品名称］诺必达。

注：摘自《进口兽药质量标准》(1999 年版)。

29. 杆菌肽锌、硫酸黏杆菌素预混剂 (Bacitracin Zinc and Colistin Sulfate Premix)

［有效成分］杆菌肽锌和硫酸黏杆菌素。

［含量规格］每 1 000 克中含杆菌肽 50 克和黏杆菌素 10 克。

［适用动物］猪、鸡。

［作用与用途］用于革兰氏阳性菌和阴性菌感染，并具有一定的促进生长作用。

［用法与用量］混饲。每 1 000 千克饲料添加，猪 2 ~ 40 克 (2 月龄以下)、2 ~ 20 克 (4 月龄以下)，鸡 2 ~ 20 克。以上均以有效成分计。

［注意］蛋鸡产蛋期禁用；休药期 7 天。

［商品名称］万能肥素。

注：摘自《进口兽药质量标准》(1999 年版)。

30. 土霉素钙 (Oxytetracycline Calcium)

［有效成分］土霉素钙。

［含量规格］每 1 000 克中含土霉素 50 克或 100 克或 200 克。

［适用动物］猪、鸡。

［作用与用途］抗生素类药。对革兰氏阳性菌和阴性菌均有抑制作用，用于促进猪、鸡生长。

［用法与用量］混饲。每 1 000 千克饲料添加，猪 10 ~ 50 克 (4 月龄以内)，鸡 10 ~ 50 克 (10 周龄以内)。以上均以有效成分计。

［注意］蛋鸡产蛋期禁用；添加于低钙饲料 (饲料含钙量 0.18% ~0.55%) 时，连续用药不超过 5 天。

31. 吉他霉素预混剂（Kitasamycin Premix）

［有效成分］吉他霉素。

［含量规格］每1 000克中含吉他霉素22克、110克、550克、950克。

［适用动物］猪、鸡。

［作用与用途］用于防治慢性呼吸系统疾病，也用于促进畜禽生长。

［用法与用量］混饲。每1 000千克饲料添加，用于促生长，猪5～55克，鸡5～11克；用于防治疾病，猪80～330克，鸡100～330克，连用5～7天。以上均以有效成分计。

［注意］蛋鸡产蛋期禁用；休药期7天。

注：摘自《进口兽药质量标准》（1999年版）和《兽药质量标准》（第一册）。

32. 金霉素（饲料级）预混剂（Chlortetracycline（Feed grade）Premix）

［有效成分］金霉素。

［含量规格］每1 000克中含金霉素100克或150克。

［适用动物］猪、鸡。

［作用与用途］对革兰氏阳性菌和阴性菌均有抑制作用，用于促进猪、鸡生长。

［用法与用量］混饲。每1 000千克饲料添加，猪25～75克（4月龄以内），鸡20～50克（10周龄以内）。以上均以有效成分计。

［注意］蛋鸡产蛋期禁用；休药期7天。

33. 恩拉霉素预混剂（Enramycin Premix）

［有效成分］恩拉霉素。

［含量规格］每1 000克中含恩拉霉素40克或80克。

［适用动物］猪、鸡。

［作用与用途］对革兰氏阳性菌有抑制作用，用于促进猪、鸡生长。

［用法与用量］混饲。每1 000千克饲料添加，猪2.5～20克，鸡1～10克。以上均以有效成分计。

［注意］蛋鸡产蛋期禁用；休药期7天。

注：摘自《进口兽药质量标准》（1999年版）。

（附件2）（24个）

34. 磺胺喹噁啉、二甲氧苄啶预混剂（Sulfaquinoxaline and Diaveridine Premix）

［有效成分］磺胺喹噁啉和二甲氧苄啶。

［含量规格］每1 000克中含磺胺喹噁啉200克和二甲氧苄啶40克。

［适用动物］鸡。

［作用与用途］用于禽球虫病。

［用法与用量］混饲。每1 000千克饲料添加本品500克。

［注意］连续用药不得超过5天；蛋鸡产蛋期禁用；休药期10天。

注：摘自2000年版《中国兽药典》。

35. 越霉素A预混剂（Destomycin A Premix）

［有效成分］越霉素A。

［含量规格］每1 000克中含越霉素A 20克或50克或500克。

［适用动物］猪、鸡。

［作用与用途］主用于猪蛔虫病、鞭虫病及鸡蛔虫病。

［用法与用量］混饲。每1 000千克饲料添加5～10克（以有效成分计），连用8周。

［注意］蛋鸡产蛋期禁用；休药期，猪15天，鸡3天。

［商品名称］得利肥素。

注：摘自《进口兽药质量标准》(1999 年版)。

36. 潮霉素 B 预混剂（Hygromycin B Premix）

[有效成分] 潮霉素 B。

[含量规格] 每 1 000克中含潮霉素 B 17.6 克。

[适用动物] 猪、鸡。

[作用与用途] 用于驱除猪蛔虫、鞭虫及鸡蛔虫。

[用法与用量] 混饲。每 1 000克饲料添加，猪 10 ~ 13 克，育成猪连用 8 周，母猪产前 8 周至分娩，鸡 8 ~ 12 克，连用 8 周。以上均以有效成分计。

[注意] 蛋鸡产蛋期禁用；避免与人皮肤、眼睛接触；休药期猪 15 天，鸡 3 天。

[商品名称] 效高素。

注：摘自《进口兽药质量标准》(1999 年版)。

37. 地美硝唑预混剂（Dimetridazole Premix）

[有效成分] 地美硝唑。

[含量规格] 每 1 000克中含地美硝唑 200 克。

[适用动物] 猪、鸡。

[作用与用途] 用于猪密螺旋体性痢疾和禽组织滴虫病。

[用法与用量] 混饲。每 1 000 千克饲料添加本品，猪 1 000 ~ 2 500克，鸡 400 ~ 2 500克。

[注意] 蛋鸡产蛋期禁用；鸡连续用药不得超过 10 天；休药期猪 3 天，鸡 3 天。

注：摘自 2000 年版《中国兽药典》。

38. 磷酸泰乐菌素预混剂（Tylosin Phosphate Premix）

[有效成分] 磷酸泰乐菌素。

[含量规格] 每 1 000克中含泰乐菌素 20 克、88 克、100 克、220 克。

[适用动物] 猪、鸡。

［作用与用途］主用于畜禽细菌及支原体感染。

［用法与用量］混饲。每1 000千克饲料添加，猪10～100克，鸡4～50克。以上均以有效成分计，连用5～7天。

［注意］休药期5天。

注：摘自《进口兽药质量标准》（1999年版）和《兽药质量标准》（第二册）。

39. 硫酸安普霉素预混剂（Apramycin Sulfate Premix）

［有效成分］硫酸安普霉素。

［含量规格］每1 000克中含安普霉素20克、30克、100克、165克。

［适用动物］猪。

［作用与用途］用于畜禽肠道革兰阴性菌感染。

［用法与用量］混饲。每1 000千克饲料添加80～100克（以有效成分计），连用7天。

［注意］接触本品时，需戴手套及防尘面罩；休药期21天。

［商品名称］安百痢。

注：摘自《进口兽药质量标准》（1999年版）和《兽药质量标准》（第一册）。

40. 盐酸林可霉素预混剂（Lincomycin Hydrochloride Premix）

［有效成分］盐酸林可霉素。

［含量规格］每1 000克中含林可霉素8.8克或110克。

［适用动物］猪、禽。

［作用与用途］用于畜禽革兰氏阳性菌感染，也可用于猪密螺旋体、弓形虫感染。

［用法与用量］混饲。每1 000千克饲料添加，猪44～77克，鸡2.2～4.4克，连用7～21天。以上均以有效成分计。

［注意］蛋鸡产蛋期禁用；禁止家兔、马或反刍动物接近含有林可霉素的饲料；休药期5天。

[商品名称] 可肥素。

注：摘自《进口兽药质量标准》(1999 年版)。

41. 赛地卡霉素预混剂 (Sedecamycin Premix)

[有效成分] 赛地卡霉素。

[含量规格] 每 1 000克中含赛地卡霉素 10 克、或 20 克、或 50 克。

[适用动物] 猪。

[作用与用途] 主用于治疗猪密螺旋体引起的血痢。

[用法与用量] 混饲。每 1 000千克饲料添加 75 克 (以有效成分计)，连用 15 天。

[注意] 休药期 1 天。

[商品名称] 克泻痢宁。

注：摘自《进口兽药质量标准》(1999 年版)。

42. 伊维菌素预混剂 (Ivermectin Premix)

[有效成分] 伊维菌素。

[含量规格] 每 1 000克中含伊维菌素 6 克。

[适用动物] 猪。

[作用与用途] 对线虫、昆虫和螨均有驱杀活性，主要用于治疗猪的胃肠道线虫病和疥螨病。

[用法与用量] 混饲。每 1 000千克饲料添加 330 克，连用 7 天。

[注意] 休药期 5 天。

注：摘自《进口兽药质量标准》(1999 年版)。

43. 呋喃苯烯酸钠粉 (Nifurstyrenate Sodium Powder)

[有效成分] 呋喃苯烯酸钠。

[含量规格] 每 1 000克中含呋喃苯烯酸钠 100 克。

[适用动物] 鱼。

[作用与用途] 用于鲈目鱼类的类结节菌及鲽目鱼的滑行细

菌的感染。

［用法与用量］混饲。每1千克体重，鲈目鱼类每日用本品0.5克，连用3～10天。

［注意］休药期2天。

［商品名称］尼福康。

注：摘自《进口兽药质量标准》（1999年版）。

44. 延胡索酸泰妙菌素预混剂（Tiamulin Fumarate Premix）

［有效成分］延胡索酸泰妙菌素。

［含量规格］每1 000克中含泰妙菌素100克或800克。

［适用动物］猪。

［作用与用途］用于猪支原体肺炎和嗜血杆菌胸膜性肺炎，也可用于猪密螺旋体引起的痢疾。

［用法与用量］混饲。每1 000千克饲料添加40～100克（以有效成分计），连用5～10天。

［注意］避免接触眼及皮肤；禁止与莫能菌素、盐霉素等聚醚类抗生素混合使用；休药期5天。

［商品名称］枝原净。

注：摘自《进口兽药质量标准》（1999年版）。

45. 环丙氨嗪预混剂（Cyromazine Premix）

［有效成分］环丙氨嗪。

［含量规格］每1 000克中含环丙氨嗪10克。

［适用动物］鸡。

［作用与用途］用于控制动物厩舍内蝇幼虫的繁殖。

［用法与用量］混饲。每1 000千克饲料添加本品500克，连用4～6周。

［注意］避免儿童接触。

［商品名称］蝇得净。

注：摘自《进口兽药质量标准》（1999年版）。

46. 氟苯咪唑预混剂（Flubendazole Premix）

［有效成分］氟苯咪唑。

［含量规格］每1 000克中含氟苯咪唑50克或500克。

［适用动物］猪、鸡。

［作用与用途］用于驱除畜禽胃肠道线虫及绦虫。

［用法与用量］混饲。每1 000千克饲料，猪30克，连用5~10天；鸡30克，连用4~7天。以上均以有效成分计。

［注意］休药期14天。

［商品名称］弗苯诺。

注：摘自《进口兽药质量标准》（1999年版）。

47. 复方磺胺嘧啶预混剂（Compound Sulfadiazine Premix）

［有效成分］磺胺嘧啶和甲氧苄啶。

［含量规格］每1 000克中含磺胺嘧啶125克和甲氧苄啶25克。

［适用动物］猪、鸡。

［作用与用途］用于链球菌、葡萄球菌、肺炎球菌、巴氏杆菌、大肠杆菌和李氏杆菌等感染。

［用法与用量］混饲。每1千克体重，每日添加本品，猪0.1~0.2克，连用5天；鸡0.17~0.2克，连用10天。

［注意］蛋鸡产蛋期禁用；休药期猪5天，鸡1天。

［商品名称］立可灵。

注：摘自《进口兽药质量标准》（1999年版）。

48. 盐酸林可霉素、硫酸大观霉素预混剂（Lincomycin Hydrochloride and Spectinomycin Sulfate Premix）

［有效成分］盐酸林可霉素和硫酸大观霉素。

［含量规格］每1 000克中含林可霉素22克和大观霉素22克。

［适用动物］猪。

［作用与用途］用于防治猪赤痢、沙门氏菌病、大肠杆菌肠炎及支原体肺炎。

［用法与用量］混饲。每1 000千克饲料添加本品1 000克，连用7～21天。

［注意］休药期5天。

［商品名称］利高霉素。

注：摘自《进口兽药质量标准》（1999年版）。

49. 硫酸新霉素预混剂（Neomycin Sulfate Premix）

［有效成分］硫酸新霉素。

［含量规格］每1 000克中含新霉素154克。

［适用动物］猪、鸡。

［作用与用途］用于治疗畜禽的葡萄球菌、痢疾杆菌、大肠杆菌、变形杆菌感染引起的肠炎。

［用法与用量］混饲。每1 000千克饲料添加本品，猪、鸡500～1 000克，连用3～5天。

［注意］蛋鸡产蛋期禁用；休药期猪3天，鸡5天。

［商品名称］新肥素。

注：摘自《进口兽药质量标准》（1999年版）和《兽药质量标准》（第一册）。

50. 磷酸替米考星预混剂（Tilmicosin Phosphate Premix）

［有效成分］磷酸替米考星。

［含量规格］每1 000克中含替米考星200克。

［适用动物］猪。

［作用与用途］主用于治疗猪胸膜肺炎放线杆菌、巴氏杆菌及支原体引起的感染。

［用法与用量］混饲。每1 000千克饲料添加本品2 000克，连用15天。

［注意］休药期14天。

注：摘自《进口兽药质量标准》(1999 年版)。

51. 磷酸泰乐菌素、磺胺二甲嘧啶预混剂（Tylosin Phosphate and Sulfamethazine Premix）

[有效成分] 磷酸泰乐菌素和磺胺二甲嘧啶。[含量规格] 每1 000克中含泰乐菌素 22 克和磺胺二甲嘧啶 22 克、泰乐菌素 88 克和磺胺二甲嘧啶 88 克，或泰乐菌素 100 克和磺胺二甲嘧啶 100 克。

[适用动物] 猪。

[作用与用途] 用于预防猪痢疾，用于畜禽细菌及支原体感染。

[用法与用量] 混饲。每 1 000 千克饲料添加本品 200 克 (100 克泰乐菌素 +100 克磺胺二甲嘧啶)，连用 5 ~7 天。

[注意] 休药期 15 天。

[商品名称] 泰农强。

注：摘自《进口兽药质量标准》(1999 年版)。

52. 甲砜霉素散（Thiamphenicol Powder）

[有效成分] 甲砜霉素。

[含量规格] 每 1 000克中含甲砜霉素 50 克。

[适用动物] 鱼。

[作用与用途] 用于治疗鱼类由嗜水气单孢菌、肠炎菌等引起的细菌性败血症、肠炎、赤皮病等。

[用法与用量] 混饲。每 150 千克鱼加本品 1 000克，连用 3 ~4 天，预防量减半。

注：摘自《兽药质量标准》(第二册)。

53. 诺氟沙星、盐酸小檗碱预混剂（Norfloxacin and Berberine Hydrochloride Premix）

[有效成分] 诺氟沙星和盐酸小檗碱。

[含量规格] 每 1 000克中含诺氟沙星 90 克和盐酸小檗碱 20

克（鳗用）或诺氟沙星 25 克和盐酸小檗碱 8 克（鳖用）。

［适用动物］鳗鱼、鳖。

［作用与用途］用于鳗鱼嗜水气单胞菌与柱状杆菌引起的赤鳃病与烂鳃病；用于鳖红脖子病，烂皮病。

［用法与用量］混饲。每 1 000千克饲料，鳗鱼添加本品 15 千克，连用 3 天；鳖 15 千克。

注：摘自《兽药质量标准》（第二册）。

54. 维生素 C 磷酸酯镁、盐酸环丙沙星预混剂（Magnesium Ascorbic Acid Phosphate and Ciprofloxacin Hydrochloride Premix）

［有效成分］维生素 C 磷酸酯镁和盐酸环丙沙星。

［含量规格］每 1 000克中含维生素 C 磷酸酯镁 100 克和盐酸环丙沙星 10 克。

［适用动物］鳖。

［作用与用途］用于预防细菌性疾病。

［用法与用量］混饲。每 1 000千克饲料添加本品 5 千克，连用 3 ~5 天。

注：摘自《兽药质量标准》（第二册）。

55. 盐酸环丙沙星、盐酸小檗碱预混剂（Ciprofloxacin Hydrochloride and Berberine Hydrochloride Premix）

［有效成分］盐酸环丙沙星和盐酸小檗碱。

［含量规格］每 1 000克中含盐酸环丙沙星 100 克和盐酸小檗碱 40 克。

［适用动物］鳗鱼。

［作用与用途］用于治疗鳗鱼细菌性疾病。

［用法与用量］混饲。每 1 000千克饲料添加本品 15 千克，连用 3 ~4 天。

附录十一　出口水产品的品质和卫生质量要求

我国是主要渔业国之一，每年有大量水产品出口到世界五大洲的20多个国家和地区。出口的主要水产品有鱼、虾、贝、藻类等近百种。目前，出口水产品有以下6类。

鱼类——加工类别有：活鱼、冰鲜鱼、冻鱼、冻鱼段、冻鱼片、冻鱼肉、冻鱼糜、冻烤鱼片、冻鱼子、卤水鱼、咸鱼、盐渍鱼子、咸鱼子、鱼罐头、鱼露等。

虾类——加工类别有：活虾、冰鲜虾、冻带头对虾、冻无头对虾、冻虾仁、冻凤尾虾仁、冻蝴蝶虾、冻虾球、虾罐头、冻龙虾尾、虾皮、虾酱等。

蟹类——加工类别有：活蟹、冻蟹等。

贝类——加工类别有：活贝、冻生贝肉、冻煮贝肉、冻贝肉串、冻贝肉柱、干贝、贝罐头等。

藻类——加工类别有：淡干品、咸干品、紫菜等。

其他水产品——加工类别有：海蜇皮、海蜇头、海胆酱等。

水产品是易腐商品，出口水产品的品质、卫生质量、加工和包装应当符合我国和进口国卫生当局规定的卫生要求，特别是对作生食的活水产品和冰鲜水产品的鲜度，要求更加严格。

水产品的品质，主要指鲜度：要求新鲜，适合人类食用。品质在贸易合同中是有规定要求的，应按合同规定执行。对合同中没有订明品质具体要求的，按国家标准检验；没有国家标准的，按行业标准检验；没有国家和行业标准的，按企业标准检验。

水产品卫生质量，包括生长的水质卫生、自然环境卫生、加工卫生、包装储运卫生等各个方面，应当符合《出口食品厂、库最低卫生要求》。加工水产品的原、辅料，须经检验合格后投产；加工用水（冰），必须充足并符合卫生部规定的生活饮用水卫生标准；加工厂周围不得有可能污染水产品的不良环境，不得经营有碍水产品卫生的其他产品；加工设施、加工人员、加工工艺、包装储运应当符合食品卫生要求，并设立检验机构，保证水产品的卫生质量。

现在世界各国以水产品的卫生质量，要求越来越严，要求出口国的水产品加工厂的加工卫生条件、水产品卫生质量，符合进口国卫生当局规定的兽医、卫生要求。荷兰、比利时、卢森堡三国卫生当局规定，对虾加工厂的加工卫生，要符合联合国粮农组织和世界卫生组织食品准则委员会推荐的有关法规，才能向他们出口对虾和虾制品。日本规定，对向他们出口水产品等 食品的国家的加工厂，分批实行登记注册制度，向日本厚生省提交厂名、地址、产品名称、加工工艺、卫生管理、农药使用和捕捞海域管理等详细资料，经他们派专家实地考察后，方可登记注册。日本对登记注册厂的食品进境时，只做个别抽样检验，可大大缩短通关时间。

根据《中华人民共和国食品卫生法》规定，国家商检局、卫生部联合发布了〈中华人民共和国出口食品卫生管理办法〉，其中，规定出口水产品加工厂，必须向所在省、自治区、直辖市商检局申请注册。经审查符合《出口食品厂 、库最低卫生要求》的，报经国家商检局核发注册证书。在取得注册证书后，方准加工生产出口水产品。对于需要向外申请注册、认可的，向商检局提出申请，经初审符合有关进口国卫生当局规定的兽医、卫生要求的，报国家商检局统一对个办理注册、认可手续。在取得进口国卫生当局注册、认可后，方可向有关进口国出口水产品。

取得注册证书或进口国卫生当局注册、认可的出口水产品加工厂，接受商检局的监督检查。经检查发现不符合或者违反《出口加工厂、库最低卫生要求》或者有关卫生进口国当局规定的兽医、卫生要求的，将根据情节轻重，分别给予警告、通报批评、限期改进直至报经国家商检局批准吊销注册证书或暂停对注册认可国出口水产品。

商检局对出口水产品施行兽医检疫和卫生检疫，按下列规定办理：

进口国卫生当局对水产品的兽医检疫和卫生质量有特殊的，按要求检验。

出口贸易合同对水产品兽医检疫和卫生质量有具体规定的，按合同规定检验。

出口贸易合同没有具体规定兽医检疫和卫生质量要求，进口国不要求出具兽医、卫生证书的水产品，按照国家食品卫生标准或者出口水产品质量检验标准检验。

经商检局检验合格的水产品，按规定签发单证，海关凭商检局签发的检验证书或在《出口货物报关单》上加盖的印章放行。经检验不合格的水产品，不准出口。

目前，出口水产品的卫生检验项目，主要有以下 10 个方面。

（1）鲜度。要求符合食用的新鲜程度。腐败变质、油脂酸败的水产品不得出口。

（2）微生物。主要检测水产品被污染的细菌数量和是否有致病性细菌。外国对水产品除要求检测细菌总数、大肠菌群或大肠杆菌外，主要要求检验沙门氏菌、金黄色葡萄球菌、副溶血性弧菌等，不得检出致病菌。例如荷兰、比利时、卢森堡三国卫生当局规定，检出志贺低等肠道致病菌的水产品，不得向他们出口。

（3）食品添加剂。按照进口国或者我国食品添加剂的使用卫生标准检验。但有的国家对某些水产品，不允许使用添加剂。例如日本不允许海蜇皮、海蜇头在加工过程中添加硼酸。

（4）有害元素。某些金属和非金属元素，如汞（甲基汞）、砷、镉、铅、锡、铜等进入水产品体内积累起来，经过食物链进入人体，对人体造成危害。因此，许多国家的卫生当局要求按照规定的限量检验。

(5) 放射性物质污染。主要来源于核试验、原子能工业、实验室、核动力设备排放污物，如碘、锶、铯等，污染了土壤和江河湖海及动植物，通过食物链进入人体，使人体受到直接或间接的照射，导致一种慢性射线病，并能引起癌症。前苏联切尔诺贝利核电站事故后，很多国家卫生当局纷纷对水产品等食品规定了放射性同位素的限制浓度，禁止被污染的水产品等进口。因此，出口水产品，应当按照有关进口国卫生当局规定的放射性浓度测定，超过限制浓度的，不得出口。

(6) 农药残留。水产品的农药残留主要来源于水质的农药污染。应当按水产品进口国卫生当局规定的农药残留限制检验。

(7) 兽药残留。水产品兽药残留是指防治鱼病、虾病禁止使用的药的残留。应当按照水产品进口国卫生当局的规定检验。

(8) 毒素。指水产品本身含有毒素或被有毒物质污染。水产品的天然毒素有河鲀的毒性，现在只允许紫色东方鲀、虫纹东方鲀、红鳍东方鲀、假睛东方鲀、豹纹东方鲀、黄鳍东方鲀等六种河豚进口。我国从长江口以北海域捕捞的上述六种河豚可以对日本出口。

(9) 寄生虫。检出致病性寄生虫的水产品，不得出口。一般寄生虫，不得超过食品卫生法规定的限量。

(10) 杂质。指水产品本身以外的异物。要求不得含有水产品本身以外的异物、影响食用的杂质。

包装卫生，包装物料必须符合卫生管理办法的规定。直接入口的水产品，应当使用无毒、清洁的包装物料，装运水产品的包装容器，必须符合卫生要求，防止污染。

我国食品卫生标准规定，水产品等食品包装用纸、不得检出荧光物质。日本厚生省也规定，直接接触食品的包装用纸和标签，禁止使用含有荧光物质的纸。

水产品包装有纸箱、木箱、木桶、塑料袋。一切包装物料必须清洁卫生，无异味，直接接触水产品的包装、标签用纸，不得含有有害有毒物质。

主要参考文献

［1］于清泉．良种鲫鱼养殖技术．北京：金盾出版社，2002.

［2］桂建芳，等．异育银鲫实用养殖技术．北京：金盾出版社，2003.

［3］何军功，高丁石，等．池塘水产养鱼综合实用技术．北京：中国农业科学技术出版社，2010.

［4］高本刚．淡水养鱼高产技术与鱼病防治．郑州：中原农民出版社，1993.

［5］彭开松，佘锐萍．淡水水产动物无公害生产与消费．北京：中国农业出版社，2003.

［6］吴江．规模化水产养殖新技术．成都：四川科学技术出版社，2003.